U0894832

海南大学人文社科丛书

海南：国家生态文明试验区

符国基　编著

国家自然科学基金项目（41661098）
国家自然科学基金项目（41361089）
资助出版

科学出版社
北　京

内 容 简 介

本书系统梳理了生态文明和生态文明建设的基本概念，构建了国家生态文明试验区的理论体系，以生态文明建设六大内容体系为主线，回顾总结了海南省 30 多年来生态文明建设的探索与实践，调查分析了国家生态文明试验区（海南）的现状，提出了海南生态文明建设水平基本结论，指出了海南省在全国尤其是四个国家生态文明试验区省份中生态文明建设的优势和短板，提出了国家生态文明试验区（海南）的建设思路、指标体系和建设策略。本书旨在向国内其他省（区、市）和世界展示海南生态文明建设发展成就，与国内其他省区和世界分享海南生态文明建设发展道路。

本书适合各级政府管理人员、政策咨询研究人员、广大科研从业者，以及关心海南和国家发展建设的人士阅读，适合各类图书馆收藏。

图书在版编目(CIP)数据

海南：国家生态文明试验区/符国基编著. —北京：科学出版社，2021.6
（海南大学人文社科丛书）
ISBN 978-7-03-069045-6

Ⅰ. ①海… Ⅱ. ①符… Ⅲ. ①生态环境建设-研究-海南 Ⅳ. ①X321.266

中国版本图书馆 CIP 数据核字（2021）第 109043 号

责任编辑：王鹤楠 / 责任校对：赵丽杰
责任印制：吕春珉 / 封面设计：东方人华平面设计部

科学出版社 出版
北京东黄城根北街 16 号
邮政编码：100717
http://www.sciencep.com
北京中科印刷有限公司 印刷
科学出版社发行　各地新华书店经销
*
2021 年 6 月第 一 版　开本：B5（720×1000）
2021 年 6 月第一次印刷　印张：15
字数：300 000

定价：120.00 元

（如有印装质量问题，我社负责调换〈中科〉）
销售部电话 010-62136230　编辑部电话 010-62135397-2041

前　言

中国特色社会主义进入新时代，生态文明建设是中国特色社会主义事业“五位一体”总体布局和“四个全面”战略布局的重要内容，是关系人民福祉，关乎中华民族永续发展的千年大计。国家生态文明试验区是生态文明体制改革的国家级综合试验平台。国家生态文明试验区（海南）建设是国家战略，是中国（海南）自由贸易试验区和中国特色自由贸易港的重要内容。

为了积极参与对生态文明建设内涵的探索，积极参与和服务海南生态文明建设，笔者于 2017 年 4 月开展了“海南：全国生态文明建设示范区”项目研究。2019 年 4 月，经过两年的紧张工作，经过广泛调研和征求意见，在深入分析和反复研讨的基础上，综合凝练形成项目研究报告。本书在研究报告基础上进一步深化提升而成。

本书以生态文明建设六大内容体系为主线，全面系统地研究了海南省生态文明建设的历史、现状和未来发展战略。本书共有六章：第一章为导论，主要论述了国家生态文明试验区建设的时代背景及其意义；第二章阐述了国家生态文明试验区建设的理论基础，界定了生态文明和生态文明建设的基本概念，构建了国家生态文明试验区理论体系；第三章划分了海南省生态文明建设的三个发展阶段，回顾和总结了海南省生态文明建设三个发展阶段的主要做法、主要成就、主要问题和主要经验；第四章调查分析和总结了 2018 年后国家生态文明试验区（海南）的建设现状；第五章开展了海南省与全国其他省份和国家生态文明试验区省份生态文明建设水平的比较分析，提出了海南生态文明建设水平基本结论，指出了海南生态文明建设的比较优势和短板；第六章提出了国家生态文明试验区（海南）建设思路、主要目标和六大策略。

本书具体的编写分工如下：符国基撰写第一章、第二章、第三章、第四章和第六章，符国基和陈键撰写第五章；全书由符国基统稿定稿。

本书参考了国内外大量的研究成果，已列出了参考文献。本书在研究过程中也得到了许多专家、教授、管理人员的支持和帮助，海南省环境科学研究院吴晓晨高级工程师和王晨野高级工程师提出了富贵意见。本书为国家自然科学基金项目（41661098）“山地森林旅游生态安全评价与调控——以海南中部山区为例”和国家自然科学基金项目（41361089）“旅游景区土地利用规划生态影响综合评价方法研究——以海南吊罗山、南丽湖为例”联合资助。在此，一并致以衷心的感谢!

符国基

2019 年 4 月

目　录

第一章 导 论

本章介绍了国家生态文明试验区建设的时代背景，阐述了国家生态文明试验区建设及其意义。

第一节 国家生态文明试验区建设的时代背景

一、当代全球性环境问题

工业革命以来，随着科学技术和生产力的迅速发展，人类改造自然的能力大幅度增强。人类在创造巨大物质财富的同时，人与自然的矛盾迅速激化，环境污染和破坏事件频频发生。20 世纪 30～60 年代，发生了 8 起震惊世界的公害事件。从 1984 年英国科学家发现、1985 年美国科学家证实南极上空出现的"臭氧洞"开始，人类环境问题发展到当代环境问题阶段。这一阶段环境问题的特征是，在全球范围内出现了不利于人类生存和发展的征兆，这些征兆集中在酸雨、臭氧层破坏和全球变暖三大全球性大气环境问题上。与此同时，发展中国家的城市环境问题和生态破坏、一些国家的贫困化愈演愈烈，水资源短缺在全球范围内普遍发生，其他资源（包括能源）也相继出现耗竭的信号。所有这些现象表明，生物圈这一生命支持系统对人类社会的支撑已接近它的极限，也表明环境问题的复杂性和长远性。联合国政府间气候变化专门委员会（Intergovernmental Panel on Climate Change，IPCC）第五次评估报告显示，如不采取行动，全球变暖将超过 4℃，远高于国际社会普遍接受的 2℃。同时，全球范围内的水资源污染和短缺、自然灾害频发、大气污染等问题依旧严峻，推动各国和社会舆论形成应对气候变化和保护生态环境的共识（李钊，2016）。

全球性环境问题及其危害，深刻暴露出了传统工业文明给生态环境带来的严重破坏，使人类自身发展陷入困境，也促使人们重新思考人类与自然的关系。几乎所有的资本主义工业大国，经历了资源高消耗、环境高污染阶段。这种代价高昂的发展模式导致了自然的异化，也是全球性生态危机的根本原因。

二、人类社会迈向生态文明时代

人类文明史就是一部人与自然的关系史。迄今为止，人类文明经历了原始文明、农业文明、工业文明，正在走向生态文明。原始文明是人类完全接受自然控制的发展系统。原始社会的物质生产活动是直接利用自然物作为人的生活资料，生产技术落后，对自然的开发和支配能力有限，消费水平低，人类与自然和谐共处。农业文明是人类对自然进行探索的发展系统。人对自然进行初步开发（大约距今一万年前），由原始文明进化到农业文明，主要的生产活动是农耕和畜牧，人类通过创造适当的条件，使自己所需要的物种得到生长和繁衍，不再依赖自然界提供的现成食物。经济活动开始主动转向生产力发展的领域，开始探索获取最大劳动成果的途径和方法。农业文明时期，人类与自然总体上和谐、局部区域性不和谐。工业文明是人类对自然进行征服的发展系统。随着科技和社会生产力空前发展，从农业文明转向工业文明。人类对自然的利用和改造达到了前所未有的高度，创造了灿烂的物质文化。但同时人类对自然的干扰也超过了自然的承受能力，引起了严峻的生态和环境问题。工业文明时期，人类与自然的关系处于不协调的状态。恩格斯在《自然辩证法》中曾写道："阿尔卑斯山的意大利人，当他们在山南坡把在山北坡得到精心保护的那一种枞树林砍光用尽时，没有料到，这样一来，他们就把本地区的高山畜牧业的根基给毁掉了；他们更没有预料到，他们这样做，竟使山泉在一年中的大部分时间内枯竭了，同时在雨季又使更加凶猛的洪水倾泻到平原上。"（马克思和恩格斯，1995a）

20 世纪 60 年代以来，人类开始反思人与自然的关系，寻求新的文明发展模式。1962 年，美国生物学家卡逊（1997）出版了《寂静的春天》一书，阐述了农药对环境的污染，描述人类可能将面临一个没有鸟、蜜蜂和蝴蝶的世界，引发了各国政府、公众对环境问题的关注，拉开了人类走向生态文明的帷幕。1972 年，罗马俱乐部发布《增长的极限》报告，指出地球的支撑力将会达到极限，引起了各界的强烈反响。同年，联合国召开第一次人类环境会议，通过了全球性保护环境的《联合国人类环境会议的宣言》和《人类环境行动计划》，号召各国政府和人民为保护和改善环境而奋斗，开创了人类社会环境保护事业的新纪元。1987 年，世界环境与发展委员会发表了《我们共同的未来》的报告，系统探讨了人类面临的一系列重大经济、社会和环境问题，正式提出了"可持续发展"的概念，把人们从单纯考虑环境保护引导到把环境保护与人类发展切实结合起来，实现了人类有关环境与发展思想的重要飞跃。1992 年，联合国召开的环境与发展会议，通过了《关于环境与发展的里约热内卢宣言》（又称《地球宪章》）、《21 世纪议程》和《关于森林问题的原则声明》3 项文件，促进了各国政府把宽泛的政策目标转化为具体的行动，并在通过经济的、行政的及制度的手段管理环境上作出初步的尝试，可持续发展思想由共识变成各国的行动纲领。2002 年，联合国召开的第一届可持续发展世界首脑会议，进一步确认了经济、社会与环境的相互联系、相互促进，是实现人类可持续发展的重要条件。如何促成人类发展与自然环境达成和谐状态成为人类社会急需解决的问题。2003 年英国能源白皮书《我们能源的未来：创建低碳经济》首次提出“低碳经济”的概念。在全球气候变暖的背景下，以低能耗、低污染为基础的“低碳经济”已成为全球热点。2008 年 10 月，联合国环境规划署主题为“筹集资金，迎接气候挑战”的全球环境部长会议提出了“全球绿色新政”和“发展绿色经济”的倡议，呼吁全球从“褐色经济”向“绿色经济”转变。2011 年 2 月 21 日，联合国环境规划署在第 26 届理事会暨全球部长级环境论坛上发布了《绿色经济报告》，为全球经济描绘了绿色发展的新蓝图，阐明绿色经济是全球经济增长的新引擎，也是就业机会的新来源，将成为实现可持续发展和消除长期贫困的重要战略。2012 年，联合国可持续发展委员会在《我们憧憬的未来》中明确要在可持续发展和消除贫困背景下发展绿色经济，发展绿色经济成为世界各国应对挑战的共同选择。作为千年发展目标的更新和升级，在历经 3 年多的艰苦谈判后，2015 年 9 月联合国大会通过了《变革我们的世界——2030 年可持续发展议程》，提出了 17 个领域 169 项可持续发展目标。2015 年 12 月，巴黎气候变化大会通过全球气候新协议——《巴黎协定》，就 2020 年后的全球减排达成约束性公约，标志着全球气候治理进入新的格局。当今世界各国应对气候变化和环境问题所采取的一系列行动，充分体现了人类与自然和谐相处的生态文明思想和模式，标志着可持续发展已成为时代潮流，绿色、循环、低碳发展正成为当今世界新的趋向，人类社会迈向生态文明时代。

三、我国面临的资源环境问题

改革开放 40 多年来，我国年均经济增长率达到 9.8%，几乎是同期世界发达国家的 3 倍，但我国实行的是粗放式的增长方式，靠的是高消耗、高投入，以付出巨大环境资源代价换取高增长（李宏伟，2013）。发达国家上百年工业化过程中分阶段出现的环境问题，在我国 40 多年里集中出现，呈现结构型、复合型、压缩型的“时空压缩”的特点。用一句话概括，就是生态文明建设总体滞后于经济社会发展，资源环境已成为全面建成小康社会一个最紧迫的约束、最矮的短板，是一个躲不开、绕不过、退不得，必须解决的紧迫问题（徐绍史，2015）。

资源约束趋紧。我国并不是一个地大物博的国家。国土面积的 65%是山地或丘陵，国土面积的 70%每年受季风的影响，国土面积的 33%是干旱或荒漠地区，国土面积的 55%不适宜人类生产或生活（郭强，1988）。人均各种资源的保有量均低于世界平均水平，我国人均淡水、耕地保有量分别只有世界平均水平的 30%、40%；煤炭剩余探明可采储总量虽然居世界第三位，但人均水平只有世界平均水平的 60%左右；石油、天然气等优质化石能源储量较低，已探明的人均可供采储量水平分别只有世界平均水平的 8%和 7%；铁矿石、铜、铝土矿等重要资源产品人均保有量也远远低于世界平均水平（杜祥琬等，2015）。我国资源消耗总量大，环境承载力严重超标。我国已成为世界上能源、钢铁、氯化铝、铜、铅、锌、水泥等战略资源消耗最大的国家，能源消耗从 1990 年的 9.9 亿吨上升到 2015 年的 43 亿吨，“十三五”期间我国环境承载力仍将处于严重超载阶段（舒俭民和张林波，2019）。我国资源利用效率低。2015 年，我国主要资源产出率为 5 994 元/吨，在国际上处于下游水平（国际水平为 500～3 500 美元/吨）。2016 年，我国单位 GDP 能耗约是世界平均水平的 2.5 倍（舒俭民和张林波，2019）。在工业化、城镇化快速发展的情况下，我国能源资源需求还将保持刚性增长，资源安全保障压力越来越大。

环境污染严重。①大气污染仍呈现严重态势，大区域和跨区域灰霾常态化。在工业废气、城市扬尘、机动车尾气、秸秆焚烧的综合作用下，一些大城市频繁呈现灰霾天气。2016 年，全国 338 个地级及以上城市中，有 254 个城市环境空气质量超标，占 75.1%（中华人民共和国环境保护部，2017）。在一次大气污染物问题尚未得到彻底解决的情况下，以 PM2.5 和 O_3 为代表的大气污染物将成为我国相当长时期内最为突出的大气环境问题（中国工程院“生态文明建设若干战略问题研究”项目研究组，2016）。②水污染问题不容忽视。地表水方面，2016 年，部分水体趋于恶化，121 个国控断面持续为劣Ⅴ类，15.4%的地下水水源地水质未达标（舒俭民和张林波，2019）；2017 年，161 个国控断面为劣Ⅴ类。近岸海域方面，2017 年，劣Ⅳ类海水点位有 65 个，占 15.6%。地下水方面，2017 年，在全国 223 个地市级行政区的 5 100 个监测点中，地下水水质较差级和极差级的监测点分别占 51.8%和 14.8%。氮磷污染逐步凸显，是湖泊海域富营养化的主要原因。2016 年，总磷（total phosphorus，TP）成为国控重点湖库首要污染物，无机氮、磷酸盐成为近岸海域海水首要污染物（陆浩和李干杰，2018）。③土壤污染严重。全国土壤污染总超标率达 16.1%，耕地点位超标率高达 19.4%，全国污染的土地约为 3 亿亩[①]，重金属污染历史遗留问题突出，耕地土壤污染直接导致有毒大米的产出，危害人们健康（中国工程院“生态文明建设若干战略问题研究”项目研究组，2016）。

生态系统退化。2000～2010 年，天然林、灌丛、草地和沼泽等自然生态系统的面积均减少，野生动植物自然栖息地面积减少了 3.2%，部分区域生物多样性保护功能下降（陆浩和李干杰，2018）。据 2017 年《中国生态环境状况公报》，2016 年，在 2 591 个县域中，生态环境质量为“优”和“良”的县域占国土面积的 42.0%，生态环境质量为“一般”的县域占 24.5%，生态环境质量为“较差”和“差”的县域占 33.5%。全国生态系统复杂多样，森林、草地、荒漠、农田是我国的主要生态系统类型。整体上，低质量生态系统分布广，森林、灌丛、草地生态系统质量为低、差等级的面积比例分别高达 43.7%、60.3%、68.2%。

① 1 亩≈666.7 平方米。

应对气候变化压力巨大。气候变化问题已成为全球关注和谈判的热点话题，作为温室气体排放量最大的国家，我国的碳排放强度问题备受瞩目。目前我国已是世界第一大温室气体排放国，温室气体排放总量全球最高，人均排放量超过世界平均水平，排放总量已接近美国、欧盟、日本等国家排放量的总和，正面临着越来越大的国际压力。

国际绿色竞争加剧。在新一轮世界经济发展和科技革命的竞争中，许多国家加快发展新能源、新材料和节能环保产业等“绿色经济”，将推动绿色低碳发展作为突破口，抢占未来科技和产业竞争制高点。如何把我国绿色发展转化为新的综合国力和国际竞争新优势，任务还十分艰巨。

四、国内人民群众对生态环境质量的要求

40余年的快速发展，我国民众的温饱需求、富裕需求、保障需求和文化需求逐步得到满足，民众对环境质量、健康水平的关注度越来越高，呈现出从“求温饱”到“盼环保”、从“谋生计”到“要生态”的转变趋势（杜祥琬等，2015）。我国社会正步入一个特殊的环保敏感期，在一些地方，涉及环境问题的上访、信访量较多，由环境问题引发的群体性事件也不断增多。2005～2011年，环境群体性事件数量以年均29%的增速增加，重特大环境事件高发频发，环境保护部直接接报处置的事件共927起，重特大事件72起（吴思珺，2013），表明人民对生态产品的期望随着生活水平提升而快速提高。推进生态文明建设顺应国内人民群众对生态环境质量的要求，体现了以人为本和绿色发展的理念。

第二节 国家生态文明试验区建设及其意义

一、我国不断探索生态文明道路

2002年，中国共产党第十六次全国代表大会将“可持续发展能力不断增强，生态环境得到改善，资源利用效率显著提高，促进人与自然的和谐，推动整个社会走上生产发展、生活富裕、生态良好的文明发展道路”作为全面建成小康社会的一个重要目标（江泽民，2002），把生态和谐理念上升到文明的战略高度，初步奠定了生态文明建设的思想基础。2003年10月，中国共产党第十六届中央委员会第三次全体会议明确提出了“坚持以人为本，树立全面、协调、可持续的发展观，促进经济社会和人的全面发展”（《〈中共中央关于完善社会主义市场经济体制若干问题的决定〉辅导读本》编写组，2003）。2007年10月，中国共产党第十七次全国代表大会报告首次提出：“建设生态文明，基本形成节约能源资源和保护生

态环境的产业结构、增长方式、消费模式。循环经济形成较大规模，可再生能源比重显著上升。主要污染物排放得到有效控制，生态环境质量明显改善。生态文明观念在全社会牢固树立。”（胡锦涛，2007）这是“生态文明”的概念首次写入党代会报告中。由此，生态文明成为中国现代化建设的战略目标。2012 年 11 月，中国共产党第十八次全国代表大会报告系统化、完整化、理论化地提出了生态文明的战略任务，将生态文明建设纳入社会主义现代化建设“五位一体”总体布局，提出“坚持节约资源和保护环境的基本国策，坚持节约优先、保护优先、自然恢复为主的方针，着力推进绿色发展、循环发展、低碳发展，形成节约资源和保护环境的空间格局、产业结构、生产方式、生活方式，从源头上扭转生态环境恶化趋势，为人民创造良好生产生活环境，为全球生态安全作出贡献”（胡锦涛，2012）。大会将生态文明建设写入党章并作出阐述，使中国特色社会主义事业总体布局更加完善，使生态文明建设的战略地位更加明确。2013 年 11 月，中国共产党第十八届中央委员会第三次全体会议提出，必须建立系统完整的生态文明制度体系，实行最严格的源头保护制度、损害赔偿制度、责任追究制度，完善环境治理和生态修复制度，用制度保护生态环境。2014 年 10 月，中国共产党第十八届中央委员会第四次全体会议进一步明确了生态文明建设在全面依法治国战略布局中的重要地位，提出用严格的法律制度保护生态环境，加快建立有效约束开发行为和促进绿色发展、循环发展、低碳发展的生态文明法律制度，促进生态文明建设的发展。2015 年 3 月，中央政治局会议首次提出了“绿色化”，要求“大力推进绿色发展、循环发展、低碳发展，弘扬生态文化，倡导绿色生活”。“绿色化”成为新常态下经济发展的新任务、推进生态文明建设的新要求。2015 年 5 月，中共中央 国务院印发了《关于加快推进生态文明建设的意见》，这是第一个就生态文明建设作出专题部署的纲领性文件，全面阐述了生态文明建设的总体要求、目标愿景、重点任务和制度体系。2015 年 9 月，中共中央 国务院印发了《生态文明体制改革总体方案》，阐明了我国生态文明体制改革的指导思想、理念、原则、目标、实施保障等重要内容，提出要加快建立系统完整的生态文明制度体系，为我国生态文明领域改革作出顶层设计。2017 年 10 月，中国共产党第十九次全国代表大会明确提出大力推进生态文明建设，努力建设美丽中国，实现中华民族永续发展。2018 年 3 月 11 日，第十三届全国人民代表大会第一次会议通过了《中华人民共和国宪法修正案》，生态文明历史性地被写入宪法。除了国家层面的工作，各省份也纷纷加强了地方立法，积极为生态文明建设提供法制保障。安徽、海南、内蒙古、广东等加强城乡规划立法工作，保障科学的城乡规划顺利编制执行，切实发挥城乡规划对生态文明建设的引领调控作用。

习近平总书记指出：“总体上看，我国生态环境质量持续好转，出现了稳中向好趋势，但成效并不稳固，稍有松懈就有可能出现反复，犹如逆水行舟，不进则退。生态文明建设正处于压力叠加、负重前行的关键期，已进入提供更多优质生态产品以满足人民日益增长的优美生态环境需要的攻坚期，也到了有条件有能力解决生态环境突出问题的窗口期。我国经济已由高速增长阶段转向高质量发展阶段，需要跨越一些常规性和非常规性关口。这是一个凤凰涅槃的过程。如果现在不抓紧，将来解决起来难度会更高、代价会更大、后果会更重。我们必须咬紧牙关，爬过这个坡，迈过这道坎。”（习近平，2019）

二、国家生态文明试验区是生态文明建设的实践探索

（一）生态文明建设是庞大复杂的系统工程

生态文明是人与自然和谐的文明，生态文明建设是建设人与自然和谐的文明。人与自然和谐要求人类尊重自然、顺应自然、保护自然，人类活动在自然生态承载力范围内。生态文明建设包括人的思想观念、国土开发空间布局、产业结构、生产方式、消费模式、生活方式、生态环境保护、法律制度等各方面的内容。生态文明建设的目标就是党的十八大报告提出的建设美丽中国，实现中华民族的永续发展。美丽中国，就是天蓝、地绿、水净，生态空间集约高效，生活空间宜居适度，生态空间山清水秀。中华民族的永续发展，就是要有能够支撑人类发展的资源保障系统，以资源循环利用体系为核心，加强自然生态系统和环境保护，通过推动绿色循环低碳，形成节约资源、保护环境的空间格局、产业结构、生产方式和生活方式。这是从根本上、源头上减少资源浪费、环境污染和生态破坏的根本举措。党的十八大报告提出，要把生态文明建设放在突出地位，融入经济建设、政治建设、文化建设、社会建设各方面和全过程。因此就其内容要素及与其他建设的关系来说，生态文明建设是一个庞大复杂的系统工程。

（二）设立统一规范的国家生态文明试验区

2016 年 8 月 22 日，中共中央办公厅、国务院办公厅印发了《关于设立统一规范的国家生态文明试验区的意见》（以下简称《意见》）及《国家生态文明试验区（福建）实施方案》（以下简称《（福建）实施方案》），要求各地区各部门结合实际认真贯彻落实。《意见》提出，设立若干试验区，形成生态文明体制改革的国家级综合试验平台。综合考虑各地现有生态文明改革实践基础、区域差异性和发展阶段等因素，首批选择生态基础较好、资源环境承载力较强的福建省、江西省和贵州省作为试验区。《（福建）实施方案》提出，按照总体协调推进和鼓励试点先行相结合的原则，支持福建省建设国家生态文明试验区，整合规范现有相关试点示范，推动一些难度较大、确需先行探索的重点改革任务在福建省先行先试，有利于更好地发挥福建省改革“试验田”作用，探索可复制、可推广的有效模式，

引领带动全国生态文明体制改革。战略定位：国土空间科学开发的先导区，生态产品价值实现的先行区，环境治理体系改革的示范区，绿色发展评价导向的实践区。主要目标：经过积极探索、开拓创新，力争在 2017 年，试验区建设初见成效，在部分重点领域形成一批可复制、可推广的改革成果。到 2020 年，试验区建设取得重大进展，为全国生态文明体制改革总结出一批典型经验，在推进生态文明领域治理体系和治理能力现代化上走在全国前列。

2017 年 10 月 2 日，中共中央办公厅、国务院办公厅印发了《国家生态文明试验区（江西）实施方案》（以下简称《(江西）实施方案》）和《国家生态文明试验区（贵州）实施方案》（以下简称《(贵州）实施方案》）。

《(江西）实施方案》提出，努力打造美丽中国"江西样板"，建成山水林田湖草综合治理样板区，中部地区绿色崛起先行区，生态环境保护管理制度创新区，生态扶贫共享发展示范区。通过改革创新和制度探索，到 2018 年，试验区建设取得重要进展。到 2020 年，建成具有江西特色、系统完整的生态文明制度体系，为全国生态文明体制改革创造一批典型经验和成熟模式，在推进生态文明领域治理体系和治理能力现代化方面走在全国前列。

《(贵州）实施方案》提出，要以建设"多彩贵州公园省"为总体目标，建成长江珠江上游绿色屏障建设示范区，西部地区绿色发展示范区，生态脱贫攻坚示范区，生态文明法治建设示范区，生态文明国际交流合作示范区。到 2018 年，贵州省生态文明体制改革取得重要进展，到 2020 年，全面建立产权清晰、多元参与、激励约束并重、系统完整的生态文明制度体系，建成以绿色为底色，生产生活生态空间和谐为基本内涵，全域为覆盖范围，以人为本为根本目的的多彩贵州公园省。

三、国家生态文明试验区（海南）建设及其意义

（一）国家生态文明试验区（海南）建设

2018 年 4 月 13 日，在海南建省办经济特区 30 周年庆祝大会现场，习近平总书记郑重宣布："党中央决定，支持海南建设国家生态文明试验区，鼓励海南省走出一条人与自然和谐发展的路子，为全国生态文明建设探索经验。"同年 4 月 14 日，中共中央 国务院发布《关于支持海南全面深化改革开放的指导意见》（中发〔2018〕12 号），明确以现有自由贸易试验区试点内容为主体，结合海南特点，建设中国（海南）自由贸易试验区，实施范围为海南岛全岛；提出了建设中国（海南）自由贸易试验区的四大战略定位：全面深化改革开放试验区、国家生态文明试验区、国际旅游消费中心和国家重大战略服务保障区；要求海南实行更加积极主动的开放战略，加快构建开放型经济新体制，推动形成全面开放新格局，把海南打造成为我国面向太平洋和印度洋的重要对外开放门户；要求海南要牢固树立和践行绿

水青山就是金山银山的理念，坚定不移走生产发展、生活富裕、生态良好的文明发展道路，推动形成人与自然和谐发展的现代化建设新格局，为推进全国生态文明建设探索新经验。同年 10 月 16 日，国务院批复同意设立中国（海南）自由贸易试验区并印发《中国（海南）自由贸易试验区总体方案》。

中国（海南）自由贸易试验区、国家生态文明试验区（海南）建设上升为国家战略，海南拉开了建设国家生态文明试验区的序幕。

（二）国家生态文明试验区（海南）建设的意义

（1）为国家探索生态文明建设新模式。海南省建设国家生态文明试验区是国家战略，是党中央、国务院赋予海南省的重要使命。海南省是我国的热带岛屿省份，由于开发较晚，保持了较好的自然生态环境，加之多年来持之以恒地实施生态省战略，生态文明建设基础较好，在生态文明体制机制创新方面进行了一系列有益探索，取得了积极成效，具备良好工作基础。按照国家生态文明建设总体布局战略要求，海南省建设国家生态文明试验区，可以在一些重点区域进行相关试点示范，推动一些难度较大、确需先行探索的重点改革任务先行先试，有利于发挥海南省改革“试验田”作用，探索可复制、可推广的有效模式，引领带动全国生态文明建设工作。

（2）探索形成人与自然和谐发展新格局。海南省是国际旅游岛，生态环境质量长期保持国内一流水平，面临着发展经济与保护生态环境的双重压力。海南省建设国家生态文明试验区，有利于发挥海南省生态环境优势，使绿水青山产生巨大生态效益、经济效益、社会效益，探索海南省后发地区绿色崛起新路径；有利于保护海南岛作为独立地理单元的完整性，构建山水林田湖草生命共同体，探索热带岛屿保护与开发新模式；有利于把生态价值实现与脱贫攻坚有机结合起来，实现生态保护与生态扶贫双赢，推动生态文明共建共享，探索形成人与自然和谐发展新格局。

（3）开辟实现生态惠民新路径。良好生态环境是最公平的公共产品，是最普惠的民生福祉。海南省生态环境良好，但也面临全国普遍存在的结构性生态环境问题。海南省建设国家生态文明试验区，探索构建以改善生态环境质量为导向的环境治理体系和生态保护机制，有利于加快补齐生态环境短板，解决好人民群众感受最直观、反映最强烈的突出生态环境问题，建设天更蓝、地更绿、水更净的美丽家园，让人民群众共建共享更多的生态福祉，实现生态富省、生态惠民。

第二章　国家生态文明试验区理论分析

在对国家生态文明试验区（海南）开展研究之前，应该明晰国家生态文明试验区的理论基础、基本概念和理论体系。本章系统梳理了中国古代生态文明思想、马克思主义关于人与自然关系的思想、西方生态文明思想和中国共产党生态文明思想四大方面的国家生态文明试验区建设的理论基础，界定了生态文明和生态文明建设的概念及其与相关概念的联系与区别，探索构建了由生态制度体系、生态环境体系、生态空间体系、生态经济体系、生态生活体系和生态文化体系六大体系构成的国家生态文明试验区理论体系。

第一节　理 论 基 础

一、中国古代生态文明思想

（一）中国古代生态文明思想的主要观点

中国古代生态文明思想可以概括为三个方面："天人合一"的生态世界观、珍爱万物的生态伦理观、和谐共荣的生态实践观。

1. "天人合一"的生态世界观

"天人合一"是儒家"天人关系"的主流。汉代董仲舒在《春秋繁露》中讲道："天地人，万物之本也。天生之，地养之，人成之。天生之以孝悌，地养之以衣食，人成之以礼乐，三者相为手足，合以成体，不可一无也。"宋代张载在《正蒙·乾称》中说："儒者则因明至诚，因诚至明，故天人合一。"这充分说明在我国古代就已经形成了重视人与自然和谐相处的"天人合一"思想，尤其是董仲舒的话语，则是"天人合一"思想的集中表达，张载更是直接提出了"天人合一"的概念。

以老子、庄子为代表的道家也强调人与自然的统一。《老子》中说："故道大，天大，地大，人亦大。域中有四大，而人居其一焉。人法地，地法天，天法道，道法自然。""道生一，一生二，二生三，三生万物。"其中的"一"就是元气；由元气生出阴阳二气，谓之"一生二"；由阴阳二气生出天地人，谓之"二生三"；再由天地人生出万物，谓之"三生万物"。道最重要的是作为天地万物发生的根源和基础的本体意义。以道为基础，天地人构成一个统一的整体。庄子进一步认为，天与人均由气构成，人为自然之一部分，故天与人是统一的，“天地与我并生，而万物与我为一”。

虽然儒家、道家对天地人的思考路径及方式不同，但都是把天地人看作一个有机统一的整体。天人合一思想认为，人作为自然界的一部分，同自然界是不可分割的整体，两者相互联系和相互依赖；主张人必须要遵循自然规律，人的行为需要与自然协调一致。

2. *珍爱万物的生态伦理观*

尊重生命、仁爱万物是中国古代重要的道德理念，儒家、道家对此具有普遍的认同。《论语·颜渊》中说：“仁者，爱人。”《孟子·尽心上》中说：“亲亲，仁也。”《孟子·离娄上》中说：“仁之实，事亲是也。”但儒家主张有等差的爱，强调把由血缘关系生发出来的道德情感，一层层地扩展出去，由家人逐渐推衍到众人甚至万物身上。孔子曰：“泛爱众而亲仁。”“知者乐水，仁者乐山。”“伐一木，杀一兽，不以其时，非孝也。”表明了他对万物所持的善待态度。孟子对仁爱思想做了进一步论述，提出了“仁民爱物”之主张，他在《尽心章句上》中指出：“君子之于物也，爱之而弗仁；于民也，仁之而弗亲。亲亲而仁民，仁民而爱物。”在《孟子·梁惠王章句上》中说“君子之于禽兽也，见其生，不忍见其死；闻其声，不忍食其肉，是以君子远庖厨也。”他认为应该尊重除人类之外其他动物的生存权，反对随意杀生，认为随意杀生是一种残忍的行为。汉代董仲舒在此基础上明确主张：“质于爱民以下，至于鸟兽昆虫莫不爱。不爱，奚足谓仁？”他强调的正是要泛爱万物，道德关怀不能只局限人类社会，还应涵盖自然界。宋代张载在《西铭》中说：“乾称父，坤称母。予兹藐焉，乃混然中处。故天地之塞，吾其体；天地之帅，吾其性。民，吾同胞；物，吾与也。”将万物看作人类的伙伴。明代的王阳明认为人不仅不能使自己高高在上于万物，而且要用爱心使万物各得其所，否则就是失职。他在《传习录》中说：“仁者以天地万物为一体，使有一物失所，便是吾仁有未尽处。”要求把仁爱的对象扩大到万物，甚至包括没有生命的“瓦石”。可见，儒家在“万物一体”的生态世界观指导下，主要通过有等差的层层推衍，将人伦道德波及自然万物，由此生发出泛爱万物的生态道德。

道家从“道”普遍流行的角度论证万物的平等性，认为万物与人类一样都是为道所化生，因而它们与人类具有相同的价值尊严，双方并无贵贱高下之分，所谓“以道观之，物无贵贱”，主张不能只尊重人类的生命，而忽视万物的生命，要承认万物具有存在的价值。道家认为应该让自然万物以自己固有的方式生存和发展，不能将人类自己的主观价值尺度强加于自然，让自然万物自由地发展，这也是道家“无为”的态度。道家的老子将一切有悖于“道”或“自然”的行为都列入禁止的范围。

3. 和谐共荣的生态实践观

儒家经典《周易》将人与天、地并称为“三才”，突出人在自然中高于万物的主体地位，在人与自然互为有机整体的前提下肯定人的主体性，认为人能够积极地承继、成就“天地之道”，使万物各得其宜、各正其性。《泰·象》曰：“财成天地之道，辅相天地之宜。”《系辞上》云：“一阴一阳之谓道，继之者善也，成之者性也。”《中庸》进一步主张：“能尽其性，则能尽人之性。能尽人之性，则能尽物之性。能尽物之性，则可以赞天地之化育。可以赞天地之化育，则可以与天地参矣。”也就是说，人能够通过自己的德性实践辅佐天地化育万物，促进万物顺利成长，从而实现自然界的整体和谐，所谓“天地生之，圣人成之”。人要实现参赞化育的神圣使命，就必须遵循自然规律，与自然和谐一致。正如《乾·文言》所云：“与天地合其德，与日月合其明，与四时合其序，与鬼神合其吉凶。先天而天弗违，后天而奉天时。天且弗违，而况于人乎？况于鬼神乎？”儒家推崇“中和”之美，反对“过”与“不及”，要求人们节制欲望。《齐民要术》中的“顺天时，量地利，则用力少而成功多；任情返道，劳而无获”等古训也体现了合理开发、循环利用资源的思想（吴林华，2014）。具体到自然资源的开采利用，就是要爱物、取物不尽物、“取物以时”。《论语·述而》记载孔子言“钓而不纲，弋不射宿”，也就是不用大网捕鱼，不射归巢之鸟。《荀子·王制》曰：“圣王之制也：草木荣华滋硕之时，则斧斤不入山林，不夭其生，不绝其长也。鼋鼍、鱼鳖、鳅鳣孕别之时，罔罟、毒药不入泽，不夭其生，不绝其长也。”就是说要求人们利用动物资源要有一定限制，在捕获过程中，禁止使用像“纲”“数罟”等破坏力较强的工具，以便给动物留下一条生路，不能斩尽杀绝，要顺应万物生长的节奏给其留下休养生息的空间。

道家认为：“道常无为而无不为。”“道”化生天地万物，不过顺从万物的本性，没有任何私意造作和妄为，但天下万物井然有序，皆是“道”之所成。人类也应该效法“道”，“顺物自然”，对一切事物采取顺其自然的“无为”态度，依循其本性任其自由发展。《道德经》云：“圣人处无为之事，行不言之教，万物作焉而不辞。”《庄子·知北游》曰：“圣人者，原天地之美而达万物之理。”《庄子·在宥》曰：“汝徒处无为，而物自化。”否则，人为介入和干涉，违背万物的本性，虽然动机是好的，也会带来灾难。《庄子·渔父》曰：“为事逆之则败，顺之则成。”《道德经》云：“不知常，妄作凶。”开采自然资源，也要知止知足，如此才能可持续发展。《道德经》云：“甚爱必大费，多藏必厚亡，故知足不辱，知止不殆，可以长久。”在对待自然方面，道家理想中的境界是“处物而不伤物”，也就是说既能满足人类需求，又能维持人与自然的和谐状态。《太上感应篇》说：“是道则进，非道则退。”就是要按照自然之道合理地开发利用自然之物。

古人把生态资源的管理看作国家政治体制的一个主要作用。《荀子》中说王者之法：等赋，政事，财万物，所以养万民也。古人认为生态资源的管理非常繁杂，必须设立专职的管理部门。早在周代，我国已建立了生态资源的管理部门和保护法规。西周时已有了较为严厉的生态保护法令，如《伐崇令》就有这样的规定："毋伐树木，毋动六畜，有不如令者，死无赦。”即要求在军队作战中不准砍伐树木，禁止伤害六畜，如有违反者将处以死刑。除保护生态外，还要避免污染。商代有不准在街道上随意倒垃圾之规定，违者要受到严惩，《韩非子》中说“殷之法，弃灰于公道者断其手。”可见，当时人们为了保护环境，已严禁乱抛废物。战国时秦国也规定了“弃灰于道者被刑”的法律，在街上抛弃废物即处以断手等刑罚，虽然有些残酷，但也反映了当时政府在保护环境上的决心。

（二）中国古代生态文明思想的价值与意义

中国古代生态文明思想的价值在于，它是中国古代文化的精华之一，是中国生态哲学思想的源泉，体现了中国古代人民的最高境界、目标追求和生态智慧，指导着中华民族的生产生活实践，为中国社会经济的发展贡献了生态思想。

中国古代生态文明思想的意义：①为人们认识人与自然的关系提供了正确的哲学思想。“天人合一”昭示人们，人类与自然是一个有机的统一整体，人类活动必须按照自然规律办事。②为人们处理人与自然的关系提供了正确的生态伦理观。珍爱万物和无为而治的思想告诫人们，对世界万物要有仁爱之心，要珍爱万物、保护万物，按照客观规律办事，不能强加人类的主观意志，应任由客观事物自由生长。③为人们的生产生活实践提供了正确的实践观。和谐共荣的思想要求人们的生产生活活动要与自然界保持协调和和谐，活动强度不能超过自然环境承载能力。对植物、动物的利用不能违背其生命生长的规律，要通过法律手段管理自然生态资源。

二、马克思主义关于人与自然关系的思想

（一）马克思主义关于人与自然关系的思想的主要观点

1. 自然先在性

马克思和恩格斯（1979）认为，自然界先于人类产生和存在。在《德意志意识形态》中，马克思直接将“物质本身预先存在”概括为物质自然界的“优先地位仍然会保持着”。首先，马克思、恩格斯强调了相对于人而言自然界的客观性，在人类出现以前，自然界已经存在，自然界先于人和人的意识存在。其次，人是

自然界进化和发展的结果，人本身构成了自然界的重要组成部分。马克思和恩格斯（1979）认为，人是“自然存在物”，是自然的一分子，是自然长期演化的产物。马克思和恩格斯（2012a）根据古生物学的研究成果指出，人类作为物种出现是由自然原生生物的一步步分化而形成的。自然原生生物最初分化出植物和动物，动物又一步步进化出脊椎动物。最后，在脊椎动物身上，“自然界获得了自我意识，这就是人”。恩格斯认为，精神只不过是物质的高级产物而已。马克思和恩格斯从物质和精神两个方面论证了自然界先于人类而存在，自然界的先在性是马克思和恩格斯生态文明思想的基本观点。

2. 人与自然、社会是辩证统一的关系

（1）人的生存离不开自然界。在《1844年经济学哲学手稿》中，马克思先是从自然界作为人的直接的生活资料的层面指出，“人在肉体上只有靠这些自然产品才能生活，不管这些产品是以食物、燃料、衣着的形式还是以住房等的形式表现出来”（马克思和恩格斯，1995b）。随后又从自然界作为人的生命活动的对象（材料）和工具的层面指出，“没有自然界，没有感性的外部世界，工人什么也不能创造”（马克思和恩格斯，1995b）。总之，在马克思看来，“自然界，就它自身不是人的身体而言，是人的无机的身体。人靠自然界生活。这就是说，自然界是人为了不致死亡而必须与之处于持续不断地交互作用过程的、人的身体”（马克思和恩格斯，1995b）。从这个角度讲，自然是人身体的一部分，脱离自然而独立存在的人在本质上也不能称为“人”，自然需要人的创造性活动，而人也是自然界的一部分，人的一切都离不开自然，二者相互依赖、相互作用、相互影响，组成一个辩证统一的有机整体。

（2）人的发展离不开自然界。人是靠意识支配下进行实践活动的高级动物，自然界所提供的生活资料、物质条件、生产要素、工具是人类实践活动得以进行的物质准备，同时自然界为人类提供了丰富的精神食粮，满足了人类的精神需要。马克思和恩格斯（2012a）指出，从理论领域来说，植物、动物、石头、空气、光等，一方面作为自然科学的对象，另一方面作为艺术对象，都是人的意识的一部分，是人的精神的无机界，是人必须事先进行加工以便享用和消化的精神食粮；同样，从实践领域来说，这些东西也是人的生活和活动的一部分。人类在满足生存需要后，为了更好地从自然汲取营养，必定要对自然进行趋向有利自身发展方面的改造，变自然之物为“为我之物”。在改造过程中，人类从自然界获取进行物质、能量、信息变换的可能性，从而提高自我价值。

（3）人是能动性存在物，具有改变自然的实践能力。马克思和恩格斯（1979）认为人不仅是自然存在物，而且是社会性存在、“类存在物”。人类通过实践证明自身是具有自我意识的能动性存在物，将确证人的类本质力量对象化到自然界中，

“给自然界打上自己的印记”（马克思和恩格斯，2012a），实现自然的人化。人与自然呈现出对立统一、彼此依存的辩证关系。实践是联结二者内在统一关系的介质。随着实践能力的提升，人在追求自身生存与发展过程中不断改变着周围自然的原有面貌。人类出现以后，自然史便和人类史纠缠在一起。前者是后者发展的基础，后者改变着前者的发展轨迹，“只要有人存在，自然史和人类史就彼此相互制约”（马克思和恩格斯，2012b）。在人类劳动实践基础上所形成的人化自然是确证人与自然由对立到统一的现实自然，是一幅印证人类能动性存在力量的现实图景。

（4）人类活动受自然界的制约。马克思和恩格斯（2012a）在阐释人与自然辩证关系时，反复强调人类活动应顺应自然的规律，否则必将导致自然界的“报复”。作为自然界的最高意识，人类具有自主自觉的实践活动能力，具备“按照任何一个种的尺度来进行生产”的潜在力量（马克思和恩格斯，1979）。但是，人类这种主体性存在能力的实现是有界限的，不能违背自然规律，不能破坏自然所固有的丰富、多样性的本质规定性。自然的丰富多样性本质既蕴含着人的自然本质，也是生机盎然的自然万物共生演化赖以实现的机制所在。马克思和恩格斯（1995a）指出，我们不要过分陶醉于我们对自然界的胜利。对于每一次这样的胜利，自然界都报复了我们……美索不达米亚、希腊、小亚细亚以及其他各地的居民，为了想得到耕地，把森林都砍光，但是他们做梦也没有想到，这些地方今天竟因此成为荒芜不毛之地。恩格斯说：“如果说人靠科学和创造天才征服了自然力，那么自然力也对人进行报复，按照它利用自然力的程度使他服从一种真正的专制，而不管社会组织怎么样”（马克思和恩格斯，1995a）。人的生存发展依赖于自然、受制于自然。

（5）人对自然的关系就是人对人的关系。马克思和恩格斯（2009）认为，人对自然的关系直接就是人对人的关系，正像人对人的关系直接就是人对自然的关系，就是他自己的自然的规定。在以劳动为中介的社会活动中，人与人之间的关系和人与自然的关系是同时发生的。人与自然之间的关系，即以物质生产为核心的人类实践决定和制约着以生产关系为核心的人与人之间的关系。同样，人与人之间的关系反过来又制约着人和自然之间的关系，人与人之间关系的异化势必会引起人与自然关系的异化。

3. 劳动实践创造了人本身，并实现了自然界对人的生成

马克思认为，劳动实践不仅是人和动物的本质区别，是猿进化为人的根本原因，也是人类史和自然史相统一的关键所在。人类的“全部历史是为了使‘人’成为感性意识的对象和使‘人作为人’的需要成为需要而做准备的历史（发展的历史）。历史本身是自然史，即自然界生成为人这一过程的一个现实部分”（马克思和恩格斯，2002）。劳动实践不仅实现了人的自我生成，也实现了自然界对人的

生成。恩格斯在《劳动在从猿到人的转变中的作用》一文中明确指出，劳动是“一切人类生活的第一个基本条件，而且达到这样的程度，以致我们在某种意义上不得不说：劳动创造了人本身”（马克思和恩格斯，1995c）。在恩格斯看来，从猿到人的转变过程包括类人猿的直立行走、手的自由、语言的产生、人脑的形成、意识及抽象能力和推进能力的发展、人和人类社会的出现这样几个阶段，而在整个过程中，劳动起着决定性作用。不仅如此，劳动还使人与其他动物本质地区别开来。人类通过劳动完成与自然界物质交换的过程，这一过程的性质是自然性的，是自然界的一部分，不会超越自然而存在。人与自然之间的物质交换是可控的，在这个过程中起关键性作用的是劳动，通过劳动实践，人类能够自觉地对物质交换进行调整，实现良性循环。

4. 人与自然的和谐发展

（1）实践是人、自然、社会实现和谐共生的桥梁。马克思和恩格斯认为，人是通过实践同自然界发生关系的，实践性成为人化自然的重要特征，促成了人化自然的出现。实践不仅将自在自然不断变成人化自然，而且创造出了新的物质存在的方式，使天然物质按照人的需要发生新的客观结构的变化，使之直接成为社会存在与发展的客观物质基础，成为人的物质生活条件。实践不仅是人与社会关系形成的基础，同样也是人与社会关系发展的决定力量。

（2）发展科学技术是实现人与自然和谐的必由之路。利用科技实现对生产、消费排泄物的利用。马克思和恩格斯（1995a）指出，大规模的劳动条件下，生产排泄物数量越来越多，不管是新陈代谢产生的排泄物，还是消费品残留，都是环境污染的重要因素。但是马克思也指出，机器的改良使那些在原有形式上本来不能利用的物质，获得了一种在新的生产中可以利用的形态。通过科学技术手段，发现或揭示那些废料的新的有用性质，不仅可以利用该行业的废料，而且可以利用其他行业的废料。马克思曾以化学工业行业为例说明废物的循环利用。另外，随着科学技术与工艺进步，改变废物利用的形式，也可以变废为宝，利用科技减少废料的产生。马克思、恩格斯认为利用科学技术除了能够实现综合利用生产生活排泄物，也可以实现从生产环节减少废物的产生，同样达到减少环境污染的目的。

（3）人类社会是自然界的有机构成部分。马克思和恩格斯（1995c）认为人类社会是自然界的有机构成部分，生产方式变革是与自然界环境变化相适应的，“社会形态变革的原因不在于人的思想，而在于人类探寻真理的过程，在于人类改造自然和生产方式变革的过程中，其具体表现为生产力的发展和经济基础的转变”。

（4）变革不合理的资本主义社会制度有利于实现人与自然的和谐。马克思和恩格斯主张把生态环境问题放到资本主义社会现实中去考察，强调把人的全面解放与社会的解放、自然的解放统一起来。恩格斯指出："单是依靠认识是不够的。这还需要对我们现有的生产方式，以及和这种生产方式连在一起的我们今天的整个社会制度实行完全的变革（马克思和恩格斯，1971）。"资本主义的生产方式以利润的最大化为根本目标，自然环境不在资本的考虑范围以内。资本主义一方面把自然界当作财富的水龙头；另一方面糟蹋自然，把自然看作"污水池"（张晓东，2017）。因此，要实现人与自然的和谐，就必须对资本主义生产方式和整个社会制度实行完全的变革。

（二）马克思主义关于人与自然关系的思想的价值和意义

马克思主义关于人与自然关系的思想的理论内涵，是建设社会主义生态文明最根本的理论源泉、最可靠的思想指导，为人们认识现实生态问题，科学理解生态文明内涵，开展生态文明建设提供了极具价值的世界观和方法论。①自然先在性观点为人们正确认识与保护自然提供了认识论指导，要求人们树立自然第一的理念。②人与自然、社会是辩证统一关系的理论为人们认识与处理人与自然的关系提供了科学指导。人类为了生存和发展，必须保持人类的活动强度不超过自然环境承载力的范围。③劳动实践创造了人本身，并实现了自然界对人的生成的观点，为人们提供了认识人类与自然相联系的途径，即劳动实践。④人与自然和谐发展的观点，指明了人类与自然和谐发展的途径，要求人们通过科学技术创新来解决生态环境问题，通过变革生产方式，来调整人类活动与自然的关系，促进人类与自然的和谐。

三、西方生态文明思想

（一）西方生态文明思想的主要观点

1. 西方环境伦理学

西方环境伦理学是西方研究人与自然环境之间道德关系的应用伦理学科，有人类中心主义和非人类中心主义。在西方环境伦理学研究的几十年间，非人类中心主义一直占主导地位。它的基本特征：拒绝人类中心主义，主张以生命个体或整体性的存在物（如物种、生态系统）为中心来看待非人类世界的价值，确定人类对它的道德义务。从理论逻辑上看，非人类中心主义的发展是道德考虑范围不断扩大的过程，大致经历了三个阶段。

第一阶段（19 世纪末 20 世纪初的孕育时期），是把道德关心延伸到高等动物。动物解放论者辛格（2006）指出，把动物排除在道德考虑之外与早先把黑种人和妇人排除在外同出一辙。他依据功利主义原则，以感受力—利益为中心，论证动物的道德地位。雷根（2010）在批判功利主义的基础上，发展道义论传统，以生命主体—固有价值—权利为基点，提出动物权利论。两种学说立论根据不同，但主旨都是为动物福利辩护，因此合称为动物福利论。从历史角度看，动物福利论是伦理学由人类中心主义向非人类中心主义转变的第一步。然而，从内容上看，动物福利论只关心高等动物的利益或权利，置大量的低等动物、植物和无生命物于不顾，有悖于环境主义的精神。在以后的发展中，动物福利论逐渐与环境伦理学分道扬镳。

第二阶段（20 世纪初至 20 世纪中叶的创立时期），是把道德关心的对象拓展到整个生命界。阿尔贝特·施韦泽是生物中心主义的先驱（陈泽环，2013），他提出的敬畏生命伦理思想，将伦理对象从人扩展到一切生命体，实现了对人类中心主义的超越。敬畏生命是施韦泽伦理思想的核心。他将善恶与生命紧密联系在一起，提出善就是促进生命，恶就是毁灭生命（施韦泽，2003）。泰勒（2010）以施韦泽的“敬畏生命”观念为基础，建立了一个平等主义的生命中心论体系，认为一切生命个体都具有“固有价值”或“内在价值”，应受到道德尊重。但是，泰勒所谓“生命个体”仅仅指野生生物，不包括人工培养的动植物，这一点在理论上缺乏支持。

第三阶段（20 世纪中叶的发展成熟期），是向整体主义伦理的发展。环境整体主义的经典表述是利奥波德（1997）的大地伦理。利奥波德提出一种整体主义环境伦理观。在《大地伦理》一文中，利奥波德指出，传统伦理只是处理人与人、人与社会之间关系的伦理。他认为，迄今一切伦理都基于一个前提，即个体是由相互依赖的部分组成的共同体的成员。“大地伦理只是拓展了共同体的疆界，使之包括土壤、水、植物和动物，或笼统地说：大地。”利奥波德大地伦理学的基本原则主要有三个方面：一是所有自然物间的关系是一种伦理关系；二是人类、土壤、水、植物和动物同属于一个“生物共同体”，生物共同体和道德共同体在外延上相等；三是在这一共同体中，对善恶的评价应遵循如下原则：“当一个事物有助于保护生物共同体的和谐、稳定和美丽的时候，它为正确的，当它走向反面时，即是错误的。”

以 20 世纪 70 年代罗尔斯顿（2000a）的《哲学走向荒野》等著作为代表的“自然价值论”生态伦理学，继承并发展了利奥波德的大地伦理学。罗尔斯顿将人类价值和自然价值并举，把道德和自然动态平衡结合，从生态学中推理出一种新的伦理学，构建了系统的自然价值论。罗尔斯顿（2000b）认为：“在生态系统层面，我们面对的不再是工具价值，固然生态系统具有工具价值属性；我们面对的也不是内在价值，尽管生态系统为了自身的缘故而护卫某些完整的生命形式；我们已经接触到了某种需要用第三个术语——系统价值来描述事物。”罗尔斯顿认为“自然系统的创造性是价值之母，大自然的所有创造物，只有在他们是自然创造性实现的意义上，才是有价值的”，从而去除了在自然价值评价上的人类中心主义因素。

在实践中，罗尔斯顿要求人类遵循自然法则，体验和领悟自然，进而遵守对自然的道德义务。他认为，人类不应该提出“孤傲的人类中心论的价值观”，而是看到它之外和之下的其他存在物的价值，进而“产生一种对自然界具有贵族气派的责任感”，尊重生态系统的整体价值，从而减少对自然造成的伤害。罗尔斯顿自然价值伦理思想开拓了人类道德关怀的广度，唤醒了人类的生态保护意识。

由挪威著名哲学家阿伦•奈斯创立的“深层生态学”（deep ecology），是现代环境伦理学新的理论。这一理论主要由塞申斯、德沃尔及福克斯等发展，已形成了一个思路清晰的理论框架（贾丁斯，2002）。深层生态学的立论基础是两条原则，即自我实现原则和生态中心主义准则。深层生态学体现了巨大的包容性，其将动物伦理、生物中心论和大地伦理都纳入了全面的、整体主义的价值观中。将人与非人生物的关系论证得很清晰，深层生态学认为，人们应该对当下环境问题进行更深层次的解读。深层次生态学洞察生态危机的社会根源和本质，认为生态危机是由人类功利主义的价值取向和以人类中心主义为目标依据所设置的社会体制造成的，要求从制度变革、文化重建和文明秩序重构的角度彻底解决环境问题，具有积极意义。但是该理论提出的很多激进主张，没有考虑发展中国家的生存需要和发展利益，带有 “西方帝国主义色彩”（贾丁斯，2002）。

2. 生态社会主义

一般认为，“生态社会主义是 20 世纪 70 年代以来在西方发达资本主义国家兴起的生态运动或绿色运动中的一个具有社会主义倾向的一股思潮或派别”（罗尔斯顿，2000b）。代表人物有约翰•贝拉米•福斯特、安德列•高兹、本•阿格尔、詹姆斯•奥康纳、戴维•佩珀。20 世纪中后期，一些西方左派思想家提出了把解决生态问题的出路寄托于社会主义的想法。他们运用马克思主义的观点和方法去分析产生于发达资本主义国家的生态问题。福斯特（2006）指出：导致目前全球生态危机的主要历史根源，就是……“资本与自然之间的致命冲突”；这种根源于资本主义生产方式的“全球性的生态矛盾无法回避，除非采取资本主义制度本质上不可能提供的理性制约措施，别无他法”；按照福斯特的观点，要想消除生态危机、解放自然，资本主义“必须”被“取而代之”。解决生态问题的实质不是解放自然，而是要解放人；社会主义的合理性不在于实现自然的解放，而在于实现人的解放。要根本消除这种生态危机，唯有社会主义制度取代资本主义制度（田世锭，2013）。高兹（1994）通过劳动分工来批判资本增值的本性及技术统治。阿格尔（1991）以异化消费为起点认为当前生态系统本身的有限性与资本主义条件下生产追求的无限性的矛盾，将资本主义社会的经济危机转变为生态危机。奥康纳（2003）在《自然的理由——生态学马克思主义研究》一书中，用自然的眼光对资本主义社会进行全方位的分析，资本主义社会不仅仅存在私人占有与社会化生产的矛盾所引发的周期性经济危机，更存在资源有限与需要无限的生态危机。后一种危机看似比前一种更加致命，它存在不可逆转性和不可预知性且其影响具有隐藏性。这就是有名的"双重危机"理论。佩珀（2005）从马克思主义的最终理论导向，即变革现实的社会制度出发，认为当前生态问题的深层次原因是各个国家间的制度不平等，以及制度所体现的物质和精神需求不一。处在发达阶段的资本主义制度国家，将可能产生生态问题的产业转移到其他不发达社会制度的国家，以解决自身的环境问题。但是这并没有真正解决问题，反而令环境问题更加严重，这种方式不仅仅损害了不发达国家人民的健康，更重要的是，这些国家没有充分认识到环境问题其实是没有国界的全球性问题。他认为，由于生态问题影响范围的全球性扩张，国家间需要在对等的基础上来实现合作，而合作的关键就是要变革社会制度（王怀兵，2014）。

生态社会主义始终把"社会主义"作为其奋斗目标，它提出建立一种新型的人与自然和谐的社会主义模式。特别是乔治·拉比卡在 1990 年提出的"只有社会主义能够救地球"，引起了国人的共鸣（尹丽娜和尹海燕，2013）。生态社会主义的主要观点如下。第一，资本主义生产方式的内在矛盾及其全球性扩张是全球生态危机的根本原因。资本不计成本追逐利润的本性，必然会破坏生态环境，导致异化消费。资本主义生产方式在全球的扩张也必然造成全球性环境的恶化。第二，把社会问题纳入生态视野。生态社会主义者认为，生态问题不仅局限于自然领域，社会问题也属于生态社会主义的范畴，环境问题的本质是社会公平问题。环境问题已经成为全球性问题，要解决首先需要全人类达成共识，其次需要公平原则。在基层民主和民主自治方面，生态社会主义者主张，政权机构要由基层民主选举产生，政治权力应当始终处于基层而且实现权力资源的分散化。第三，主张生态经济模式。用生态经济模式取代市场经济模式，生态社会主义者认为，应当把经济活动看作整个生态系统的一个分支部分，衡量经济发展的指标不仅是生产成本、生产总值、直接的经济效益，主要还要看它所支付的环境成本和所引起的社会效果。高兹（1994）认为，要尽可能使经济的合理性服从于社会生态的合理性，在保证经济增长与发展的同时实现生态合理性的目标。加拿大批判学派的生态社会主义理论家威廉·莱易斯批判了资本主义的异化消费，主张实现在公有制和民主管理基础上适当的经济增长（尹丽娜和尹海燕，2013）。

3. 生态城市思想

一般认为，城市生态思想起源于霍华德在 1898 年提出的"田园城市"理论（黄肇义和杨东援，2001），这是西方第一个全面、完整且付诸实施的城市生态构思。对于生态城市，霍华德（2000）有过这样的一个简短的定义："田园城市是为了安排健康的生活和工业而设计的城镇；其规模要有可能满足各种社会生活，但不能太大；被乡村包围；全部土地归公众所有或者托人为社区代管。”霍华德“田园城市”思想的提出在当时引起了巨大的社会反响，使久居城市、饱受污染的市民看到了在城市里享受田园乐趣的希望。在霍华德“田园城市”理论之后，经过数十年的发展，最终形成了以城市中人类社会、经济、自然三个子系统构成的复合生态系统为目标的城市生态学理论体系。最早运用生态学方法解决城市问题的是美国芝加哥社会学派，以罗伯特·以斯拉·帕克、欧内斯特·沃森·伯吉斯、罗德里特·邓肯·麦肯齐为代表。1925 年，三人合作出版了《城市》（*The City*）一书，明确将人类地理学、生物生态学原理运用于城市研究。帕克的主要贡献在于他引入新陈代谢、演进等生态学概念对城市人口迁徙、城市秩序等城市社会问题进行了一系列实证研究。伯吉斯则提出了同心圆地带理论（concentric zone theory），并在此基础上构建了城市规划的理想模型——同心圆结构。麦肯齐基于同心圆结构，分析了城市有机体空间结构的集中和分散过程。另一个基于生态学原理提出的城市生态思想是伊利尔·沙里宁在《城市——它的成长、衰败和未来》（*The City, Its Growth，Its Decay，Its Future*）一书中提出的有机分散理论。沙里宁（1986）认为，城市存在强迫性集中、投机性集中、垂直的集中、文化上的集中等过分集中的弊端。解决这一弊端的办法便是有机疏散，即将重工业、轻工业和中心地区日常生活供应部门从城市中心分散出去，以降低中心地区的负荷，降低人口密度；将生活和工作等日常活动的区域做集中布置，而将观看比赛和演出等偶然活动的区域做分散布置，以使交通降到最低程度。这种理论在第二次世界大战后得到了广泛应用，尤其是应用于大伦敦规划和大巴黎规划，取得了很好的效果。联合国教科文组织于 20 世纪 70 年代发起了“人与生物圈计划”，其中与城市相关的项目“城市与工业系统能量利用的生态学前景”明确了用生态学原理研究城市的大方向，并致力于城市系统生态范式的建设。基于这种自然科学与社会科学相结合、基础理论与应用技术相结合的系统研究，“生态城市”（eco-city）的概念应运而生。

4. 西方绿色思潮的生态文明观

西方绿色思潮可划分为“深绿”“浅绿”“红绿”三个组成部分。其中，“深绿”主要是指以生态中心主义为基础的生态主义思潮；“浅绿”是以现代人类中心主义为基础的生态思潮。它们的理论特点都是要求在不变革资本主义制度和生产方式的前提下，单纯通过生态价值观的变革来解决生态危机。“红绿”则是倡导用马克思主义分析生态问题形成的有机马克思主义和生态学马克思主义，其理论特点是要求实现资本主义制度和生态价值观的双重变革来解决生态危机。上述绿色思潮在生态危机的根源、生态价值观和生态治理等关乎生态文明理论的核心问题上存在着根本的分歧（王雨辰，2016）。

“深绿”思潮依次经历了动物解放论、动物权利论、生物中心论和生态中心论三个阶段。“深绿”思潮把人类中心主义价值观及建立在此基础上的科学技术的运用，看作生态危机的根源，他们由此把破除人类中心主义价值观，以“自然价值论”“自然权利论”为基础建构了生态文明理论。“深绿”思潮的生态文明理论，以生态中心主义价值观为基础，排斥经济增长和技术进步，把生态文明理解为人类实践未涉足的“荒野”。

“浅绿”思潮包括环境主义、生态现代化理论和可持续发展理论。“浅绿”思潮强调人类中心主义价值观并不是当前人类生态危机的根源，生态危机的根源在于人口过快增长；将自然资源看作“上帝”无偿的馈赠，是生态危机发生的另一原因，强调资本主义制度和生产方式有能力解决生态危机，不需要通过制度和生产方式变革来解决生态危机并实现可持续发展。“浅绿”思潮的生态治理论主要包括以下四个方面的内容：第一，控制人口过快增长，是解决生态危机的前提；第二，强调技术革新在生态治理中的作用；第三，自然资源的市场化，是避免滥用自然和治理生态危机的有效途径；第四，“浅绿”思潮强调解决生态危机和生态文明建设，不是要与工业文明和现代化告别，而是要以更加推进现代化的超工业化解决生态危机。“浅绿”思潮的生态文明理论以现代人类中心主义价值观为基础，以技术进步和自然资源市场化为手段，追求资本主义经济的可持续发展。

“红绿”思潮主要包括有机马克思主义和生态学马克思主义两大流派。有机马克思主义通过对现代性价值体系的批判，强调走出现代性，提出了建设性后现代性的主张。他们所说的“后现代性”，主要是指超越现代性的机械思维方式和价值体系的有机思维方式或生态思维方式，其核心理念是一个生态的世界秩序，即一个万物相互联系的由共同体组成的共同体。生态学马克思主义反对“深绿”和“浅绿”思潮脱离社会制度和生产方式抽象地探讨生态危机问题，坚持以历史唯物主义的历史分析法和阶级分析法分析生态危机问题，最终形成了制度维度、哲学价值观维度和政治维度三者统一的生态文明理论。生态文明的制度维度，主要是指生态学马克思主义始终坚持从资本主义制度和生产方式入手找寻生态危机的根源，强调资本主义制度、生产方式和资本所支配的全球权力关系才是生态危机的根源。生态文明的哲学价值维度，是指一方面揭示了消费主义价值观的实质与生态后果，要求理顺需要、商品、满足和幸福的关系，要求到创造性的劳动中而不是异化消费中追求满足和幸福；另一方面批判了生态中心主义的价值观和人类中心主义价值观的抽象性，通过重构生态价值观，把对资本主义的生态价值观批判与制度批判有机地结合起来。生态文明的政治维度，主要是指生态学马克思主义力图把生态运动引向激进的阶级运动，建立生态运动与社会主义运动之间的联盟关系，通过破除资本主义制度和全球权力关系，建立生态社会主义社会，从而真正解决生态危机（王雨辰，2016）。

（二）西方生态文明思想的价值与意义

1. 生态伦理学的价值与意义

第一，西方生态伦理学促进了我国生态意识的觉醒和世界观的转变。20世纪80年代，以徐茂昌、侯文慧和刘湘溶为代表的中国生态学者陆续翻译并论述了一系列西方生态伦理学的著作，在广大民众当中普及了生态伦理知识并初步实现了西方生态伦理学本土化的进程。第二，西方生态伦理学的引入有助于人们建立新型的生态文明观。要求人类不能粗暴地对待自然，不能对它进行无节制的开发和利用，人类对自然的任何行为都要考虑对它造成的后果；也要求人类社会各个成员之间相互尊重，保护生态环境，不给别人造成环境污染和破坏。第三，西方生态伦理学还关注代际间的和谐。要求充分考虑当代人的行为是否会给下一代或下几代人带来不良后果，是否会损害他们的根本长远利益（解耿凤，2010）。第四，生态伦理学引起了人们生产方式和生活方式的变革。人们认识到了环境成本问题，使生产方式向集约型和环境友好型转变。同时，人们也摒弃了过度消费的生活方式，更加注重精神生活的内涵，提倡一种低碳环保的生活方式（余谋昌，2009；赵广发，2015）。

2. 生态社会主义的价值与意义

生态社会主义理论也对我国的生态文明建设产生了积极影响。第一，西方生态社会主义在某种程度上为我国的生态文明建设提供了理论认识来源和思想启蒙。第二，西方各国在生态社会主义思潮的压力下，纷纷开展了一系列的生态实践。这些实践活动为我国的生态文明建设提供了宝贵的经验。第三，西方生态社会主义的发展为我国生态文明建设的国际合作提供了良好的外部环境。第四，西方生态社会主义致力于建立一个“绿色社会”，也就是把生态理念和社会主义结合起来，走出一条既能提高人民物质文化生活水平，又能实现人与自然和谐共处的社会主义道路（方雷，2006）。这种道路的探索，为中国特色的生态文明建设提供了极大的借鉴意义。

3. 生态城市思想的价值与意义

第一，科学的总体规划和健全的政策法规。生态城市建设由科学的总体规划引领和健全的政策法规作保障。第二，广泛的公众参与。只有城市最广大的居民积极参与生态城市建设的全过程，使生态城市建设成为广大居民的自觉行动，才能建设生态城市。第三，强化中心城区生态建设与周边城镇的协同建设。要把中心城区生态与周边城镇生态当作一个有机系统，要处理好中心城区与周边城镇之间的人口、生产、交换、流通、环保等之间的关系。第四，推动传统制造业向生产性服务业转型升级，实现产业发展生态化，是生态城市建设的产业发展要求和必然趋势。

4. 西方绿色思潮的生态文明观的价值与意义

西方绿色思潮对人与自然的关系的哲学研究，“是在思想的昏暗中亮起的一盏新的明灯，并越来越亮”（施韦泽，2003）。辩证地看待西方绿色思潮对人与自然关系的哲学研究，对新时代中国特色社会主义生态文明建设意义重大。首先，西方绿色思潮呼吁人类通过恢复自然之魅来倡导一种新的生活方式。其次，西方绿色思潮作为环境伦理学视域内的一个重要组成部分，它在研究人与自然之间关系的时候，建立了一种新的自然哲学研究范式（何萍，2006）。他们把价值关系拓展到自然领域，开拓了中国特色社会主义生态文明建设研究的理论视域。最后，西方绿色思潮将自然观与文化哲学的研究相结合，指出善待自然具有重大的文化意义，包括人如何过一种有意义的生活，如何实现精神的进步，使现代国家转变为文化国家成为可能，这些对于提高全民族的生态道德水平意义重大。

四、中国共产党生态文明思想

（一）中国共产党生态文明思想的主要观点

新中国成立以来，在社会主义建设的不断推进与深化中，中国共产党逐渐形成了完整的生态文明思想体系。以毛泽东为代表的第一代领导集体提出了“全面规划、合理布局，综合利用、化害为利，依靠群众、大家动手，保护环境、造福人民”的环保方针（陆浩和李干杰，2018）；邓小平把环境保护确立为基本国策，构筑环境保护法律体系，制定环境保护政策制度体系（陆浩和李干杰，2018）；江泽民在中国共产党第十六次全国代表大会报告中提出，必须坚持全面协调可持续发展；坚持生产发展、生活富裕、生态良好的文明发展道路；胡锦涛在中国共产党第十七次全国代表大会报告中提出：“基本形成节约资源和保护生态环境的产业结构、增长方式、消费模式。循环经济形成较大规模，可再生能源比重显著上升。主要污染物排放得到有效控制，生态环境质量明显改善。生态文明观念在全社会牢固树立”；胡锦涛在中国共产党第十八次全国代表大会报告中提出，坚持节约资源和保护环境的基本国策，坚持节约优先、保护优先、自然恢复为主的建设方针；把生态文明建设融入经济建设、政治建设、文化建设、社会建设各方面和全过程；着力推进绿色发展、循环发展、低碳发展，形成节约资源和保护环境的空间格局、产业结构、生产方式和生活方式。党的十八大以来，中共中央和习近平总书记关于社会主义生态文明建设的一系列重要论述，极大地丰富和发展了中国共产党关于生态文明建设的理论。2015 年，中国共产党第十八届中央委员会第五次全体会议提出，坚持绿色发展、着力改善生态环境，从促进人与自然和谐共生、加快建设主体功能区、推动低碳循环发展、全面节约和高效利用资源、加大环境治理力度、筑牢生态安全屏障等六个方面确定了我国未来绿色发展的实现路径，推动形成绿色发展方式和生活方式，协同推进人民富裕、国家富强、中国美丽。2015 年，中共中央 国务院《关于加快推进生态文明建设的意见》提出，到 2020 年我国国土空间开发格局进一步优化，资源利用更加高效，生态环境质量总体改善，生态文明重大制度基本确立，资源节约型和环境友好型社会建设取得重大进展，主体功能区布局基本形成，经济发展质量和效益显著提高。2015 年，中共中央 国务院《生态文明体制改革总体方案》提出，到 2020 年，构建起由自然资源资产产权制度、国土空间开发保护制度、空间规划体系、资源总量管理和全面节约制度、资源有偿使用和生态补偿制度、环境治理体系、环境治理和生态保护市场体系、生态文明绩效评价考核和责任追究制度等八项制度构成的产权清晰、多元参与、激励约束并重、系统完整的生态文明制度体系。习近平在中国共产党第十九次全国代表大会报告中提出："坚持人与自然和谐共生。建设生态文明是中华民族永续发展的千年大计。必须树立和践行绿水青山就是金山银山的理念，坚持节约资源和保护环境的基本国策，像对待生命一样对待生态环境，统筹山水林田湖草系统治理，实行最严格的生态环境保护制度，形成绿色发展方式和生活方式，坚定走生产发展、生活富裕、生态良好的文明发展道路，建设美丽中国，为人民创造良好生产生活环境，为全球生态安全做出贡献"；将坚持人与自然和谐共生确定为新时代坚持和发展中国特色社会主义的基本方略之一，强调要牢固树立社会主义生态文明观，推动形成人与自然和谐发展现代化建设新格局。

习近平总书记关于社会主义生态文明建设的一系列重要论述，特别是习近平在 2018 年 5 月 18 日至 19 日第八次全国环境保护大会上的讲话，回答了为什么要建设生态文明，建设什么样的生态文明，怎样建设生态文明的重大理论与实践问题，提出了一系列新理念新思想新战略，形成了习近平生态文明思想；提出了新时代生态文明建设必须坚持好以下六项原则。

一是坚持人与自然和谐共生。人与自然是生命共同体。生态环境没有替代品，用之不觉，失之难存。"天地与我并生，而万物与我为一。""天不言而四时行，地不语而百物生。"当人类合理利用、友好保护自然时，自然的回报常常是慷慨的；当人类无序开发、粗暴掠夺自然时，自然的惩罚必然是无情的。人类对大自然的伤害最终会伤及人类自身，这是无法抗拒的规律。

在整个发展过程中，我们都要坚持节约优先、保护优先、自然恢复为主的方针，不能只讲索取不讲投入，不能只讲发展不讲保护，不能只讲利用不讲修复，要像保护眼睛一样保护生态环境，像对待生命一样对待生态环境，多谋打基础、利长远的善事；多干保护自然、修复生态的实事；多做治山理水、显山露水的好事，让群众望得见山、看得见水、记得住乡愁，让自然生态美景永驻人间，还自然以宁静、和谐、美丽。

二是绿水青山就是金山银山。这是重要的发展理念，也是推进现代化建设的重大原则。绿水青山就是金山银山，阐述了经济发展和生态环境保护的关系，揭示了保护生态环境就是保护生产力、改善生态环境就是发展生产力的道理，指明了实现发展和保护协同共生的新路径。绿水青山既是自然财富、生态财富，又是社会财富、经济财富。保护生态环境就是保护自然价值和增值自然资本，就是保护经济社会发展潜力和后劲，使绿水青山持续发挥生态效益和经济社会效益。

三是良好生态环境是最普惠的民生福祉。民之所好好之，民之所恶恶之。环境就是民生，青山就是美丽，蓝天也是幸福。发展经济是为了民生，保护生态环境同样也是为了民生。既要创造更多的物质财富和精神财富以满足人民日益增长的美好生活需要，也要提供更多优质生态产品以满足人民日益增长的优美生态环境需要。要坚持生态惠民、生态利民、生态为民，重点解决损害群众健康的突出环境问题，加快改善生态环境质量，提供更多优质生态产品，努力实现社会公平正义，不断满足人民日益增长的优美生态环境需要。

四是山水林田湖草是生命共同体。生态是统一的自然系统，是相互依存、紧密联系的有机链条。人的命脉在田，田的命脉在水，水的命脉在山，山的命脉在土，土的命脉在林和草，这个生命共同体是人类生存发展的物质基础。一定要算大账、算长远账、算整体账、算综合账，如果因小失大、顾此失彼，最终必然对生态环境造成系统性、长期性破坏。

五是用最严格制度、最严密法治保护生态环境。保护生态环境必须依靠制度、依靠法治。我国生态环境保护中存在的突出问题大多同体制不健全、制度不严格、法治不严密、执行不到位、惩处不得力有关。要加快制度创新，增加制度供给，完善制度配套，强化制度执行，让制度成为刚性的约束和不可触碰的高压线。要严格用制度管权治吏、护蓝增绿，有权必有责、有责必担当、失责必追究，保证党中央关于生态文明建设决策部署落地生根见效。

六是共谋全球生态文明建设。生态文明建设关乎人类未来，建设绿色家园是人类的共同梦想，保护生态环境、应对气候变化需要世界各国同舟共济、共同努力，任何一国都无法置身事外、独善其身。我国已成为全球生态文明建设的重要参与者、贡献者、引领者，主张加快构筑尊崇自然、绿色发展的生态体系，共建清洁美丽的世界。

习近平还首次提出要加快构建生态文明体系（“五个体系”），指出：“加快解决历史交汇期的生态环境问题，必须加快建立健全以生态价值观念为准则的生态文化体系，以产业生态化和生态产业化为主体的生态经济体系，以改善生态环境质量为核心的目标责任体系，以治理体系和治理能力现代化为保障的生态文明制度体系，以生态系统良性循环和环境风险有效防控为重点的生态安全体系。”“五个体系”是对贯彻“六项原则”的具体部署，也是从根本上解决生态问题的对策体系。“六项原则”“五个体系”既是指导原则，也是方法论，形成了一个科学严密的逻辑体系，构成了习近平生态文明思想的理论内核，为今后一段时期坚定不移走生产发展、生活富裕、生态良好的文明发展道路指明了方向，画出了“路线图”，是新时代推进生态文明建设的根本遵循。

（二）中国共产党生态文明思想的价值与意义

以毛泽东为代表的中国第一代领导集体在经历挫折困难后及时总结环境保护经验，为探索中国特色环境保护道路奠定了良好的发展基础。以邓小平为核心的第二代领导集体对环境保护法律法规的建设已初具规模，在环境保护实践过程中起了积极作用，也为党进一步探索生态文明建设奠定了理论基础，指明了方向。江泽民及时引导经济和生态环境协调发展，注重人与自然的统一，提出可持续发展战略，这是党对生态建设思想的又一次提升和发展。胡锦涛提出科学发展观，要求把生态文明建设融入经济建设、政治建设、文化建设、社会建设各方面和全过程，这些认识深化的结果就是生态文明建设上升为中国特色社会主义事业总体布局的重要组成部分。

习近平生态文明思想已经形成了系统科学的理论体系，回答了生态文明建设的历史规律、根本动力、发展道路、目标任务等重大理论课题，是党的理论和实践创新成果。习近平生态文明思想是对马克思主义人与自然关系思想的历史性贡献。习近平生态文明思想实现了对人类文明发展规律的再认识，是人类社会发展史、文明演进史上具有里程碑意义的大理念、大哲学。一是丰富发展了马克思主义自然观，习近平关于“尊重自然、顺应自然、保护自然”的生态文明理念，是对马克思主义关于人与自然关系理论的继承和发展，对多年改革开放实践经验的精辟总结。二是丰富发展了马克思主义生产力理论，习近平把自然生态环境纳入生产力范畴，深刻阐明了生态环境与生产力之间的关系，揭示了生态环境作为生产力内在属性的重要地位。三是深刻揭示了人类文明发展规律，习近平指出：“生态兴则文明兴，生态衰则文明衰。”人类社会的发展史，从根本上说就是人类文明的演进史、人与自然的关系史。四是明确界定了生态文明的历史阶段。习近平指出：“人类经历了原始文明、农业文明、工业文明，生态文明是工业文明发展到一定阶段的产物，是实现人与自然和谐发展的新要求。”[①]习近平生态文明思想是当代生态文明建设的自然辩证法。一是人民主体性思想。“良好生态环境是最公平的

① 习近平2013年5月24日，在十八届中央政治局第六次集体学习时的讲话。

公共产品，是最普惠的民生福祉。”等重要论述，把党的宗旨与人民群众对良好生态环境的现实期待、对生态文明的美好憧憬紧密结合在一起。二是辩证思维。“我们既要绿水青山，也要金山银山。宁要绿水青山，不要金山银山，而且绿水青山就是金山银山。”[①]这些论述体现了经济发展与生态环境保护的辩证关系。三是系统思维。“山水林田湖草是一个生命共同体”深刻地表述了自然生态系统是一个相互联系、相互影响的有机整体。四是底线思维。“要牢固树立生态红线的观念。在生态环境保护问题上，就是要不能越雷池一步，否则就应该受到惩罚。”生态文明建设要以底线思维为指导，设定并严守资源消耗上限、环境质量底线、生态保护红线，将各类开发活动限制在资源环境承载能力之内。五是人类命运共同体思想。“这个世界，各国相互联系、相互依存的程度空前加深，人类生活在同一个地球村里，生活在历史和现实交汇的同一个时空里，越来越成为你中有我、我中有你的命运共同体。”这体现了一种价值观，包含相互依存的国际权力观、共同利益观、可持续发展观和全球治理观。习近平生态文明思想不但是建设美丽中国的行动指南，也为构建人类命运共同体贡献了思想和实践的“中国方案”（赵建军，2016）。

第二节　基 本 概 念

一、生态文明

（一）生态文明的基本概念

1. 广义角度

生态文明是继原始文明、农业文明、工业文明三个发展阶段之后的一个新的文明发展阶段，它是人类在对工业文明深刻反思的基础上，为实现永续发展而主动选择的新思想、新道路、新模式；生态文明是人类遵循人、自然、社会和谐发展这一客观规律而取得的物质与精神成果的总和；生态文明是以人与自然、人与人、人与社会和谐共生、良性循环、全面发展、持续繁荣为基本宗旨的社会形态。

2. 狭义角度

生态文明是继物质文明、精神文明、政治文明之后的第四种文明，成为共同支撑和谐人类社会的“四大文明”体系（中国工程院“生态文明建设若干战略问题研究”项目研究组，2016）。

---

① 顺应时代前进潮流，促进世界和平发展. 2013 年 3 月 23 日上午，习近平在莫斯科国际关系学院的演讲。

3. 基本内涵

生态文明是人与自然和谐的文明。生态文明的内涵包括生态物质文明、生态行为文明、生态制度文明、生态精神文明。生态物质文明是指人类与自然和谐相处所取得的物质成果，包括人类物质生产成果、良好的自然环境和健康的生态。生态行为文明是指人类尊重自然、顺应自然、保护自然的生产行为和生活行为。生态制度文明是指人类制定有利于自然生态环境的法律法规、政策规定及体制机制等。生态精神文明是指人类遵循自然规律、保护生态环境所取得的科学文化知识、思想观念道德等。生态物质文明、生态行为文明、生态制度文明、生态精神文明都以生态文明的要求，追求文明与生态共荣、人与自然和谐为根本目的。生态物质文明需要在生态精神文明的指导下，在生态制度文明的规制下，由生态文明行为创造。生态物质文明、生态行为文明、生态制度文明、生态精神文明，有机地构成生态文明的四个层次（严耕等，2010）。

（二）生态文明与其他文明的关系

1. 生态文明与物质文明的关系

物质文明是人类改造自然的物质成果，是人类物质生产和物质生活的进步状态。它包括生产力发展状况、社会物质财富的积累程度及人们日益增长的物质条件等。物质文明是人类生存发展的起点和基本前提，体现的是人类从自然界获取生产资料和生活资料的能力。物质文明的性质由生产方式决定。物质文明水平越高，表明人类离开野蛮状态越远，控制自然的能力越强。物质文明的高度发展为人类改造自然，推动人类社会本身的进步创造了优越的、必要的、先决的条件。

生态文明包括生态物质文明，物质文明也包括生态物质文明。生态文明是物质文明的最原始的基础，是物质文明产生和发展的基本源泉、必要前提和必要选择。物质文明是在生态文明的基础上产生和建立起来的。物质文明的发展是有限度的，必须与生态文明相适应。

生态文明建设和发展的好坏制约着物质文明的发展程度的高低。同样，发达的物质文明有助于生态文明建设。生态文明理念下的物质文明，就是生态物质文明，将致力于消除经济活动对大自然自身稳定与和谐构成的威胁，逐步形成与生态相协调的生产生活与消费模式。经济发展追求的是物质文明，环境保护追求的是生态文明。

生态文明与物质文明的关系，说到底是环境保护与经济发展的对立统一关系。环境保护和经济发展存在着对立关系。一方面，人类的生存、发展会带来环境污染和生态破坏，积累到一定程度就会爆发环境问题和生态危机。也就是说，环境问题是经济社会发展过程中人类没有处理好与自然的关系的必然产物；另一方面，要保护环境，在一定时空范围内必然会或多或少地制约经济发展（沈满洪等，2014）。但是，从本质上看，环境保护和经济发展是统一的。一方面，环境保护的根本目的是促进经济社会更好的发展，为人类自身提供持续增进福祉所赖以支撑的自然环境条件；另一方面，环境问题是随着经济社会发展而来的，也必然在经济社会发展过程中加以解决。解决环境问题必须通过转变经济增长方式，必须依赖科技进步，必须有助于人类福利的合理增长，而不是牺牲经济社会的发展去实现。换句话说，经济发展和环境保护必须统一在可持续发展上，实现经济发展和环境保护的双赢（徐震，2008）。

2. 生态文明与精神文明的关系

精神文明是人类在改造客观世界的同时改造主观世界中形成的成果的总和，表现为社会精神产品和精神生活的进步。精神文明体现的是人类在改造主观世界的过程中处理的主观与客观、人与自我的关系。在人类的伦理道德和审美体验中，没有生态文明，就没有人与人之间的正常关系，更不可能有人类对美好事物的真实感受。只有自然界生机盎然，生态系统合乎规律地循环，人类才能过上一种真正合乎人性的生活（沈满洪等，2014）。

生态文明与精神文明是相辅相成、相互促进的关系。一方面，生态文明是精神文明的重要组成部分，是对精神文明的补充。生态文明是人与自然和谐发展的成果，它除了表现为保护和建设生态环境，人与自然和谐相处，还表现为对人们生态保护的意识、政治决策、法律法规、生态伦理、文学艺术等的提高和完善。因此，生态文明中要求建设人们生态方面的意识形态成为精神文明的重要内容和补充。另一方面，精神文明的建设发展为生态文明的建设发展创造良好稳定的社会环境提供了保证，为生态文明建设发展提供思想引导、精神动力和智力支持。

生态文明建设的核心是构建全民生态理念，其重点是加强环境保护的制度建设，普及社会和谐共存的文化氛围。树立生态文明理念，就是要把生态文明贯穿于精神文明建设过程当中。反过来说，没有生态文明的精神文明就不是现代意义上的精神文明。秉承生态文明的精神文明，就是要提倡尊重自然、认知自然价值，建立人的自身全面发展的文化与氛围，从而转移人们对物欲的过分强调与关注（张建宇，2007）。

3. 生态文明与政治文明的关系

政治文明是人类在政治实践中形成的成果，表现为社会政治制度、政治生活的进步。政治文明的精神实质是通过制度安排和国家公共权力的运用来维系社会秩序，通过公平分配社会资源来保障个人的权益。政治文明体现的是人类在改造社会过程中处理人与人之间的关系。

生态文明与政治文明的关系是互为条件、相互促进的关系。政治文明为生态文明的建设提供了有力的政治保障、政治方向和良好的政治环境，从而有力地推动和促进生态文明的建设。人类目前所面临的生态环境危机是由人类在特定制度框架下进行的社会活动引起的。有什么样的制度框架，就有什么样的物质生产和人口生产，也就有什么样的环境影响（姬振海，2007）。秉承生态文明的政治文明，强调尊重利益和需求多元化，注重平衡各种关系，避免资源分配不公、人或人群的斗争及权力的滥用而造成对生态的破坏（张建宇，2007）。因此，政治文明必然是生态文明的重要保障和前提。例如，党的十七大报告把建设生态文明提到了党和国家工作日程中来，这对我国生态环境质量的改善，生态文明观念在全社会牢固树立有着重要的推动和促进作用。同时，生态文明是政治文明建设存在和发展的前提条件，生态文明促进政治文明建设不断完善和发展。我国政治文明的建设和发展，如果脱离生态文明的建设，将会举步维艰，难以持续地进行下去。因此，政治文明建设必须同生态文明建设保持和谐一致，才能不断地取得新的发展。

4. 四个文明

人类在政治、经济、文化、生态方面的所有进步作为一个整体都是人类文明的组成要素。一方面，生态文明是基础和根本。物质文明、精神文明和政治文明离不开生态文明。没有良好的生态条件，人类既不可能有高度的物质追求和精神享受，也不可能有高度的政治享受。没有生态安全，人类自身就会陷入最严重的生态危机。从这个意义上说，生态文明是物质文明、精神文明和政治文明的基础和前提，没有生态文明，就没有物质文明、精神文明和政治文明。另一方面，生态文明作为新出现的文明形式，以物质文明、精神文明和政治文明为依托，且内在地体现在它们之中，并丰富其内涵。人类自身作为建设生态文明的主体，必须将生态文明的内容和要求内在地体现在人类的法律制度、思想意识、生活方式和行为方式中，并以此作为衡量人类文明程度的一个基本标尺。也就是说，建设物质文明内在地要求社会经济与自然生态的平衡发展和可持续发展；建设精神文明内在地包含生态环境保护和生态平衡的思想观念和精神追求；建设政治文明内在地包含保护生态环境、实现人与自然和谐发展的制度安排和政策法规（刘爱军，2007）。

全面建成小康社会以及加快社会主义现代化建设步伐的过程，也是经济、政治、文化、自然环境协调发展的过程，是物质文明、精神文明、政治文明与生态文明共同发展和实现社会的全面进步的过程，“四个文明”是我国社会发展和前进的航标。因此，生态文明与物质文明、精神文明、政治文明相互联系、相互区别、相互制约、相互促进，共同构成现代文明体系。

（三）生态文明相关的重要概念

1. 可持续发展

可持续发展的概念最早提出于 1987 年世界环境与发展委员会《我们共同的未来》报告，它是指“既满足当代人的需要，又不对后代人满足其需要的能力构成危害的发展”。这一理念在 1992 年联合国环境与发展大会上得到认同，形成了世界各国可持续发展的共识。可持续发展的核心是发展，但要求在严格控制人口、提高人口素质和保护环境、资源永续利用的前提下进行经济和社会的发展。可持续是可持续发展的前提；人是可持续发展的中心体；可持续长久的发展才是真正的发展。可持续发展有三大原则：公平性原则，本代人之间的公平、代际间的公平和资源分配与利用的公平；持续性原则，人类经济和社会的发展不能超越资源和环境的承载能力；共同性原则，各国可持续发展的模式虽然不同，但公平性和持续性原则是共同的。地球的整体性和相互依存性决定全球必须联合起来，认知我们的家园。可持续发展包括三个方面的内容：经济可持续发展、生态可持续发展、社会可持续发展。生态可持续发展是基础，经济可持续发展是条件，社会可持续发展是目的。

可持续发展是一种发展理念、发展模式。可持续发展的目标与生态文明的理念完全是一致的。生态文明是与物质文明、政治文明、精神文明相并列的现实文明之一。生态文明着重强调人类与自然的和谐相处，为可持续发展提供思想基础、精神支持和智力支持，是可持续发展得以实现的必由之路。可持续发展是生态文明建设所要遵循的基本原则。生态文明与可持续发展相辅相成，相互促进。生态文明建设理论丰富并发展了可持续发展理论，具有重要的理论与现实意义，其最终目的是要实现人类发展的可持续性。

2. 绿色发展

世界银行“中国：空气、土地和水”项目组（2001）指出，绿色发展的一个重要特征就是将资源与环境视为生产力发展的要素，不断投资使之保值并增值。在 GDP 和国民财富的核算中，要将自然资源（包括环境容量）的价值和污染治理、生态恢复的成本考虑在内，形成新的能够反映经济增长的质量和代价的发展指标。因此，绿色发展是将资源与环境纳入生产力发展的要素中，并使之保值与增值的发展，是对循环经济、绿色经济、可持续发展、低碳经济等热门理念的继承和发展，是对以上词汇的综合归纳和高度概括，是可持续发展理念的延伸和升华。胡鞍钢（2012）将绿色发展界定为“经济、社会、生态三位一体的新型发展道路，以合理消费、低消耗、低排放、生态资本不断增加为主要特征，以绿色创新为基本途径，以积累绿色财富和增加人类绿色福利为根本目标，以实现人与人之间和谐、人与自然之间和谐为根本宗旨”。

绿色发展，就是要实现经济增长与生态环境保护协同发展，坚持发展的可持续性，就是要使生态优势转化为经济优势，让绿色、生态有利可图。绿色发展已成为世界各国促进经济转型和复苏、推进全球可持续发展的重要理念和发展模式，代表了当今科技和产业变革方向，涉及经济、社会、生态和价值观念等各个领域。绿色发展是构建高质量现代化经济体系的必然要求，是解决污染问题的根本之策，有机产业是推动绿色发展和实现生产方式绿色化的重要模式。绿色发展，不仅要保障产业稳健向前发展，还要实现生产过程生态化、产品绿色化和发展可持续化。实现绿色发展关键在于产业生态化、生态产业化。绿色发展是生态文明建设的必然要求、建设路径和主要抓手，拓展了生态文明的建设领域；生态文明是绿色发展的目标，揭示了绿色发展的深刻内涵。绿色经济体系为生态文明建设提供坚强的物质基础。坚持人与自然和谐共生，必须不断创新绿色治理方式，将绿色发展理念融入新型工业化、信息化、城镇化、农业现代化全过程和各方面，协同推进经济发展和环境污染防治、生态系统保护。

3. 高质量发展

高质量发展是2017年中国共产党第十九次全国代表大会首次提出的新表述，表明中国经济由高速增长阶段转向高质量发展阶段。高质量发展，就是能够很好地满足人民日益增长的美好生活需要的发展，是体现新发展理念的发展，是创新成为第一动力、协调成为内生特点、绿色成为普遍形态、开放成为必由之路、共享成为根本目的的发展。

生态文明是高质量发展的根本目标和要求，而高质量发展是实现生态文明的必然要求和途径。高质量发展是生态文明建设的重要保障，生态文明建设也是高质量发展的重要保障。生态文明建设和高质量发展存在着良性的互动关系。高质量发展本身就内含环境保护和生态文明建设，高质量发展与传统发展有着显著的不同，传统发展注重发展的数量和速度，忽视生态环境保护、经济结构的优化和社会经济的全面进步；高质量发展是一种全面的发展，不仅仅关注物质财富也关注精神财富，更关注资源、环境和生态，做到人与自然、人与社会经济的全面持续协调发展。高质量发展是低投入、低消耗、低污染和高效益的发展，创新驱动是高质量发展的核心，必然会对生态文明建设提供强有力的支持。高质量发展会缩小全社会收入水平之间的差距，提供更多生态产品来满足人民群众的需求。同时，生态文明建设是推动高质量发展的基本内涵，是经济社会持续发展的重要支撑，生态文明建设和生态环境的改善能够极大地促进高质量发展。

4. 低碳经济

低碳经济概念最初是在2003年的英国能源白皮书《我们的能源未来：创建低

碳经济》中提出的。能源白皮书（DTI，2003）指出："低碳经济是通过更少的自然资源消耗和更少的环境污染，获得更多的经济产出；低碳经济是创造更高的生活标准和更好的生活质量的途径和机会，也为发展、应用和输出先进技术创造了机会，同时也能创造新的商机和更多的就业机会。"付加锋等（2010）指出："低碳经济是指碳生产力和人文发展均达到一定水平的一种经济形态，具有低能耗、低污染、低排放和环境友好的突出特点，旨在实现控制温室气体排放和发展社会经济的全球共同愿景。碳生产力指的是单位 CO_2 排放所产出的 GDP，碳生产力的提高意味着用更少的物质和能源消耗产生出更多的社会财富；人文发展（human development）意味着在经济发展、居民健康与教育、生态环境保护以及社会公平等人文尺度（human dimensions）上实现社会与经济的和谐发展。"这一概念的特点在于，一方面对于人文发展施加了碳排放的约束，另一方面强调碳排放约束不能损害人文发展目标，其解决途径便是通过技术进步和节能等手段提高碳生产力。

生态文明是低碳经济的目标和要求，低碳经济是生态文明建设的重要方面和重要途径。建设好生态文明社会就要搞好低碳经济。低碳经济在推动生态文明建设方面起着重要的作用。二者之间的关系是紧密相连，不可分割的。

5. 循环经济

"循环经济"一词是由美国经济学家 K. 波尔丁在 20 世纪 60 年代提出的。按照 K. 波尔丁的观点，循环经济是指在人、自然资源和科学技术的大系统内，在资源投入、企业生产、产品消费及废弃的全过程中，把传统的依赖资源消耗的线性增长的经济，转变为依靠生态资源循环来发展的经济（吴季松，2003）。Preston（2012）指出，循环经济是一种产业组织模式，旨在实现经济发展与资源消耗的脱钩，将开放的生产系统转变为重复利用资源与节能的生产系统。循环经济的核心是可持续性与闭环思维，发展循环经济能够提升发展中国家的福利水平与抵御资源价格冲击的能力。随着联合国确立 2030 年全球可持续发展目标和巴黎会议通过应对气候变化的全球协议，循环经济在世界各国的发展得到越来越多的重视，正在与低碳经济一起作为绿色经济的两个支柱，纳入主流的理论研究和政策研究。循环经济是生态文明的基本经济形态，是生态文明建设的重要路径。

二、生态文明建设

（一）生态文明建设的概念及其内涵

1. 基本概念

生态文明建设就是建设生态文明，是以人与自然和谐发展为宗旨，遵循生态文明理论与要求，处理人与自然、人与人、人与社会的关系，实现自然、经济、社会复合系统的可持续发展。

2. 基本内涵

生态文明建设的总体要求是必须树立尊重自然、顺应自然、保护自然的生态文明理念；把生态文明建设放在突出地位，融入经济建设、政治建设、文化建设、社会建设的各方面和全过程；努力建设美丽中国，实现中华民族永续发展。生态文明建设的关键是处理好人与自然的关系，使经济社会发展建立在资源能支撑、环境能容纳、生态受保护的基础上，使青山常在、绿水长流、空气常新，让人民群众在良好生态环境中生产、生活。

生态文明建设的内涵包括生态物质文明建设、生态行为文明建设、生态制度文明建设、生态精神文明建设。在器物层次建设生态物质文明，必须在创造传统的物质财富的同时，保障资源永续、环境良好和生态健康，为人类的可持续发展提供可持续的资源、良好的环境和健康的生态这些纯公共物品或准公共物品。在行为层次建设生态行为文明，必须依靠亲生态的行为，包括新兴的生态经济行为、绿色生活方式及绿色科技。绿色科技不仅是绿色生产生活方式的支撑，也是解决生态环境问题的关键。绿色生产生活方式和绿色科技的目的不是为绿色而绿色，而是协调发展、可持续发展。在制度层次建设生态制度文明，关键在于为人们的亲生态行为提供制度保障，通过经济、政治、法律制度的安排，对提供资源、环境和生态公共物品的行为，予以精神和物质上的支持和鼓励，而对有害资源、环境和生态的行为，予以道德谴责和法律惩罚，实现环境正义。在精神层次建设生态精神文明，必须在全社会普及生态科学知识，弘扬生态道德观念，牢固树立生态文明观念，将人与自然和谐相处的精神观念，内化到人们内心深处，为生态制度文明、生态行为文明和生态物质文明建设，提供智力支持和价值指导（表 2-1）（严耕等，2010）。

表 2-1 生态文明建设的四个层次及具体内涵

项目	生态文明层次			
	器物层次	行为层次	制度层次	精神层次
基本特点	公共性	亲生态性	环境正义	和谐
具体内涵	资源永续	生态经济	生态政策	生态文明观念
	环境良好	绿色生产生活	生态法制	生态文明道德
	生态健康	绿色科技	生态伦理	生态科学知识

注：引自严耕等（2010）。

（二）生态文明建设的主要内容

胡锦涛在中国共产党第十八次全国代表大会报告中提出，“建设生态文明，是关系人民福祉、关乎民族未来的长远大计。面对资源约束趋紧、环境污染严重、生态系统退化的严峻形势，必须树立尊重自然、顺应自然、保护自然的生态文明理念。把生态文明建设放在突出地位，融入经济建设、政治建设、文化建设、社会建设各方面和全过程，努力建设美丽中国，实现中华民族永续发展。”“大力推进生态文明建设。当前和今后一个时期，要重点抓好四个方面的工作：一是要优化国土空间开发格局；二是要全面促进资源节约；三是要加大自然生态系统和环境保护力度；四是要加强生态文明制度建设。”

中国共产党第十九次全国代表大会报告对生态文明建设进行了多方面的深刻论述，其中颇具新意的论述如下：一是将建设生态文明提升为“千年大计”；二是将“美丽”纳入国家现代化目标之中；三是将提供更多“优质生态产品”纳入民生范畴；四是提出要牢固树立“社会主义生态文明观”；五是构建多种体系，统筹“山水林田湖草”系统治理；六是明确“控制线”和制度规范，强力推进生态文明建设；七是采取各种“行动”，切实推进生态文明建设；八是设立“国有自然资源资产管理和自然生态监管机构”。

生态环境部 2018 年 5 月颁布的《国家生态文明建设示范县、市指标（修订）》提出了包括生态制度、生态环境、生态空间、生态经济、生态生活、生态文化六大领域和制度与保障机制完善、环境质量改善、生态系统保护、环境风险防范、空间格局优化、资源节约与利用、产业循环发展、人居环境改善、生活方式绿色化、观念意识普及十大任务共 41 项具体指标，构成了国家生态文明建设示范县、市评价指标体系。

因此，生态文明建设的主要内容可以归纳为六大方面：建设生态制度、保护生态环境、优化生态空间、发展生态经济、改善生态生活、培育生态文化。

（三）生态文明建设的路径

生态文明建设不但要做好其本身的生态建设、环境保护、资源节约等，更重要的是要将其放在突出地位，融入经济建设、政治建设、文化建设、社会建设各方面和全过程，这就意味着生态文明建设既要与经济建设、政治建设、文化建设、社会建设并列从而形成五大建设，又要在经济建设、政治建设、文化建设、社会建设过程中融入生态文明理念、观点、方法。

发展是第一要务，生态环境更需要保护，如何统筹兼顾，既要绿水青山，也要金山银山？实践证明，坚定不移地走绿色发展道路才是唯一出路。习近平总书记特别强调绿色发展。绿色发展是以效率、和谐、持续为目标的经济增长和社会发展方式，其不仅包括经济增长方式的转变，还要将其切实融入政治、文化、社会建设的诸多方面。推进绿色发展，要建立绿色低碳循环发展的经济体系，要健全领导干部绩效考核制度，要推进资源全面节约和循环利用，要倡导绿色低碳的生活方式。不难发现，绿色发展道路与中国特色社会主义事业“五位一体”总布局的实践路径是一致的，要将绿色发展的理念融入经济建设、政治建设、文化建设、社会建设各方面和全过程。

（四）生态文明建设与其他建设的关系

1. 生态文明建设与经济建设

生态文明建设与经济建设的关系是辩证统一的关系。生态文明建设的目的就是使经济建设与资源环境相协调，实现良性循环，走生产发展、生活富裕、生态良好的文明发展道路，保证一代接一代永续发展。生态文明建设促进经济建设可持续发展，建设生态文明就是发展生产力。环境的改善为经济可持续发展打下了良好的基础，为经济效益的提高创造了前提条件。经济可持续发展为环境问题的解决提供了物质手段和力量，为环境质量的改善和治理水平的提高提供了必要的资金和技术，大大推动了生态文明建设。经济可持续发展与生态文明的有机结合，不仅可以带来经济效益，而且可以带来生态效益，从而真正实现经济可持续发展与生态文明建设的相互促进和共同发展。

经济可持续发展与生态文明建设之间的相互促进和共同发展的关系，是经济可持续发展与生态文明关系的核心和本质，也是经济建设努力追求的目标。

2. 生态文明建设与政治建设

生态文明建设与政治建设，既是因果关系，又是包容关系。政治建设是实现生态文明建设的保障条件。人类目前所面临的生态环境危机是由人类在特定制度框架下进行的社会活动引起的。因此，政治建设直接影响生态文明建设的水平。政治建设着力于处理人与人之间的关系，而生态文明建设则着力于处理当代人与当代人、当代人与后代人、人类与自然之间的错综复杂的关系。因此，政治建设被生态文明建设所包含。

3. 生态文明建设与文化建设

生态文明建设与文化建设是相互影响和重叠的关系。一方面，建设生态文明影响文化建设，扩大文化建设新视野，注入文化建设新内涵、丰富文化建设新内容；另一方面，文化建设也影响生态文明建设，可以提供思想保证、精神动力、思想引导和智力支持。生态文明建设与文化建设都需要处理当代人与当代人、当代人与后代人、人类社会与自然界之间的错综复杂的关系，因此，又属于重叠关系。

4. 生态文明建设与社会建设

生态文明建设与社会建设是相互支撑的关系。社会建设的核心问题是保障民生。生态环境质量是保障生命质量和生活质量的基本的民生。生态文明建设水平高，作为基本民生需求的环境权益就维护得好；公众参与包括生态建设与环境保护事务在内的社会管理的程度高，生态文明建设的水平就高。人与自然的生命共同体是构建人类命运共同体的坚实基础。人与自然的生命共同体建设是建设美丽中国、实现中华民族伟大复兴中国梦的重要内容。形成绿色发展方式和生活方式与构建人类命运共同体具有内在一致性。

5. 社会主义事业“五位一体”

社会主义事业“五位一体”总布局是一个有机整体，经济建设是根本，政治建设是保证，文化建设是灵魂，社会建设是条件，生态文明建设是基础，同时生态文明建设要贯穿社会主义建设各方面和全过程。

第三节 国家生态文明试验区理论体系

一、国家生态文明试验区的内涵

（一）基本概念

国家生态文明试验区是生态文明体制改革的国家级综合试验平台，设立统一规范的国家生态文明试验区，重在开展生态文明体制改革综合试验，规范各类试点示范，为完善生态文明制度体系探索路径、积累经验（中共中央办公厅和国务院办公厅，2016）。

（二）国家生态文明试验区与其他生态文明示范区

当前，生态文明建设示范区在阶段性的试点示范基础上，总体进入在更高层次、更高目标上全面推进、拓展提升、深化固化的新阶段。国家生态文明试验区是在国家级生态示范区、国家级生态文明建设示范区、国家级生态文明先行示范区的基础上提出的，它们是一种持续推进的关系。

1. 国家级生态示范区

在学习和借鉴国外经验的基础上，国家环境保护局于1995年正式启动生态示范区建设试点工作，推动落实国家的可持续发展战略，探索区域经济发展与环境保护的协调。生态示范区是根据生态保护、经济建设和社会发展三个方面、共24个项目来评估认定的，并对其战略目标、建设指标、不同阶段建设任务规划制定和实施步骤、管理规章、类型划分、评估验收、交流经验、扩大宣传和工作指导提出了具体要求；它是一项比较规范可行的具体行动计划，是实施生态发展的基本单元，是适应生态发展文明时代迅速兴起的一种典型的管理模式。生态示范区也称为生态建设示范区。国家级生态示范区是2000年3月6日根据国家环境保护总局文件《关于命名第一批国家级生态示范区及表彰先进的决定》（环发〔2000〕49号），对在生态示范区建设过程中工作成绩突出的单位给予表彰的称号。

2. 国家级生态文明建设示范区

生态文明建设示范区是现阶段大力推进生态文明建设的重要载体和有效途径。2013年6月，经中央批准，将环境保护部原归口管理的“生态建设示范区”项目更名为“生态文明建设示范区”。中央批准更名后，环境保护部印发了《关于大力推进生态文明建设示范区工作的意见》，发布了《生态文明建设试点示范区指标》，新增第五批、第六批共72个生态文明建设试点；2013年，国家发展改革委联合财政部和国家林业局开展的西部地区生态文明示范工程试点、国土资源部开展的国土资源节约集约模范县（市）创建活动深入推进；水利部启动了水生态文明城市建设试点工作，农业部开展了美丽乡村创建活动；国家海洋局开展了海洋生态文明建设示范区创建活动，生态文明社会创建工作进一步深化（郭庚，2014）。生态文明建设示范区也可称为生态文明示范区。

3. 国家级生态文明先行示范区

为贯彻落实党的十八大、十八届三中全会生态文明建设的战略部署，2013年8月1日，国务院印发《国务院关于加快发展节能环保产业的意见》，提出在全国范围内选择具有代表性的100个地区开展国家生态文明先行示范区建设。2013年12月2日，国家发展改革委联合财政部、国土资源部、水利部、农业部、国家林业局制定了《国家生态文明先行示范区建设方案（试行）》，启动了第一批生态文明先行示范区建设。生态文明先行示范区建设的主要目标是：通过5年左右的努力，先行示范地区基本形成符合主体功能定位的开发格局，资源循环利用体系初步建立，节能减排和碳强度指标下降幅度超过上级政府下达的约束性指标，资源产出率、单位建设用地生产总值、万元工业增加值用水量、农业灌溉水有效利用系数、城镇（乡）生活污水处理率、生活垃圾无害化处理率等处于全国或本省（市）前列，城镇供水水源地全面达标，森林、草原、湖泊、湿地等面积逐步增加、质量逐步提高，水土流失和沙化、荒漠化、石漠化土地面积明显减少，耕地质量稳步提高，物种得到有效保护，覆盖全社会的生态文化体系基本建立，绿色生活方式普遍推行，最严格的耕地保护制度、水资源管理制度、环境保护制度得到有效落实，生态文明制度建设取得重大突破，形成可复制、可推广的生态文明建设典型模式。

4. 国家生态文明试验区

2016 年 6 月 27 日，中央全面深化改革领导小组第二十五次会议审议通过了《关于设立统一规范的国家生态文明试验区的意见》，开始了国家生态文明试验区的探索实践。目前，国家生态文明试验区省份有福建省、江西省、贵州省和海南省。

开展国家生态文明试验区建设，对于凝聚改革合力、增添绿色发展动能、探索生态文明建设有效模式，具有十分重要的意义。

设立统一规范的国家生态文明试验区，体现了四个紧扣。一是紧扣落实中央决策部署。落实中共中央和国务院的一系列文件提出的生态文明体制改革的新任务、新要求，就目前尚缺乏具体案例和经验借鉴、难度较大、确需试点试验的重大制度开展创新试验。二是紧扣满足群众现实需求。以让人民群众有获得感为中心，以生态环境质量改善为目标，着力构建有利于解决关系群众切身利益的大气、水、土壤等突出资源环境问题的制度，为建设天蓝、地绿、水净的美好家园提供有力的制度保障。三是紧扣简政放权的改革要求。试验区的设立不设行政审批，不搞评比授牌，不搞政策洼地，而是统一规范各类生态文明试点示范、整合改革资源、形成改革合力，以制度创新为重点，把试验区建设成为生态文明体制改革的试验田。四是紧扣发挥地方首创精神。鼓励试验区根据自身实际，自主开展相关制度试验，就一些地方特色、制度及国际上关于生态文明建设先进理念开展先行先试，发挥对其他区域的示范作用，总结完善后推广到全国。

5. 各个示范区的区别与联系

国家生态文明建设示范区相对于其他区域，重在示范，在没有现成模式和经验的情况下，提供示范样板；国家生态文明先行示范区相对于生态文明建设示范区，重在先行；国家生态文明试验区，重在试验和探索，着眼于探索解决体制机制等领域的深层次疑难问题，为国家生态文明建设提供可复制、可推广的经验和模式。从国家生态文明建设示范区，到国家生态文明先行示范区，再到国家生态文明试验区，在内容上，不断充实丰富；在方法上，不断调整优化；在难度上，不断加大加深；在目标上，不断完善提升。它们之间是一种持续推进的关系，是一个从低级到高级的发展过程。

二、国家生态文明试验区的总体要求

（一）指导思想

全面贯彻党的十八大和十八届三中、四中、五中全会精神，深入学习贯彻习近平总书记系列重要讲话精神，紧紧围绕统筹推进“五位一体”总体布局和协调推进“四个全面”战略布局，牢固树立创新、协调、绿色、开放、共享的发展理念，认真落实党中央、国务院决策部署，坚持尊重自然、顺应自然、保护自然、发展和保护相统一、绿水青山就是金山银山、自然价值和自然资本、空间均衡、山水林田湖草是一个生命共同体等理念，遵循生态文明的系统性、完整性及其内在规律，以改善生态环境质量、推动绿色发展为目标，以体制创新、制度供给、模式探索为重点，设立统一规范的国家生态文明试验区，将中央顶层设计与地方具体实践相结合，集中开展生态文明体制改革综合试验，规范各类试点示范，完善生态文明制度体系，推进生态文明领域国家治理体系和治理能力现代化（中共中央办公厅和国务院办公厅，2016）。

（二）基本原则

（1）坚持党的领导。落实党中央关于生态文明体制改革总体部署要求，牢固树立政治意识、大局意识、核心意识、看齐意识，实行生态文明建设党政同责，各级党委和政府对本地区生态文明建设负总责。

（2）坚持以人为本。着力改善生态环境质量，重点解决社会关注度高、涉及人民群众切身利益的资源环境问题，建设天蓝、地绿、水净的美好家园，增强人民群众对生态文明建设成效的获得感。

（3）坚持问题导向。勇于攻坚克难、先行先试、大胆试验，主要试验难度较大、确需先行探索、还不能马上推开的重点改革任务，把试验区建设成生态文明体制改革的“试验田”。

（4）坚持统筹部署。协调推进各类生态文明建设试点，协同推动关联性强的改革试验，加强部门和地方联动，聚集改革资源、形成工作合力。

（5）坚持改革创新。鼓励试验区因地制宜，结合本地区实际大胆探索，全方位开展生态文明体制改革创新试验，允许试错、包容失败、及时纠错，注重总结经验（中共中央办公厅和国务院办公厅，2016）。

（三）主要目标

设立若干试验区，形成生态文明体制改革的国家级综合试验平台。通过试验探索，到2017年，推动生态文明体制改革总体方案中的重点改革任务取得重要进展，形成若干可操作、有效管用的生态文明制度成果；到2020年，试验区率先建成较为完善的生态文明制度体系，形成一批可在全国复制推广的重大制度成果，资源利用水平大幅提高，生态环境质量持续改善，发展质量和效益明显提升，实现经济社会发展和生态环境保护双赢，形成人与自然和谐发展的现代化建设新格局，为加快生态文明建设、实现绿色发展、建设美丽中国提供有力制度保障（中共中央办公厅和国务院办公厅，2016）。

三、国家生态文明试验区试验重点

（1）有利于落实生态文明体制改革要求，目前缺乏具体案例和经验借鉴，难度较大、需要试点试验的制度。建立归属清晰、权责明确、监管有效的自然资源资产产权制度，健全自然资源资产管理体制，编制自然资源资产负债表；构建协调优化的国土空间开发格局，进一步完善主体功能区制度，以主体功能区规划为基础统筹各类空间性规划，推进“多规合一”，实现自然生态空间的统一规划、有序开发、合理利用等。

（2）有利于解决关系到人民群众切身利益的大气、水、土壤污染等突出资源环境问题的制度。建立统一高效、联防联控、终身追责的生态环境监管机制；建立健全体现生态环境价值、让保护者受益的资源有偿使用和生态保护补偿机制等。

（3）有利于推动供给侧结构性改革，为企业、群众提供更多更好的生态产品、绿色产品的制度。探索建立生态保护与修复投入和科技支撑保障机制，构建绿色金融体系，发展绿色产业，推行绿色消费，建立先进科学技术研究应用和推广机制等。

（4）有利于实现生态文明领域国家治理体系和治理能力现代化的制度。建立资源总量管理和节约制度，实施能源和水资源消耗、建设用地等总量和强度双控行动；厘清政府和市场边界，探索建立不同发展阶段环境外部成本内部化的绿色发展机制，促进发展方式转变；建立生态文明目标评价考核体系和奖惩机制，实行领导干部环境保护责任和自然资源资产离任审计；健全环境资源司法保护机制等。

（5）有利于体现地方首创精神的制度。试验区根据实际情况自主提出、对其他区域具有借鉴意义、试验完善后可推广到全国的相关制度，以及对生态文明建设先进理念的探索实践等（中共中央办公厅和国务院办公厅，2016）。

四、国家生态文明试验区建设内容

国家生态文明试验区建设，重在构建生态文明体系，形成美丽中国的宏大力量。根据上述生态文明建设六大方面内容，构建生态文明建设内容体系（图 2-1）。生态文明建设六大内容，各自既相互独立，又相互联系，形成一个相互制约、相互促进的有机统一整体。

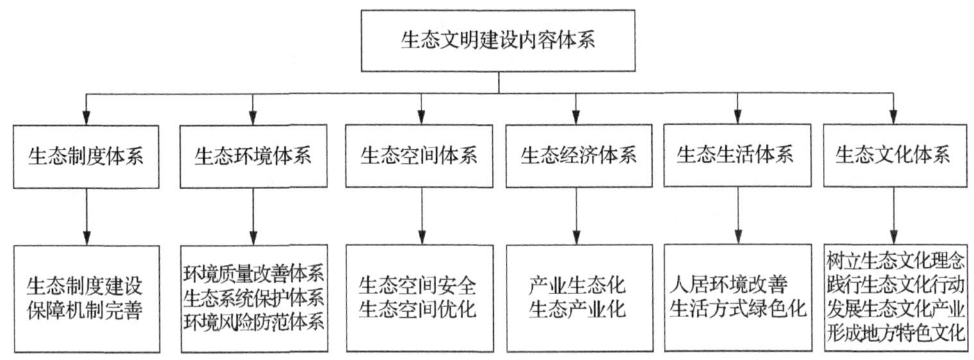

图 2-1　生态文明建设内容体系

（一）生态制度体系

生态制度是以生态环境保护与建设为目的，调整人、社会、自然之间关系的规范准则的总称。生态制度体系主要包括生态制度建设和保障机制完善。

保护生态环境必须依靠制度、依靠法治。要加快建立健全“以治理体系和治理能力现代化为保障的生态文明制度体系”。党的十八大提出，加强生态文明制度建设；党的十八届三中全会深化了“五位一体”战略布局，指出要“建立系统完整的生态文明制度体系，用制度保护生态环境”。党的十八届三中全会通过的《中共中央关于全面深化改革若干重大问题的决定》首次确立了生态文明制度体系，从源头、过程、后果的全过程，按照“源头严防、过程严管、后果严惩”的思路，阐述了生态文明制度体系的构成及其改革方向、重点任务。到 2020 年，构筑起由八项制度构成的产权清晰、多元参与、激励约束并重、系统完整的生态文明制度体系，推进生态文明领域国家治理体系和治理能力现代化，努力走向社会主义生态文明新时代。

2015 年 9 月 11 日，中共中央政治局召开会议，审议通过了《生态文明体制改革总体方案》。该方案提出了加快建立系统完整的生态文明制度体系。①健全自然资源资产产权制度，建立统一的确权登记系统，健全国家自然资源资产管理体制，探索建立分级行使所有权的体制，开展水流和湿地产权确权试点。②建立国土空间开发保护制度，完善主体功能区制度，健全国土空间用途管制制度，建立国家公园体制，完善自然资源监管体制。③建立空间规划体系，编制空间规划，推进市县“多规合一”，创新市县空间规划编制方法。④完善资源总量管理和全面节约制度。完善最严格的水资源管理制度，建立能源消费总量管理和节约制度，建立天然林保护制度，建立草原保护制度，建立湿地保护制度，建立沙化土地封禁保护制度，健全海洋资源开发保护制度，健全矿产资源开发利用管理制度，完善资源循环利用制度。⑤健全资源有偿使用和生态补偿制度，加快自然资源及其产品价格改革，完善土地有偿使用制度，完善矿产资源有偿使用制度，完善海域海岛有偿使用制度，加快资源环境税费改革，完善生态补偿机制，完善生态保护修复资金使用机制，建立耕地、草原、河湖、休养生息制度。⑥建立健全环境治理体系，完善污染物排放许可制，建立污染防治区域联动机制，建立农村环境治理体制机制，健全环境信息公开制度，严格实行生态环境损害赔偿制度，完善环境保护管理制度。⑦健全环境治理和生态保护市场体系，培育环境治理和生态保护市场主体，推行用能权和碳排放权交易制度，推行排污权交易制度，推行水权交易制度，建立绿色金融体系，建立统一的绿色产品体系。⑧完善生态文明绩效评价考核和责任追究制度。建立生态文明目标体系和目标责任体系。生态文明建设目标责任体系是指以生态文明建设为目标，对生态文明建设相关主体明确权责配置并实施问责的体制机制，是生态文明体制的组成部分。目标设定是目标责任制的重要环节。实行动态的目标考核，注重运用考核的结果。建设“以改善生态环境质量为核心的目标责任体系”。建立资源环境承载能力监测预警机制，探索编制自然资源资产负债表，对领导干部实行自然资源资产离任审计，建立生态环境损害责任终身追究制度。

我国生态文明体制的“四梁八柱”已经形成，如何推进生态文明制度体系建设？首先，以宣传教育促进严格执法。生态文明意识的树立，生态文明制度重要性的深入人心，是良好生态行为的前提。“宁要绿水青山，不要金山银山，而且绿水青山就是金山银山”的观念，要想变为干部群众的坚定信念和自觉行动，既需要深入细致的宣传教育，也必须改变长期以来执法不严的问题，而且严肃法纪本身就是一种教育。其次，以新常态客观要求倒逼关键环节的制度体系建设，如反映多年来渐入人心的资源环境承载力理念的制度建设、党的十八大提出的“循环发展”模式相适应的制度建设与国家环保刑事执法体系建设等。最后，以发展成果的共享推动生态文明制度体系建设。生态事件和灾难表面上属于人与自然的关系，但其源头在人与人的关系中。只有人与人关系和谐了，人与自然的关系才能和谐。从这一意义上说，公有制和共同富裕的理念是解决生态灾难、建设生态文明的根本性制度因素。

（二）生态环境体系

生态环境是“由生态关系组成的环境”的简称，是指与人类密切相关的，影响人类生活和生产活动的各种自然（包括人工干预下形成的第二自然）力量（物质和能量）或作用的总和。生态环境体系主要包括环境质量改善、生态系统保护和环境风险防范。探索创新型生态环境体系，要将生态环境体系建设与人民日益增长的优美生态环境需要相结合，着力推进生态环境治理体系现代化。

1. 环境质量改善体系

要加快构建生态功能保障基线、环境质量安全底线、自然资源利用上线“三大红线”，加快研究和治理新型环境问题。以水、大气、土壤污染和农村环境保护为重点，加大力度解决群众普遍关注、影响环境人居安全的突出问题，加强饮用水安全保障，对环境质量超标明显的区域、流域和海域实施更为严格的环境管控要求，加快推进农村生态环境综合治理，深入推进臭氧、持续性有机物等新型环境问题的研究和治理。不断深化区域环境共治共享。大力创新跨区域、跨流域环境共治共享机制体制，深化跨区域、流域和海域在污染防治、环境监测、环境执法、环境事件应急、重污染天气联合预警、环境宣传等领域的环保合作，积极参与全球环境治理。

2. 生态系统保护体系

首先要维护生态系统的完整性、稳定性和功能性，确保生态系统的良性循环；其次要处理好涉及生态环境的重大问题，包括妥善处理好国内发展面临的资源环境瓶颈、生态承载力不足的问题，以及突发环境事件问题。重点做好如下工作。一要加强自然生态系统保护与修复。实施重要生态系统保护和修复重大工程，加强林草植被保护与建设，强化天然湿地保护和恢复，扩大退耕还林还草。强化自然海岸线保护，控制海岸带环境污染和生态破坏。探索建立以自然生态资源保护为核心的国家公园体系和以国家公园为核心的自然保护地体系，加强极小种群、重要野生动植物及栖息地保护和恢复，加强外来物种监测预警及风险管理。积极推进重点地区水土流失和荒漠化、石漠化土地综合治理。二要切实增强山水林田湖草生命共同体意识，加快形成生态安全战略格局，实施重要生态系统保护和修复重大工程，完善生态基础设施建设，不断提高生态产品供给能力，积极推进城市生态修复。不断完善跨区域生态补偿机制。三要加强生物多样性和生物遗传资源保护与生物安全管理。加强就地保护和迁地保护，加强环保用微生物菌剂环境安全监管，防止外来物种入侵，建立生态系统监测预警及风险管理机制。

3. 环境风险防范体系

《“十三五”生态环境保护规划》（国发〔2016〕65 号）就“十三五”时期实行全程管控、有效防范和降低环境风险问题指出，要提升风险防控基础能力，将风险纳入常态化管理，系统构建事前严防、事中严管、事后处置的全过程、多层级风险防范体系，严密防控重金属、危险废物、有毒有害化学品、核与辐射等重点领域环境风险，强化核与辐射安全监管体系和能力建设，有效控制影响健康的生态和社会环境危险因素，守牢安全底线。一是完善风险防范和应急响应体系。

加强风险评估和源头防控，开展环境与健康调查、监测和风险评估，严格环境风险预警管理，强化突发环境事件应急处置管理，加强风险防控基础能力。二是加大重金属污染防治力度。加强重点行业环境管理，深化重点区域分类防控，加强汞污染控制。三是提高危险废物处置水平。合理配置危险废物安全处置能力，防控危险废物环境风险，推进医疗废物安全处置。四是夯实化学品风险防控基础。评估现有化学品环境和健康风险，削弱淘汰公约管制化学品，严格控制环境激素类化学品污染。五是加强核与辐射安全管理。提高核设施、放射源安全水平，推进放射性污染防治，强化核与辐射安全监管体制和能力建设。

（三）生态空间体系

任何生物维持自身生存与繁衍都需要一定的环境条件，一般把处于宏观稳定状态的某物种所需要或占据的环境总和，称为生态空间。生态空间体系主要包括生态空间安全和生态空间优化。

1. 生态空间安全

生态空间安全是指生态系统在空间上的健康和完整情况。健康的生态空间是稳定的和可持续的。生态空间安全主要体现在生态安全格局上，生态安全格局也称生态安全框架，是指景观中存在某种潜在的生态系统空间格局，它由景观中的某些关键的局部所处方位和空间联系共同构成。生态安全格局对维护或控制特定地段的某种生态过程有着重要的意义。不同区域具有不同特征的生态安全格局。要强化国土空间和资源开发管制。以“生态保护红线、环境质量底线、资源利用上线和环境准入负面清单”为手段，强化空间、总量、准入环境管理。坚定不移实施主体功能区制度，划定并严守生态保护红线、永久基本农田、城镇开发边界三条控制线。严守水资源开发利用、用水效率、水功能区限制纳污三条红线，加强地下水开采总量控制。实施工业绿色发展战略，推进工业集约化发展，严控采矿活动对生态环境的影响。要完善相关法律法规和财税制度。加快推进生态安全重点领域立法修法工作，制定自然保护区法，研究生态保护红线立法。加快完善生态保护相关的评估、监管、执法的标准规范体系，将生态环境保护纳入领导干部政绩考核体系，制定实施党政领导干部生态环境损害责任追究办法。落实并完善促进节能减排、保护生态环境的税收政策，建立健全生态保护补偿机制。

2. 生态空间优化

生态空间优化是指调整和控制生态系统空间结构，使之向生态安全方向发展的人类活动。重点是做好生态空间规划与实施。空间规划体系是以空间资源的合理保护和有效利用为核心，从空间资源（土地、海洋、生态等）保护、空间要素统筹、空间结构优化、空间效率提升、空间权利公平等方面突破，探索“多规融合”模式下的规划编制、实施、管理与监督机制。我国的国家空间规划体系包括全国、省、市（县）三个层面。党的十八届三中全会通过的《中共中央关于全面深化改革若干重大问题的决定》指出“通过建立空间规划体系，划定生产、生活、生态空间开发管制界限，落实用途管制”。2013 年 12 月，中央城镇化工作会议指出“建立空间规划体系，推进规划体制改革，加快规划立法工作”。党的十八届五中全会公报指出“加快建设主体功能区，发挥主体功能区作为国土空间开发保护基础制度的作用”。其后，《中共中央关于制定国民经济和社会发展第十三个五年规划的建议》指出“推动各地区宜居主体功能定位发展。以主体功能区规划为基础统筹各类空间性规划，推进‘多规合一’”。2017 年 1 月，中共中央办公厅、国务院办公厅印发的《省级空间规划试点方案》指出，开展省级空间规划试点，要以主体功能区规划为基础，全面摸清并分析国土空间本底条件，划定城镇、农业、生态空间及生态保护红线、永久基本农田、城镇开发边界，注重开发强度管控和主要控制线落地，统筹各类空间性规划，编制统一的省级空间规划，为实现“多规合一”、建立健全国土空间开发保护制度积累经验、提供示范。做好空间规划与实施，重点要做好如下工作。

（1）构建基础平台。推进规划数据坐标系统、用地分类标准、空间规划底图、空间性规划制图标准等统一，实现多部门规划信息和业务管理互通共享。制定满足省级空间性规划“多规合一”需要的用地分类标准体系。有效整合城市规划、土地利用规划、生态环保规划、林业规划、交通规划、水利规划等各类规划空间信息，科学构建省级“多规合一”空间规划基础信息平台及相关业务系统。

（2）编制空间规划。系统梳理各类空间性规划内容结构，研究以主体功能区规划为基础统筹编制省级空间规划的技术路径，探索“多规合一”的实现形式。按照国家和省级主体功能区规划要求，在开展资源环境承载力评价基础上，结合省域空间规划前期研究成果，精准确定城镇、农业、生态三类空间范围，以及城镇开发边界、永久基本农田、生态保护红线，科学绘制省域空间规划底图，研究提出差异化空间综合功能管控措施，在三类空间框架下有效整合各类空间规划、综合集成各类空间要素，统筹布局城镇发展、土地利用、基础建设、产业发展、生态环境保护等，编制形成融发展与布局、开发与保护为一体的规划蓝图。

（3）建立管理机制。依托空间规划底图和省域空间规划，构建科学合理的规划体系。按照“先主后次、从上而下”的原则，严格管控规划编制和修编。建立发展改革、自然资源、住房城乡建设、环境保护、水利、交通运输等部门参与的工作协调机制，进一步完善投资项目布局和并联审批制度，研究提出调整相关法律法规的建议。

（四）生态经济体系

生态经济，是指在生态系统承载能力范围内，运用生态经济学原理和系统工程方法改变生产和消费方式，挖掘一切可以利用的资源潜力，发展一些经济发达、生态高效的产业，建设体制合理、社会和谐的文化及生态健康、景观适宜的环境。生态经济体系，是指在区域经济系统运行机制理论指导下，区域内自然系统、经济系统和社会系统相互联系、相互影响、相互制约而构成的有序、立体、网络关系的生态经济社会结构。生态经济体系是生态文明建设的物质基础。

1. 生态经济体系的内涵

首先，生态经济体系是一个复杂的巨系统。生态经济体系是由生态系统、经济系统及社会系统三个系统相互交织、相互作用、相互制约而成的具有特定功能和结构的复合系统，通过技术中介及人类劳动过程所构成的物质循环、能量转换、价值增值和信息传递的一个巨系统。其次，生态经济体系是一种社会经济结构单元。生态经济体系是由各种要素（包括生物要素、经济要素、技术要素）构成的，通过应用生态学理论进行生态经济结构的优化设计，把各要素以最佳的方式配置在一起，提倡生态环境与社会经济协调统一、环境与经济的可持续性。再次，生态经济体系是一种经济发展模式。生态经济体系是社会经济活动生态化，将生态学理论应用于社会经济活动中，优化社会生产方式、经济结构的一种社会经济结构模式。主要内涵是加快新型工业化进程，调整优化经济结构，积极发展生态农业、生态工业、现代服务业，大力倡导绿色消费，推进发展模式从先污染、后治理型向生态型转变，增长方式从高消耗、高污染型向资源节约和生态环保型转变，使生态产业在国民经济中逐步占据主导地位，形成以循环经济为核心的生态经济格局。

2. 生态经济体系的分类

从不同的角度可将生态经济体系分为生态经济产业体系和区域生态经济体系。根据不同产业特点可将生态经济产业体系分为生态工业经济体系、生态农业经济体系、第三产业生态化经济体系。

3. 产业生态化与生态产业化

生态经济体系还包括发展生态生产力，实现生态产业化。生态生产力是生态经济的核心动力。发展生态经济的根本动力在于发展生态生产力。生态生产力就是生态系统生产力，是指生态系统的生物生产能力，包括初级生产力和次级生产力。生态生产力是人类社会生产力发展的第四个阶段，是 21 世纪先进的生产力。

发展生态经济，就是从生态生产力的角度，能动地来看待生态和产业问题，从转变生产力发展方式、发展路径上着手，大力提高生态生产力，大力发展生态产业，实现生态产业化。习近平总书记在全国生态环境保护大会上指出，要加快建立健全“以产业生态化和生态产业化为主体的生态经济体系”。保护生态环境就是保护生产力，改善生态环境就是发展生产力。

产业生态化是将已有或新建的产业、企业仿照自然生态系统的运行机理转化为相互依存、相互作用的产业生态系统的过程。实质是在不同产业、企业之间建立循环经济生态链，减少废弃物排放，降低对生态环境的污染与破坏，不断提高经济发展质量和效益，实现健康可持续发展（黎祖交，2018）。首先，产业生态化是在产业生态学理论指导下的产业发展的高级形态，结合区域产业现状，对传统产业进行生态化改造，按照生态规律和经济规律来安排经济生产活动，达到废物排放减少、消除生态环境破坏的目的，其本质是把产业发展与生态环境保护结合起来，解决产业发展与生态环境的矛盾。产业生态化转型以生态优先来规划、指导产业发展，统筹规划绿色产业链，实现绿色发展。要求产业结构的生态化转型，对传统产业进行生态化改造，借助区域的资源优势，在现有产业中导入生态环境要素，发展区域特色产业，注重现有产业和接续产业之间的衔接和协调，大力发展战略性新兴产业，推动区域经济的绿色转型，这也是区域经济增长方式转变的主要内容。其次，产业结构的生态化要求产业之间比例关系合理，关联度强、层次递进，产业之间需要衔接与配套关系。产业结构的调整过程在一定程度上是生态环境污染治理结构的转变过程。再次，产业生态化要求产业分工布局合理化。产业结构生态化是通过产业生态链、产业分工协作和产业生态转移这三个途径实现的，其中，产业生态链是模仿自然生态系统的循环模式，而产业分工协作和产业生态转移是通过缩小区域经济差距，实现生态环境与经济增长之间的协调发展。最后，要通过生态产业的转移与承接，大力发展环保产业。需要加强制定环保产业的发展政策，加快环保产业的标准化进程，建设现代化生态产业体系（张瑞萍，2019）。产业生态化的主要载体是生态产业园，即在一定区域内建立的若干行业、企业与当地自然和社会生态系统构成的社会—经济—自然复合生态系统。

生态产业化是按照产业发展规律，推动生态资源开发与建设，推动生态要素向生产要素、生态财富向物质财富转变，把绿水青山变成金山银山的过程（王春益，2019）。实质是针对独特的资源禀赋和生态环境条件，通过建立生态建设与经济发展之间良性循环的机制，实现生态资源的保值增值，把绿水青山变成金山银山（黎祖交，2018）。要建立政府主导、企业和社会各界参与、市场化运作、可持续的城乡生态产品价值实现机制，探索建立自然资源资产产权制度和有偿使用制度。要聚焦生态农业、生态工业、生态旅游业、健康养生业等，形成多条生态产品价值实现路径，实现生态系统生产总值和地区生产总值双增长，大幅度提高转化率（王春益，2019）。

产业生态化是产业发展到一定阶段提质增效的必然要求，是生态产业化的基础；生态产业化的推进需要以产业生态化为前提，是巩固、扩大和转化产业生态化成果的保证（王春益，2019）。

（五）生态生活体系

生态生活是指人与自然和谐共生的生活。生态生活体系主要包括人居环境改善和生活方式绿色化。

1. 人居环境改善

人居环境是人类工作劳动、生活居住、休息游乐和社会交往的空间场所。生态人居环境包括生态城市（镇）和生态村。生态城市（镇）是城市居民与城市环境和谐发展的城市（镇）。生态城市是社会、经济、文化和自然高度协同和谐的复合生态系统。一个符合生态规律的生态城市应该是结构合理、功能高效、关系协调的城市生态系统。结构合理是指适度的人口密度，合理的土地利用，良好的环境质量，充足的绿地系统，完善的基础设施，有效的自然保护；功能高效是指资源的优化配置、物力的经济投入、人力的充分发挥、物流的畅通有序、信息流的快速便捷；关系协调是指人和自然协调、社会关系协调、城乡协调、资源利用和资源更新协调、环境胁迫和环境承载力协调。生态城市的发展目标是要实现人与自然的和谐，包括人与人的和谐、人与自然的和谐、自然系统的和谐三个方面的内容。生态城市建设内容主要包含城市生命、人居环境、生态产业、环境教育等。城市生态系统的生存与发展取决于其生命支持系统的活力，包括区域生态基础设施（光、热、水、气候、土壤、生物等）的承载力、生态服务功能的强弱、物质代谢与循环程度，以及景观生态的时、空、量等的整合性。重点如下：水资源的合理利用、节约能源和利用新能源，发展电车和其他新能源交通工具，提高城市绿地率、植被覆盖率和人均绿地面积，调控好公共绿地均匀度和连通性。人居环境主要建设生态建筑、绿色建筑和生态景观，强调历史文化的延续，突出多样性的人文景观。充分发掘利用当地的自然、文化潜力（生物的和非生物的因素），以满足居民的生活需要；建设健康和多样化的人类生活环境。生态产业主要是做好功能分区、空间布局和先进的产业结构。环境教育，强调人人参与，普及对各层次、各行业市民的环境教育是创建生态城市的重要保障。生态村是指在生态系统承载能力的范围内，运用生态学原理和系统工程而建设成的村落，它的宜居水平比一般的普通村庄更适合人类居住和生活。文明生态村，以保护自然资源为主，以建设乡村生态经济为中心任务，实现人与自然的和谐发展。海南省开展这项活动最早。为推进生态省建设，海南省2000年开始创建文明生态村的探索。据海口市创建活动的调查资料显示其主要做法是因地制宜、创新思路、整合力量、突出特色。主要经验：一是发挥资源整合优势，优化农村生态环境；二是发挥经济带动优势，发展农村生态经济；三是发挥文化辐射优势，繁荣农村生态文化；四是发挥政治中心优势，建设农村政治文明。

2. 生活方式绿色化

生活方式是指人们在日常生活中比较稳定的消费习惯、行为、模式等。绿色生活方式有狭义、广义之分。从狭义上看，公民绿色生活方式仅指公民个人生活中，以绿色理念指导消费物质的方式，如消费各种物质的低碳型、节俭性，各种消费行为和活动的环保性、健康性等，追求对自然生态环境资源不造成浪费、破坏和污染的生活行为等。从广义上看，除了人们以绿色发展理念指导下对物质方面的各种消费内容，还包括个人精神生活消费方式的绿色性，工作或劳动生活方式的绿色性，家庭生活方式的绿色性，以及个人社会交际生活、个人政治生活中的绿色性等多种内容。具体含义：在绿色发展理念指导下，个人在日常生活消费中所涉及的物质、精神各种消费内容的数量、时间、方式等消费活动及行为，不仅能满足保证人体身心健康生理上的基本需求，而且要兼顾到对生态资源环境保护，从而达到个人、社会与经济的持续健康发展目的的一种生活消费方式。因此，绿色生活方式，是个人生活消费中把绿色、发展与生活方式三者融合的一种生活模式与状态，也是生态文明建设的重要内容与推手。推动绿色生活方式是发展观的一场深刻革命。实现绿色生活方式的途径：①培育绿色发展理念，形成绿色生活方式的社会氛围。全社会树立正确的消费观，树立适度合理消费的价值观念和行为准则。利用各种媒介大力宣传绿色生活方式，反对各种不合理的消费欲望、消费需求和消费选择，提高人们的绿色消费意识，形成对奢侈浪费的鄙视和对良好绿色生活方式的向往和追求的社会氛围。②创建践行绿色生活方式的常态机制。绿色生活方式的常态机制是以绿色发展理念为主导的、推进和实施绿色生活方式的制度体系。一方面，要健全、完善与绿色生活方式相适应的法律；另一方面，要健全、完善与绿色生活方式相适应的规章制度。③推动践行绿色生活方式的行为。一是在社会上推广绿色生活方式。首先，要从学校教育入手，要把生态文明观和绿色生活方式教育贯穿整个全日制学校教育过程中，铸造大、中、小学生的绿色发展理念和绿色生活意识，养成他们的践行绿色生活方式习惯。其次，发挥政府在绿色生活方式形成中的主导作用。政府不仅要完善绿色法律法规、政策措施，而且要监督这些法律制度的落实；政府不仅倡导绿色生活方式理念，营造良好的环境，而且要发挥绿色生活方式示范带头作用，推进政府的绿色采购，推动绿色生活方式社会化。最后，企业研发、生产、经营绿色产品的各环节都要贯彻绿色发展理念。企业要为社会提供更多绿色产品。企业在研发、生产、经营中进行绿色文化建设，做好绿色产品认证，搞好绿色产品营销，创新绿色产品宣传，逐渐形成以绿色企业为引导的绿色生产与消费的良性循环。在家庭中努力推行绿色生活方式。要发挥社区的绿色宣传和监督功能，同时树立绿色生活家庭榜样，用这些榜样起表率作用。

（六）生态文化体系

生态文化是人与自然协同发展的文化，又称绿色文化。广义的生态文化是指人类历史实践过程中所创造的与自然相关的物质财富与精神财富的总和；狭义的生态文化是指社会的生态意识形态，以及与之相适应的制度和组织机构。生态文化是生态文明建设的思想和理论基础，是生态文明建设的灵魂，属于生态文明的精神文明和行为文明。生态文化在本质上是指人类的自然意识和环境意识。作为观念体系，生态文化包括人与自然共生共荣的宇宙观、人与自然和谐相处的价值观及“资源—产品—资源”的循环经济的生产观，既满足当代人需要又不对后代人满足其需要的能力造成损害的可持续发展观，绿色、适度、节俭的消费观等。

生态文化体系包括自然环境、影响文化发展的各种复杂变量，特别是科学技术、经济体制、社会组织及社会价值观念对人和环境的影响。生态文化体系的结构模式中，与自然环境最接近、最直接的是科学技术；其次是经济体制和社会组织；再次是价值观念，它是通过经济体制、社会组织等中间变量来实现的。但对人的社会化影响最直接的首先是价值观念，即风俗、道德、宗教、哲学、艺术等观念形态的文化；其次是社会组织、经济体制及科学技术；最后是自然环境，它对人类的影响主要通过科学技术、经济体制、社会组织等中间变量来实现。生态文化的核心思想是人与自然和谐。认识自然生态系统的规律，是实现人与自然和谐的前提； 解决认识和行为上的偏差，是实现人与自然和谐的关键；树立正确的生态观念，是实现人与自然和谐的核心；推动人与自然良性互动，是实现人与自然和谐的基本要求。牢固树立社会主义生态文明观，是生态文化建设的目标要求。

建立健全以生态价值观念为准则的生态文化体系。第一，牢固树立生态文化理念。生态文化理念内涵丰富，核心内容是尊重自然、顺应自然、保护自然的理念。牢固树立尊重自然、顺应自然、保护自然的理念，是人类价值观上的一场革命。尊重自然规律、构建生态文化、树立生态意识、培养生态道德，需要在全社会各领域、各行业、各阶层灌输、普及、引导和规范。要强化生态文明知识普及教育。建立完善的生态文明教育机制，强化从家庭到学校再到社会层次不同、丰富多彩的全方位生态教育体系。要广泛进行宣传造势，建立多渠道、广覆盖的生态文化宣传平台，开展生态文化宣传交流活动，营造尊重自然、顺应自然、保护自然的生态文化氛围。要积极培育生态文化、生态道德，使生态文明成为社会主流价值观。把生态文明实践活动与社会公德、职业道德、家庭美德等教育活动密切结合起来。通过有效的宣传教育和舆论引导，让生态道德成为公众的自觉道德，让环保意识成为大众文化意识，让绿色消费、适度消费成为全体公民的自觉行动。要全面普及生态教育，积极开展党政机关、学校、企业、社区和农村生态文明教育，将生态文明的理念融入经济、政治、文化、社会建设的各个领域和全过程。第二，践行生态文化行动。要建立公众广泛参与生态文明实践活动的机制和平台。深入开展生态保护行动，推行政府绿色办公，推动企业开展环保公益活动，推动全民践行环保节约理念，推行生态导游行动，实施农村“生态文化培育行动”，广泛开展绿色创建系列活动，要从百姓身边的小事做起，让全体公民在实践活动中接受教育，真正让生态文明成为人们的自觉行动。第三，发展生态文化产业。建设生态文化载体，建设生态文化宣传基地，着力打造有特色、有品位、有创意、有市场的生态文化产业、文化产品、文化精品。第四，形成地方特色文化。进行本区域生态文明建设形象定位，挖掘地方精神，弘扬地方民族文化。

第三章　海南省生态文明建设的探索与实践

2018 年是我国改革开放 40 周年，也是海南建省办经济特区 30 周年。30 年来，海南人民发扬敢闯敢试、敢为人先、埋头苦干的特区精神，使海南省从贫穷落后的边陲海岛，发展成为全国人民向往的四季花园。30 年来，海南省生态文明建设探索实践的做法、成就、问题和经验是什么？本章全面系统地回顾和总结了海南省 30 年来生态文明建设的探索与实践。海南省生态文明建设发展阶段与国家生态文明建设阶段相吻合，与海南省整体发展战略、社会经济发展阶段有着明显的相关性。1988～2017 年，海南省生态文明建设的探索与实践基本上分为三个阶段：促进经济建设与环境保护协调发展阶段（1988～1998 年）、海南生态省阶段（1999～2009 年）及全国生态文明建设示范区阶段（2010～2017 年）。

第一节　促进经济建设与环境保护协调发展阶段

1988～1998 年，是海南建省办经济特区的 10 年。海南经济特区，是中国 5 个（海南、深圳、厦门、珠海、汕头）经济特区中面积最大的经济特区和唯一的省级经济特区。作为 20 世纪 80 年代后期中国推进改革开放的重要战略布局，海南建省办经济特区的目的是建立一个以社会主义市场经济体制为基础、率先进行行政管理体制改革、与《关税及贸易总协定》和世界经济特区接轨、促进两岸和平统一的新型经济特区。20 世纪 80 年代的海南，是经济总量不及全国 1%的欠发达经济省份。全省经济实力和发展能力不仅处于中国五大特区之末，而且远远落后于内地同类地区。海南人民发扬特区精神，不畏艰难，敢为人先，不断促进经济建设与环境保护协调发展。

一、促进经济建设与环境保护协调发展的主要做法

（一）探索发展战略

1988～1998 年，海南省整体发展战略是建设海南经济特区。1988 年，国务院对海南省提出了经济发展的三步战略目标要求，即“争取在三五年内赶上全国平均经济水平，到本世纪（20 世纪）末达到国内发达地区的水平，进而为赶上东南亚经济较发达国家和地区的水平而努力”。海南人民特别是各级领导面临的首要课

题是要在较短的时间内迅速摆脱贫穷落后，逐步走向繁荣富强，海南的发展战略内容与发展路径是什么？建省初期，围绕海南发展战略的话题，众说纷纭。其中最引人关注的是，海南应成为封闭式管理的“自由岛”。基本特征是经济成分多元化，经济活力实行市场调节，经济管理体制采用国际惯例，物品、资金和人员进出境自由。这一设想在当时的历史背景下显得步子迈得太大、太快、太急，结论是搞自由岛行不通！（中共海南省委宣传部，2013）海南省委省政府经过调查研究，主要采取了以下两种战略。

1. 以工业为主导、工农贸旅并举、三大产业协调发展战略

海南省委省政府在充分研究海南当时的省情以及借鉴国内外发展经验的基础上，明确提出“以工业为主导、工农贸旅并举，三次产业协调发展的、综合型的、外向型的自由经济区的发展战略”。各项宽松政策的出台和对外开放举措的鼓励，迅速形成了海南大开发、大建设的第一波热潮。1988 年的海南，“人才热”“公司热”“投资热”“房地产热”瞬间热遍全岛，“十万人才过海峡”“万座高楼拔地起”，让沉寂的边陲海岛一时间成为中国乃至世界聚焦的热土。1992 年，海南地区生产总值增长达 40.2%，居全国第一位，实现了人均 GDP 赶上全国平均水平的第一步目标。但是，由于建省初期的经济基础不足，存在不合理的产业结构，海南抵挡外部风险的能力十分脆弱。海南由于远离国内外市场、交通运输成本高昂及工业基础过于薄弱，绝大多数外来投资者集中在房地产业和以旅游业为主的第三产业上，而不是预期中的主导产业——工业。1992 年和 1993 年，在海南全社会固定资产投资总额中，工业投资所占比重只有 13%和 20.2%，而房地产业的投资则占 34.7%和 34%。经济高速增长所依赖的产业基础、技术、人才、设施等硬性条件十分缺乏。随着 1993 年中央宏观调控政策的实施及国家对外开放政策的“普惠化”，大量资金从海南经济特区骤然回撤，房地产泡沫迅速破灭，海南整体经济形势急转直下，1995 年跌到谷底。在严峻的现实面前，海南这个全国最大的经济特区不得不冷静下来，重新思考发展道路（中共海南省委宣传部，2013）。

2. “一省两地”的产业发展战略

1993 年 7 月，中共海南省第二次代表大会在总结经验教训的基础上，把制定新的产业发展战略放在十分重要的地位，提出“海南产业发展的基本方针是，以旅游业为龙头，超前发展第三产业；以工业为主导，加快发展第二产业；以农业为基础，稳定提高第一产业”。1994 年，痛定思痛的海南着手扭转房地产虚热、产业“空壳化”的畸形产业结构，开始增创新优势的探索。经过一年多的思考总结和探索论证，全省形成了一致看法，即必须依靠独特资源、环境及区位优势，从实体经济做起，着力建设现代化工业企业，实现高起点发展。海南省委省政府

经过多次研讨，发现海南的经济结构经过“八五”后期的艰苦努力发生了历史性的变化：三次产业结构比例从 1990 年的 44.6∶19.7∶35.7 变为 1995 年的 35.5∶21.6∶42.9，产业结构的排序从“一、三、二”变为“三、一、二”（海南省统计局，1991，1996）。初步形成以石油天然气等资源为基础的加工工业，以运销加工为中心的热带高效农业，以热带海岛风光为特色的旅游业“三足鼎立”的产业结构。1996 年 2 月 10 日，海南省第一届人大四次会议批准《海南省国民经济和社会发展“九五”计划和 2010 年远景目标纲要》，提出了“一省两地”产业发展战略，努力把海南建设成为中国的新兴工业省、中国热带高效农业基地和中国度假休闲旅游胜地，新兴工业、热带农业和旅游业将成为海南省三足鼎立的产业基石。1998 年，海南省第三次党代会又把海洋产业和信息产业作为新兴经济增长点。1998 年海南省经济工作的中心任务和主要目标是全力以赴确保经济增长 8%。当年全省生产总值为 438.92 亿元，实际比 1997 年增长 8.3%，比 8%的计划指标高 0.3 个百分点（海南省统计局，1999）。这是自 1995 年海南省经济增长率跌入低谷后首次超过全国平均水平，标志着海南经济结束了持续 3 年的低迷状态，步入适度快速增长的轨道。

（二）建设生态制度

加强法治建设，强化资源环境的监督管理。海南省人民代表会议常务委员会根据全国人民代表大会赋予的地方立法权，1988～1998 年先后制定和颁布了《海南省环境保护条例》《海南省建设项目环境保护管理规定》等一系列有关资源环境保护的法规和政府规章（表 3-1）。此外，各个行政部门也制定了资源、环境方面的规章制度。在贯彻“开发建设与环境保护协调发展”方针中，海南认真执行国家环境保护 9 项制度，特别是坚持“三同时”（建设项目中防治污染的设施，必须与主体工程同时设计、同时施工、同时投产使用）的制度，使海南省的大中型建设项目的“三同时”执行率达到 100%，小型项目达到 70%。

表 3-1　1988～1998 年海南省主要资源环境保护法规和政府规章

年份	法规名称	发布或批准单位
1990	海南省建设项目环境保护管理办法	海南省人民政府
	海南省环境保护条例	海南省人大常委会
1991	海南省实施《中华人民共和国野生动物保护法》办法	海南省人大常委会
	海南省自然保护区管理条例	海南省人大常委会
1993	海南省森林保护管理条例	海南省人大常委会
1994	海口市城市规划条例	海南省人大常委会
	海口市城市绿化条例	海南省人大常委会
1995	海南经济特区城市规划条例	海南省人大常委会

续表

年份	法规名称	发布或批准单位
1995	海口市基本菜田保护条例	海南省人大常委会
	海口市城市环境卫生管理办法	海南省人大常委会
	海口市公共场所卫生管理办法	海南省人大常委会
1996	海口市城市市容管理办法	海南省人大常委会
	海口市环境噪声污染防治办法	海南省人大常委会
	海南省人民代表大会常务委员会关于批准调整儋州市白碟贝等自然保护区的决定	海南省人大常委会
1997	海南省矿产储量管理规定	海南省人民政府
	保亭黎族苗族自治县水库工程管理条例	海南省人大常委会
	海南省矿产资源管理条例	海南省人大常委会
1998	海南省红树林保护规定	海南省人大常委会
	海南省珊瑚礁保护规定	海南省人大常委会
	海南省海域使用管理规定	海南省人大常委会
	海南省矿产资源开发分级管理暂行规定	海南省人民政府

1989 年 1 月，海南省政府制定了在整体发展战略中环境保护与经济发展相协调的规划。根据海南省超前改革试验的要求，实行“小政府、大社会”体制，按“精简、高效、统一”的原则，在省政府的职能机构内设置省环境资源厅和省人口局，在 19 个市（县）组建了环境资源局和计划生育委员会，加强对人口、资源与环境的监督管理。省、市、县环境资源管理部门，将资源开发与环境保护这两项相互矛盾又联系的工作协调统一管理起来，初步划分了资源的合理开发与保护区域，建立和健全了一批自然资源和生态环境保护区，果断地整治了东方县（今东方市）、昌江黎族自治县（以下简称昌江县）等县群众乱挖金矿、破坏资源、污染环境的混乱状况，有效地制止了旅游风景区的盲目采矿活动，使资源的勘查与开发管理以及环境保护工作取得了长足发展。

把环境和资源保护列入省、市、县的国民经济和社会发展计划，层层确定任期目标工作责任制。在 1989 年全省第一次环境保护会议上，确定了海南省第一届政府的环境保护责任目标，同时制定了 2000 年海南省环境保护的总体目标，要把海南省建设成为基本不受污染、环境优美的南海绿洲。海南省委省政府领导分别与全省 19 个市（县）的党委书记、市县长和分管环境资源保护工作的领导同志签订了 1991 年度环境资源目标管理责任书，在全省范围内实行环境资源目标管理责任制。海南省委省政府在实际工作中，坚持开发建设与环境保护同步进行。

成立咨询机构，争取国家和省有关部门及国际社会的广泛支持。1990 年 3 月，海南省政府在海口市召开了海南经济发展与环境保护国际研讨会；同年 9 月，召开第二次国际会议，正式成立由 21 位中外专家组成的“海南经济发展与环境保护国际咨询委员会”。1990 年 10 月后，海南省先后成立了省、市、县的环境保护委员会。各级环保机构认真贯彻执行《国务院关于进一步加强环境保护工作的决定》，并在全省经济建设和社会发展中协调资源与环境的各种关系。

（三）保护生态环境

坚持科学、合理地开发资源，注意保护生态环境。根据经济发展与环境保护的要求，省政府研究制定了海南经济发展战略，把全省分成 5 个经济区，规划了每个经济区允许和不允许发展的项目。按照规划，海南打算建立一批经济发展与环境保护试验区。例如，建立改变少数山区原始生产方式的示范区，鼓励从事生态农业，保护热带雨林，提高山区人民的生活水平；建立农村能源试验区，把沼气、太阳能、风能等多种再生能源充分利用起来，减少人们把木材作为燃料的需求；建立和健全多种类型的自然保护区，保护珍稀动植物。海南省政府强调，在所有划分的矿产资源开发区内，必须贯彻“统一规划、合理布局、综合勘查、合理开采和综合利用”的方针、执行矿产资源勘查开采的法律制度，禁止无证非法采矿活动（刘剑锋，1991）。

封山育林，保护森林。1993 年 8 月 20 日，海南省人大常委会颁布了《海南省森林保护管理条例》。1994 年，海南实施封山育林政策，全面禁伐天然林，使海南中部热带雨林得到有效保护，为维持生态平衡起到了积极作用。1998 年，国家天然林资源保护工程在海南正式启动，全省 4 个林区、7 个森工林场，共计面积 688.5 万亩（中共海南省委宣传部，2013），被纳入了全国重点国有林区天然林保护工程实施范围，标志着海南“天然林保护工程”正式启动，给天然林的恢复和发展带来了新的生机。

植树造林。建省后，海南加强植树造林工作，根据沙化成因及所处地理环境分别采取了不同防治措施，科学推进植树造林活动。①“防治荒漠化”工程。为治理海南的沙化、荒漠化土地，海南编制了《海南省沙化（荒漠化）土地治理方案》，从 1996 年开始，每年投入 100 万～200 万元专款用于荒漠化土地治理工程。重点对立地条件恶劣、多年造林无成效的昌江县昌化镇万亩连片荒漠进行造林技术攻关，摸索出成功的治沙造林方法，1998 年在当地推广。该县采取先进野生植物再造林的办法，先后在半流动沙地造林 15 800 亩，成活率达到 92%以上，有效地改善了当地的生态环境和生活居住环境。之后，海南省又对东方市、乐东黎族自治县（以下简称乐东县）等沿海地区的集中连片的荒漠化土地进行全面治理，取得显著成效。②“百万亩椰林”工程。1996 年，海南省委省政府发出“大种椰子、富民强省”的号召。各地积极响应号召，采用海防林套种椰林，在房前屋后种植乡村椰林、在公路两旁营造绿色通道椰林等多种形式，全力推进椰林工程建设（中共海南省委宣传部，2013）。

（四）发展生态经济

1. 发展热带高效农业

农业作为海南省的支柱产业，在当地经济发展中具有举足轻重的作用。20 世纪 90 年代初，海南省明确提出了发展高效农业的战略方针："以市场为导向，以运销加工为中心，以增加农民收入为目标来组织农业生产。"针对海南农业的发展特点，海南省委省政府又提出了"科技农业""订单农业""绿色农业"的发展战略和实施方案。1998 年 7 月，海南省政府出台了《海南省政府关于扶持农副产品加工龙头企业发展的决定》，突出了扶持农副产品加工龙头企业的相关财政、信贷、税收等方面的政策。

海南热带高效农业围绕运销加工中心，建设一批瓜菜、水果、育种、热作、花卉和橡胶基地，涌现出恒泰、椰风等知名加工企业，农业产业化迈出坚实步伐。1988～1998 年，海南推动以种植粮食为主的自给农业，向发展冬季瓜菜、热带水果、花卉、海水养殖等商品农业转变，依靠资源优势发展热带高效农业基地。以发展冬季瓜菜、热带水果、花卉、海水养殖等为重点，以市场为导向，实行区域化布局、基地化生产，大幅提高海南农业的集约化、市场化、现代化程度。各地建立起一大批热带高效农业生产基地，如海口罗牛山"菜篮子"工程基地、昌江杧果基地、琼山荔枝和龙眼基地、琼中绿橙基地、三亚崖城万亩冬季瓜菜基地，初步形成了南部南繁育种、冬季瓜菜，东南部海水养殖，西部热带水果的格局。冬季瓜菜、海水养殖和热带水果三大产品成为海南农业经济的支柱产业。为了把市场做大，海南专门设计并开通了冬季瓜菜北运的"绿色通道"，着力打造农产品流通体系，发展"季节差、名优特、无公害"的特色农业、科技农业、绿色农业和订单农业，不断促进农业产业结构的升级。1998 年，海南省政府以"科技、绿色、订单"为主题策划举办了第一届冬季农副产品交易会，为海南农产品闯市场、树品牌搭建一个大平台，闯出了订单农业的新天地，大量海南农产品源源不断地运往全国各地。

2. 发展工业

海南建省后，关于工业地位的问题曾经引起许多争论，但无论怎样争论，工业的发展步伐一刻也没有停下来。尤其是"八五"期间，海南省先后建成了一批大中型骨干企业，海南钢铁、汽车、摩托车、化学纤维等新产业已成为海南省工业新的增长点，交通运输制造、食品加工、饮料制造、电力生产和供应、食品制造、非金属矿物制品、医疗制造、化学原料及化学制品制造八大行业已成为海南省的支柱行业。海南省的工业中仍以轻工业为主，尤其是以农产品为原料的轻工业占较大份额，由此看出，海南的工业尤其是轻工业对农业的依赖程度很高。海南工业布局渐显区域性，增长极效应日益明显。石油化工企业主要布局在洋浦、八所等局部点状区域。到1998年，洋浦开发区基础设施建设已基本配套，一些大项目开始落户洋浦。洋浦的工业增长极效应带动了海南工业的发展。

3. 加快发展旅游业

海南建省后，海南省颁布了《海南省旅游发展规划大纲》，体现了省政府以市场为导向，发展大旅游的指导思想，该大纲将全省旅游资源及其开发划分为各具特色与功能的六大旅游中心，即海口、三亚、石梅湾、五指山、尖峰岭、西沙海洋旅游中心。这六大旅游中心在功能特色上各有重点，分别侧重于开发海滨风光、民族风情、热带雨林、热带农业、人文历史、温泉保健等，为发展海南旅游业打下了良好的基础。1995 年，海南省率先在全国推出《海南省旅游管理条例》；1998年，海南省再次修订《海南省旅游管理条例》并出台了《海南省旅游市场管理规定》，为海南省的旅游发展起到很好的法律保障作用。

旅游业的高速发展，直接促进了海南交通业、民航业和通信业的快速发展，同时扩大了消费需求，拓展了各类市场，明显地带动了海南省工、农、商、金融、服务等产业的发展。1991年国家旅游局在全国旅游工作会议上指出，海南省是近年来旅游业迅速崛起并跃居全国前茅的省份之一。1992年，国家林业局批准建立尖峰岭国家森林公园。同年，建立有热带风情的亚龙湾国家旅游度假区。旅游业发展布局是以三亚和东部海岸带为重点区域，注重开发海滨旅游资源，民族文化风情旅游开始发展。"八五"期间，海南省接待国内外旅游人次、旅游创汇额、旅游营业收入以年均20%以上的高速度增长。到1995年底，海南旅游业基本上形成了行、游、住、吃、购、娱六大要素协调配套、功能齐全的接待体系，还开通了一批国际旅游包机航线。海南旅游业的快速发展，对海南经济的贡献越来越大，成了海南财政收入新的增长点。1994 年和 1995 年，旅游业上交营业税占省地方财政收入的10%左右，旅游税收占省工商税的10%～14%（李颜，1997）。

旅游业龙头地位日益巩固。建省后，海南省已经把旅游业确定为第三产业中积极发展的新兴产业，并逐步进入快速发展的繁荣期。"八五"期间，海南旅游业的收入一直处于稳步上升的态势，1994年已经超过了商饮业的47.84亿元，达到了54.12亿元，1995年又升为54.76亿元，比商饮业的51.83亿元多出了2.93亿元，成为海南省第三产业中名副其实的龙头产业（韩云秋，1998）。1996 年 1 月，海南省委正式提出的"一省两地"产业发展战略，明确将海南省建设成为热带海岛休闲度假旅游胜地。同年1月1日，由国家旅游局和海南省人民政府共同主办的"96 中国度假休闲游"开幕式在三亚市亚龙湾国家旅游度假区举行，标志着海南省作为度假休闲旅游地的形象开始被人们认同。"全社会共办大旅游"是此阶段的生动写照。中国五星级度假酒店——三亚凯莱度假酒店建成。在 1996 年和 1997 年香港国际旅游交易会上，海南成为国内唯一连续两年分别获得“最有希望的新的旅游目的地”和“最佳休闲产品奖”荣誉的旅游目的地。1997 年，南山文化旅游区被授予“海南生态环境恢复与保护示范区”。1998 年，海口市、三亚市获得首批“中国优秀旅游城市”称号。三亚市在推出旅游服务承诺体系和实施 ISO 14000 环境管理体系方面走在全国旅游城市前列。海南旅游业已成为海南经济的支柱产业和新兴优势产业。

（五）培育生态文化

做好宣传教育，将“开发建设与环境保护协调发展”方针变成全社会的自觉行动。海南省作为中国最大的经济特区，当时正在进行一次具有重要示范意义的“开发建设与环境保护协调发展”的创新试验。为使示范试验获得成功，海南省通过舆论和外交途径，邀请国际社会的有关组织和国内外的知名专家出谋献策，通过各种方式对全省人民进行广泛深入的教育，以提高全社会珍惜资源、保护环境的意识和积极参与创新试验的自觉性。海南省环境资源厅还创办了《环境与资源》杂志和《海南环境资源通讯》。1991 年 4 月，海南省新闻界披露海口东湖宾馆宰杀穿山甲等野生动物的违法事件后，省委省政府极为重视，要求有关部门进行处理，各地群众也频频举报，社会舆论广为监督。《海南日报》等多家报纸在头版连续进行系列报道，有力地支持了执法部门依法行政，取到保护资源和生态环境的良好社会效果。

二、促进经济建设与环境保护协调发展的主要成就

（一）确立“一省两地”战略，结束发展道路争论

建省办经济特区后的 8 年间，海南省的发展经历了大起大落。此前，以抑制全国房地产过热和控制货币投放量增长及消除通货膨胀为目的的宏观调控在全国展开。主要靠房地产拉动的海南经济首当其冲，经济运行遇到了前所未有的困难。这场以“炒”为特征的房地产泡沫经济霎时破灭。逆境中，海南人民开始反思，海南的经济发展不能再走弯路，海南该如何整合自身优势走出一条特色发展道路？早在建省办经济特区之初，中央便为海南的发展定了基调：要结合海南省实际，探索自己的发展路数，不要盲目照搬其他地区的模式。为此，海南全省上下进行了一场大讨论：是贸易先行，还是房地产先导？是旅游为龙头，还是工业为驱动？什么才是海南省优势所在？何处才是海南经济的着力点？

1996 年 1 月，省委二届四次全会作出结论，正式提出了“一省两地”产业发展战略，并被写入《海南省国民经济和社会发展“九五”计划和 2010 年远景目标

纲要》。海南省的这个选择得到了中央的肯定和支持。1996 年 3 月 6 日，江泽民在参加全国人大会议期间对海南省的代表团说："省委提出经过今后 15 年的努力，要把海南建成中国新兴的工业省、热带高效农业基地和旅游度假胜地，这个目标是符合海南实际和发展要求的，经过奋斗是可以实现的。"（中共海南省委宣传部，2013）至今，"一省两地"依然还是海南的产业战略。

"一省两地"战略的提出，结束了关于海南经济发展道路的争论，摆正了海南省的位置，避免了与其他省、区产业结构的趋同，符合科学发展的要求，也适应国际国内两个市场需求的发展趋势。"一省两地"战略的最大特点，就是立足于海南省的比较优势，从海南的区位优势、资源优势、外部环境和自身发展需要出发，向特色经济转变，为构建具有海南特色的经济结构奠定了坚实的基础。

（二）合理调整产业结构，形成海南特色产业

海南建省到 1998 年，海南以优化产业结构为重点，以农业为基础，加强和提高第一产业；以工业为主导，加速发展第二产业；以旅游为龙头，积极发展第三产业。下大力气建成一批以热带农产品和海洋水产、畜牧业为主的热带高效农业及其加工业，以海洋油气和石油加工为主的石化工业，以汽车和摩托车制造为主的机械电子工业，以热带海洋风光为主导特色的旅游业，初步把海南建设成为三足鼎立新兴工业省、热带高效农业基地、度假休闲旅游胜地。1998 年，海南地区生产总值为 438.92 亿元，其中，第一产业 164 亿元，增长 8.3%；第二产业 90.63 亿元，增长 9.0%；第三产业 184.29 亿元，增长 8.0%（海南省统计局，1999）。1988～1998 年的 10 年间，全省三产比重由 50.1∶19.0∶30.9 调整为 37.36∶20.65∶41.99，产业结构的排序从"一、三、二"变为"三、一、二"，第一产业下降 12.74 个百分点，第二产业上升 1.65 个百分点，第三产业上升 11.09 个百分点（海南省统计局，1989，1999）。到了 1998 年，海南经济呈现出四大明显特点：一是增长速度结束了连续 3 年低速运行状况，首次超过全国平均水平；二是经济增长的质量明显好转，工业整体效益实现了三年净亏损后的首次盈利；三是固定资产投资实现了近 4 年来的首次正增长；四是地方财政收入增长幅度近 4 年来首次达到两位数（海南省统计局，1999）。

热带高效农业发展方面。一批新的特色种养项目开始实施，冬季瓜菜、水果、畜产品等生产快速增长，粮食、橡胶、甘蔗等农产品的生产基本保持稳定。加大了农产品的促销工作力度，一批龙头企业实行规模化生产、农工贸一体化经营，带动了广大农民发展种养业，农业产业化经营取得新进展。20 世纪 90 年代，海南农业增加值年平均增长率达到 10.8%，超过全国同期农业发展速度 3.4 个百分点，也超过了台湾地区在 60 年代创造的 6.2%增长速度的纪录（中共海南省委宣传部，2013）。在同样的气候条件下，农产品增长出现多样性，结构性的调整不仅

为海南农业开辟了广阔的前景，而且为我国农业的发展创造了新的经验。

海南建省后，工业发展迅速，工业基础实力增强。1987～1995年，海南的工业增加值年均递增16%，其中“八五”期间，年均递增18.1%，大大高于同期全国的平均水平（韩云秋，1998）。“八五”后期，以资源加工业和高新技术应用为重点，着力改善和优化工业内部结构，大力发展新兴产业。这是建省后海南工业发展道路探索和实践的结果，也是“八五”期间经验和教训的总结。1998年，第二产业形成汽车、摩托车、化纤纺织、医药、电子、汽油化工等主导工业，孕育出椰树、新大洲、海虹、海德、兴业聚酯、欣龙无纺、三叶、富岛等骨干企业。

旅游业发展方面。1998年，接待游客过夜人数855.97万人次，其中，接待国内旅游者人数816.55万人次。旅游收入66.96亿元，其中，国内旅游收入58.97亿元，国际旅游收入9625万美元（海南省统计局，1999）。经过1996～1998年的重点建设，海南旅游基础设施和服务条件得到较大改善，旅游业已成为海南经济的支柱产业和新兴优势产业，海南省成为国内许多游客冬季首选的度假旅游目的地。

（三）统一环境资源管理，促经济与环保协调

海南建省后，组建了省（市、县）环境资源管理部门，将资源开发与环境保护这两项相互矛盾又相互联系的工作协调统一管理起来，比较顺利地实行了对全省地质矿产勘查行业地质资料汇集、矿产储量报告统一审批和矿产储量的管理，初步划分了资源的合理开发与保护区域，建立和健全了一批自然资源和生态环境保护区。到1991年，全省已建立的58个自然保护区（包括5个国家级自然保护区），总面积达262万公顷（刘剑锋，1991），有效地制止了乱挖金矿、破坏资源、污染环境的混乱状况。实践证明，由政府职能部门统一管理环境和资源是有效的，是符合海南省情和改革开放要求的，这是海南省朝着按国际惯例办事的方向迈出的重要一步。

三、促进经济建设与环境保护协调发展的主要问题

（一）没有社会经济与环境保护相统一的整体战略

1988～1998年，海南省实行建设海南经济特区的整体战略。这一战略确定了过高的经济增长速度，而且只注重经济发展的速度和数量，忽视经济的质量和效益，导致海南省经济大起大落，影响了海南省社会经济快速健康持续发展。无论是以工业为主导、工农贸旅并举、三大产业协调的发展战略，还是“一省两地”发展战略，都只是经济发展战略或产业发展战略。虽然“一省两地”发展战略符合海南省的资源环境和产业特点，对海南省的产业和经济发展起着积极的推进作用，对海南省后来的发展奠定了良好的基础，但在海南建省初期，第一位的是经

济发展规划，第二位的才是生态环境保护与建设规划，而且两者是外在的拼接，不是内在的关联，社会经济建设与环境保护没有形成有机统一的整体战略。因而海南建省初期的发展战略在实践中虽然取得了一定的经济发展，但对于促进海南社会经济自然的全面协调可持续发展有着一定的局限性。

（二）经济总量质量不高，产业结构有待优化

1988～1998 年，海南地区生产总值有了较快增长，从 1988 年的 77 亿元增长到 1998 年的 438.92 亿元，年平均增长率达 19.0%。从增长速度看，海南省的年平均增长率是比较高的，但海南省经济总量太小，还不如广东省一个县的大；从产业结构看，1988～1998 年，虽然第三产业的排序从第二上升为第一，表现出良好的势头。但第三产业在三大产业构成中的比重仅为 37.36%，第二产业的比重也较低，仅为 20.65%，排在第三位，海南省第一、第二产业畸重畸轻问题依然突出（海南省统计局，1989，1999）。主导产业科技含量不高。重点建设投资中，高技术、高效益的项目偏少。因此，海南省不但要大力发展经济，提高总量水平，还要提高经济质量，优化产业结构，大力发展第三产业和高新科技产业。

（三）生态环境问题日渐突出

海南建省后，海南省的资源环境保护工作虽然有所加强，但也出现一些破坏生态环境的新因素。

（1）低水准开发带来破坏。众多在海岸带进行旅游项目开发的开发商，缺乏资源与生态环境保护意识，重开发、轻保护，将酒店、宾馆、度假区、观景台等建在海岸沙滩及海岸防护林带上，破坏了海岸沙滩沙坝和自然生态系统，破坏了海岸防护林带。文昌市东郊椰林白来马度假区于 20 世纪 90 年代初，将度假酒店建在海岸沙滩上，导致海岸生态系统的破坏，入侵的海水吞没了椰子树和村庄，海岸线已向陆地后退 100 多米。三亚市为发展三亚湾度假型房地产，大规模清除原有的基岩、沙岸、珊瑚礁、红树林等，导致了三亚湾侵蚀的加剧，海岸线已明显向陆地后退（符国基，2010）。

（2）开发区环境管理不善。20 世纪 90 年代，海南省有各种类型的开发区 150 多个，相当一部分没有进行环境影响评价。其中，石梅湾旅游开发区动工建设后，从自然保护区青皮林中间开出一条 30 米宽的大道和两条支道，毁林 14 公顷以上（唐少霞，2000）。

（3）局部地方环境污染严重。文昌河已变黑发臭，多数城市内河污染严重。工业废水处理率为 24.1%，低于全国 27%的平均水平。1992 年，全岛生活废水排放约 1 亿吨，绝大部分未经处理就直接外排（符国基，2010）。

（4）局部地区生态环境遭受人为破坏的现象严重，如部分景区旅游资源的不

合理开发、近海养殖业的盲目扩大、流域过量挖沙及乱砍滥伐等现象，对自然生态景观均造成不同程度的影响和破坏，尤其是沿海防护林、红树林、珊瑚礁等典型热带海滨自然景观所遭破坏严重（吴庆书等，2000）。由于管理体制没有理顺，法规配套缓慢，人们对资源及生态环境保护缺乏认识，出现乱采乱挖矿产的局面，严重破坏了森林资源、旅游资源及生态环境。例如，万宁新潭—东屋长达 13 千米的海岸线，因防护林被毁，昔日海岸沙堤荡然无存，沦为沙丘起伏、草木不生、风沙弥漫的热带海岸沙漠。海南省西部沙化及退化土地逆转，人工生态系统类型面积的比重上升，标志着人为作用下新的生态平衡的形成。但天然植被，特别是灌丛、草原面积的下降，部分地区热带雨林、季雨林线的后退等，说明经济活动对海南自然生态环境的扰动在增强，协调人与自然的关系，即在大力发展经济的同时，怎样保护和恢复生态环境又一次摆在了突出的位置（马荣华等，2001）。

四、促进经济建设与环境保护协调发展的主要经验

（一）改革开放，勇于探索

改革开放是海南省的生命线，是决定海南省命运的关键抉择，是海南省建设社会主义现代化的必由之路和活力之源。作为典型的二元社会，海南特区的使命是为全国的改革开放示范探路。因此，依靠政策启动，完成建省初期建设任务后，海南省更上一层楼，举全省之力进行改革，正确选择改革的战略重点，以建立精干、廉政、高效的政府为突破口，超前构建“小政府，大社会”省级行政体制；率先进行价格改革，形成价格的市场机制；实行多种经济成分公平竞争，培育市场主体；进行养老、工伤、待业、医疗制度改革，建立全体城镇人员统一的新型社会保障制度；运用全国人大特别授权，逐步建立适应新体制的法规体系；建立洋浦经济开发区，首创外商成片开发模式；呵护一方水土，保护子孙饭碗，营造一流生态环境；等等。

海南建省初期，首要问题是尽快确定海南省发展战略。怎样找到符合海南省实际情况的发展战略是一个复杂的实践问题。海南省各级领导和人民始终坚持解放思想、一切从实际出发、实事求是的原则，始终如一地坚持了“三个有利于”的根本标准，以特区人的创业精神，敢为人先，勇于探索，经过各种理论研讨、思想碰撞，形成社会舆论氛围，再经过各级领导的调查研究，经过省党代会和省人大会议的集中讨论，形成比较集中一致的看法和观点，这样才确定了全省的发展战略。在以工业为主导、工农贸旅并举、三大产业协调发展战略的实施过程中，及时进行跟踪调查研究，发现问题，及时总结经验教训，及时纠正。1996 年初，探索确定了符合海南省资源环境实际情况的“一省两地”产业发展战略。

尽管海南省初期的改革试验和成果还有不尽人意之处，尚需不断完善，但海南省“摸石头”“吃螃蟹”的探索精神在中国的改革开放史上功不可没。

（二）树立正确的发展理念

海南建省后，省委省政府十分重视环境保护工作，明确提出了海南省的开发建设必须与环境保护同步建设协调发展的指导方针。海南省委省政府始终有一个理念，就是要保护好海南省的生态环境，实现经济建设与环境保护的协调发展。海南省经济是要加快发展的，但决不能以牺牲优美的环境为代价，也不能走先污染后治理的老路，而是要走出一条把经济发展与环境保护有机结合起来的新路子。时任海南省省长刘剑锋指出，宁可少发展几个项目，也要保护热带生态环境。1996年，时任海南省省长阮崇武也告诫，如果海南省把环境搞坏了，就是把饭碗砸了。《海南省国民经济和社会发展“九五”计划和2010年远景目标纲要》提出，必须选择有利于节约资源和保护环境的产业结构和消费方式，坚持经济建设、城乡建设与环境建设同步规划、同步实施、同步发展。按照转变经济增长方式和可持续发展的要求，坚持资源开发与资源节约并举，把资源节约和综合利用放在重要位置。建立健全海南省的资源节约和综合利用政策法规体系；推进技术进步，加强科学管理；增加投入，建设一批节能、节材、节水，以及新能源开发、“三废”综合利用的示范和预推广项目，进一步降低消耗，减少污染。

（三）改革与立法同行，利用法律保护生态环境

在改革中立法，在立法中促进改革，改革与立法同步推进。这是海南经济特区与国内其他经济特区发展的不同之处。有人说，在政策优势弱化的情况下，授权立法已成为海南省最大的优势。在1988～1998年的10年间，海南省充分利用全国人大和国务院给予的授权立法政策，大胆试验，立法同行。一方面，注意把改革的成果及时以法规的形式固定下来；另一方面，通过立法指导，推进改革的深入。在海南1993～1998年近5年实施的66项重大改革措施中，有29项是通过制定法规、规章来推进的，如《企业法人登记管理条例》《有限责任公司条例》《企业国有资产条例》《燃油附加费条例》等。这些法规、规章内容之新、举措之先、功效之特在国内外产生了广泛的影响，有力地推动了海南的改革开放，也对全国各地的改革和发展起了示范、借鉴作用。

在环境保护方面，海南省颁布和实施了《海南省环境保护条例》《海南省实施〈中华人民共和国野生动物保护法〉办法》《海南省自然保护区管理条例》《海南省森林保护管理条例》等一系列环境资源法规和规章，并加强执法，取得了很好的效果。

（四）经济建设和社会发展与环境保护有机地结合起来

国内外对经济与环境协调发展的“海南模式”无不看好。早在海南建省之初，

联合国秘书处前助理马丁·里斯博士就向我国国家领导和海南省领导建议：在海南进行一次史无前例的试验，把开发活动与最低程度的自然环境损害相结合，使海南省成为发展中国家和地区环境保护的典范，成为吸引国外投资、文化科技交流的美好园地。开发建设不仅要注意人口、资源等生产力和生产资料诸因素的结合与运用，而且要争取促进人口、资源与环境同步、协调发展，以取得最佳的综合效益。就世界范围而言，协调这种关系失败者多、成功者少。作为物种丰富区和生态良好地区的海南省，建省后10年来通过实施积极的生态保护对策在发展经济的同时，生态环境质量没有发生大的蜕变，其中，海南岛自然生态环境质量标志的季雨林、雨林面积变化不大，说明海南省把握住了生态保护与建设的主要方向（马荣华等，2000），促进了经济建设和社会发展与环境保护有机地结合起来。海南建省办经济特区的实践证明，海南把“大规模开发建设与环境保护协调发展”“严格控制人口增长”“十分珍惜资源”作为海南经济特区建设的基本方针，是完全正确的。

第二节　海南生态省阶段

促进经济建设和环境保护的协调发展，是社会主义现代化建设进程中必须高度重视并认真解决的重大课题。海南人民在生态省建设的征途中，为解决这一重大课题做了许多前所未有的事情，为探索我国区域可持续发展道路，引领其他省份的发展做出重要贡献。

一、海南生态省生态文明建设的主要做法

（一）建设生态制度

1. 建立生态省建设法规体系

1999～2009年，海南生态省建设10年间，海南省出台了《海南省人民代表大会关于建设生态省的决定》《海南省环境保护条例》《海南经济特区限制生产运输销售储存使用一次性塑料制品规定》等26项与生态省建设生态环境保护相关的法规和政府规章，内容涵盖了森林、矿产、海洋、水资源保护和流域生态环境保护、节能减排、污染防治等方面，初步形成了生态省建设的法规体系，为生态省和生态文明建设提供了法律保障（表3-2）。

表 3-2　1999～2009 年海南生态省主要资源环境保护法规和政府规章

年份	法规名称	发布单位
1991	海南省人民代表大会关于建设生态省的决定	海南省人大常委会
	海南省环境保护条例	海南省人大常委会
	海南省建设项目环境保护管理规定	海南省政府
	海南生态省建设规划纲要	海南省人大常委会
1999	海南省人民政府关于建立无氟省级区域的决定	海南省政府
	海南省环境保护目标责任制实施办法	海南省政府
2000	海南省人民政府关于消除白色污染的决定	海南省政府
	海南省自然保护区发展规划	海南省政府
	关于建立海南生态省建设联席会议制度的通知	海南省委、省政府
2001	海南省无公害瓜果菜保护管理规定	海南省人大常委会
	关于加快造林绿化步伐进一步提高森林覆盖率的决定	海南省委、省政府
	海南省海域使用管理办法	海南省政府
2003	海南省人民政府关于实施退耕还林工程的若干意见	海南省政府
2004	海南省沿海防护林保护管理办法	海南省政府
	海南经济特区水条例	海南省人大常委会
	海南省红树林保护规定	海南省人大常委会
	海南省矿产资源管理条例	海南省人大常委会
	海南省森林保护管理条例	海南省人大常委会
2005	关于批准《海南生态省建设规划纲要》（2005 年修编）的决定	海南省人大常委会
2006	关于推进社会主义新农村建设的若干意见	海南省委、省政府
2008	海南经济特区限制生产运输销售储存使用一次性塑料制品规定	海南省人大常委会
	海南省城镇污水处理费征收使用管理办法	海南省政府
	海南省主要污染物总量减排考核办法	海南省政府
2009	海南省珊瑚礁保护规定	海南省人大常委会
	海南省万泉河流域生态环境保护规定	海南省人大常委会
	海南省矿产资源管理条例（修订）	海南省人大常委会

2. 建立保障机制

（1）以地方立法形式确定生态省建设。1999 年 2 月，海南省第二届人民代表大会第二次会议做出了建设生态省的决定。同年 7 月，第二届人大常委会第八次会议审议批准的《海南生态省建设规划纲要》明确要求，全省经济和社会发展的各项规划、计划以及专项工作都必须以该纲要为重要依据，各级政府、各部门的决策都要符合生态省建设的要求。2005 年 5 月，海南省人民代表大会常务委员会同样以地方性法规的形式审议通过了《海南生态省建设规划纲要（2005 年修编）》。这样，海南生态省建设规划纲要以立法的形式确定，保证生态省建设要“一张蓝图干到底”，不因换届和领导班子变动而受影响。

（2）统一规划，明确生态省建设的目标和任务。海南生态省建设的内容涵盖社会经济发展的各个方面，不是传统意义上的环境保护与生态建设。生态省建设的核心是推进可持续发展。经济发展、社会进步、环境保护是实施可持续发展战略的三大支柱。为探索一条既不为发展而牺牲生态环境，也不为单纯保护环境而放弃发展的可持续发展道路，由原海南省计划厅、国土环境资源厅牵头，会同政府有关部门，运用生态学原理和系统工程方法，遵循自然生态规律和经济发展规律，以可持续发展为前提，以省“十五”发展规划和2015年远景目标为依据，以生态环境、生态产业、生态人居、生态文化为主要内容，编制颁发了《海南生态省建设规划纲要》，对全省实施可持续发展战略的目标、任务、措施进行细化、深化。该纲要要求海南省于2030年建成生态省。2005年5月，海南省修编颁布了《海南生态省建设规划纲要（2005 年修编）》，进一步扩大了生态省建设的内涵，要求海南省提前10年，即于2020年建成生态省。海南生态省建设的总体目标：用20年左右的时间，在环境质量保持全国领先水平的同时，建立起发达的资源能源节约型生态经济体系，建成布局科学合理、设施配套完善、景观和谐优美的人居环境，形成浓厚的生态文化氛围，使海南成为具有全国一流生活质量、可持续发展能力进入全国先进行列的省份。具体要达到以下目标：生态环境质量保持全国领先水平；建成具有海南特色的发达生态经济体系；建设舒适优美文明的人居环境；形成繁荣的生态文化。到2020年，海南生态省建设分为起步阶段（1999～2005年）、全面建设阶段（2006～2015年）、完善提高阶段（2016～2020年）三个建设期。

（3）完善生态省建设落实机制。建立了由省主要领导任召集人的生态省建设联席会议制度，设立了由多部门组成的生态省建设联席会议办公室。省委书记、省长为第一召集人，宣传部部长、主管副省长为副召集人，办公室设在省计划厅和国土环境资源厅，各部门领导为组成人员。各市（县）也成立了相应机构，党政“一把手”亲自抓。生态省建设联席会议办公室根据生态省建设阶段目标的要求，每年制订年度计划，明确具体工作任务，把各项年度工作逐项分解到各市县、部门，并且形成“年初部署，年中检查，年末考核”的制度，由省人大、政府联合进行检查，确保了生态省建设各项工作计划的落实。建立健全生态省建设目标考核责任制，分年考核，序列公布，把部门工作和生态省建设有机结合起来，集中有限的财力、物力办大事。各级政府多方筹措资金，推进实施生态建设和环境保护工程。建立督办制度，使环保部门“一票否决”制度得到较好发挥。为健全管理体系，确保生态环境保护相关措施的顺利实施，制定了目标责任制等相关规定。1999年颁布了《海南省环境保护目标责任制实施办法》；2005年开始建立了环保问责体系，把节能降耗、生态环保作为对干部综合考评体系中的具体指标内容；2007年又把过去“政府问责制”上升为“省委和省政府联合下发的对干部考核的问责制”，使问责制更有力度；2007 年底，根据国务院要求，海南省结合本省实际，实施了对省国土环境资源行政管理的改革方案，由省国土环境资源厅进行垂直行政管理，为省政府主导生态省建设提供了有力体制保障。

（二）保护生态环境

1. 环境污染防治

（1）工业污染防治。海南生态省工业污染防治主要实施了“一控双达标”及其他一系列控制措施，实施“三不”（不污染环境、不破坏资源、不搞低水平重复建设）原则和“三大”（大企业进入、大项目带动、高科技支撑）战略。①在创建生态省的最初几年，海南省各级政府认真推进“一控双达标”工作，按照国家要求提前完成污染治理任务。2000 年，全省 12 种主要污染物排放量都有效控制在国家下达的指标之内。全省 1 988 家工业污染企业已有 1 969 家达标，达标率为 99.04%，其中国家重点考核的 167 家工业企业已有 163 家达标，达标率为 97.60%（海南省统计局，2001）。随后，全省继续实施并巩固“一控双达标”，并对新建工业项目严格实行“三同时”制度。②海南省还采取其他一系列有效措施控制工业污染。一是把石油化工等污染企业集中布局在海南岛西部洋浦、东方八所、昌江石碌、澄迈老城等局部点状区域，这样有利于污染物稀释、净化、扩散，减少环境污染。二是通过产业结构的调整，关、停、并、转那些资源利用效益低、环境污染严重、经济价值不高的中小企业，把宝贵的环境容量腾出来发展资源利用效益高、环境治理技术先进和经济价值高的大企业。三是解决交通污染，减少环境污染总量。四是通过生态建设，扩大自然净化能力，最终不得不排放出去的污染由森林、大气、土地和江河湖海来自然净化。③2007 年，海南省坚持“三不”原则，积极发展新型工业。通过宏观决策与环评审批的调控手段，严把建设项目环境准入关，进一步优化产业结构。2007 年后，海南省通过环评审查否决或暂缓审批 35 个与国家和省产业政策及环境功能区划不相符的项目。将污染可控制的工业项目集中布局在海南西部局部点状区域，把工业发展和环境保护有效地统一起来。④为了避免遍地开花的小型工业破坏生态环境，海南省实施“三大”战略，重点引进技术含量高、环境治理能力强的大型工业项目和工业企业。海南省引进的国内最大的单套炼油装置，气体有害物全部回收，排水可直接用于农田灌溉。通过采取以上工业污染防治措施，海南工业发展跨越了“高消耗、高污染”的传统工业化发展阶段。

（2）实施“节能减排”工程。海南省把“节能减排”工作摆在十分突出的位置，在建立目标责任制、出台减排政策、调整产业结构、实施重点减排工程和强化监督检查等方面采取了一系列措施。①海南省人大常委会于 2004 年 8 月修正了《海南经济特区水条例》，海南省人民政府于 2008 年 9 月颁布了《海南省主要污染物总量减排考核办法》，建立市县减排目标工作责任制，将主要污染物总量减排指标纳入市县经济和社会发展主要指标考核体系中，对未完成减排任务的市县实行区域环评限批制度。实施重点减排工程，全面启动市县生活污水处理厂建设，加强工业污染源防治和重点污染源自动监控设施建设。②着力提高工业企业污染治理水平。2009 年，积极推动企业产业结构调整和生产技术改造，淘汰 4 条立窑水泥生产线；3 家糖厂完成了无滤布真空吸滤机工艺改造；中海石油化学股份有限公司投资 6 000 多万元完善废水处理循环系统，基本实现废水零排放。2009 年，全省废气治理设施处理能力为 8 025.5 万标立方米/时，废水治理设施处理能力为 49.79 万米^3/时，废气废水污染源治理和控制工作进一步加强。全省节能减排工作取得较大进展，单位能耗下降 2.78%（海南省国土环境资源厅，2010）。③积极推广新能源新技术。2009 年，海南省实现高耗能特种设备节能 9 600 吨标准煤，累计使用 CNG（compressed natural gas，压缩天然气）燃气汽车 8 000 辆，建成并运行 LNG（liquefied natural gas，液化天然气）加气站 3 座，LNG 燃气运营公交车 300 辆。建成太阳能建筑应用示范工程 5 个，建筑应用太阳能面积 500 万平方米。新增节能灯 100 万只。新增认定资源综合利用企业（项目）11 个，累计认定资源综合利用企业（项目）24 个（海南省国土环境资源厅，2010）。

（3）生活污染防治。实施污水和垃圾处理设施建设工程。2008 年，海南省开始向全省县城及经济开发区以上地区全面征收污水、垃圾处理费，并投入大量资金建设生活污水、垃圾处理设施。从 2008 年开始，海南全岛规划并开始实施建设污水处理厂 28 个，垃圾处理厂 21 个，总投资超过 40 亿元。2009 年，三亚红沙、三亚鹿回头、海口长流、海口白沙门（二期）、洋浦、澄迈金江等 10 个污水处理工程已建成投产试运行。截至 2009 年底，全省累计建成城镇污水处理设施 13 个，在建城镇污水处理设施项目 15 个，城镇污水处理厂实际日处理能力 37.57 万立方米。建成 11 个垃圾处理项目，同步建设污水管网和垃圾清运设施（海南省国土环境资源厅，2010）。

（4）实施消除白色污染工程，创建无氟示范省。①海南省人民政府 2000 年 3 月颁布了《海南省人民政府关于消除白色污染的决定》，公布了海南省第一批禁止使用的一次性塑料制品名录，加大宣传、严格执法和监督管理，从源头控制“白色污染”。从 2000 年起，海南省就开始生产可降解塑料制品，全省各农贸市场和各大型商场普遍使用可降解塑料袋。2008 年 5 月，海南省人大常委会颁布了《海南经济特区限制生产运输销售储存使用一次性塑料制品规定》，发起了以“向‘白色污染’宣战”为主题的环保宣传活动。②海南省人民政府于 1999 年 10 月颁布了《海南省人民政府关于建立无氟省级区域的决定》。海南省于 2000 年在全国率先开展“无氟制冷剂”替代工作，推广使用国家标准车用燃油，建立有利于保护环境的生活方式和消费模式，被评为“无氟示范省”。2009 年，海南省组织编制了《海南省应对气候变化行动方案》，持续开展淘汰消耗臭氧层物质工作，继续加强执法检查和宣传教育，重点检查家用制冷设备销售行业、制冷维修行业、消防行业中 ODS（ozone-depleting substances，消耗臭氧层物质）的销售与使用情况，检查结果显示全省无销售含有 ODS 的家用制冷设备，未发现使用哈龙灭火器（海南省国土环境资源厅，2010）。

2. 生态环境保护与建设

（1）建立科学、公平的利益补偿机制。生态补偿是海南生态省在建设中努力探索的一个机制。海南省坚持以“谁受益，谁补偿”的原则逐步建立利益补偿机制。2004 年，海南省委省政府出台的《中共海南省委 海南省人民政府关于加快林业发展 推进生态省建设的决定》，对生态公益林体系建设及建立森林生态效益补偿制度做了相应规定；2006 年，《海南省省级森林生态效益补偿实施方案》的发布意味着海南的省级森林生态效益补偿机制正式建立；2007 年修订实施的《海南省环境保护条例》、2008 年施行的《海南省松涛水库生态环境保护规定》《海南省沿海防护林建设与保护规定》《海南省人民政府关于建立完善中部山区生态补偿机制的试行办法》，初步建立了中部山区生态补偿机制框架。2009 年，海南省积极推动生态补偿立法与核心区域划定工作。组织开展生态补偿立法调研，设立了生态补偿专项资金，制定了生态转移支付办法，通过财政转移支付等手段予以调节，补偿自然生态保护区、水源涵养区等重要生态功能核心区，扶持这些地方发展生态经济，从而使生态建设和经济发展步入良性轨道。

（2）加强对生物多样性的保护。海南生态省在保护生物多样性方面采取了一系列有效手段，加强自然保护区建设，严格保护生态公益林。2000 年 6 月，海南省人民政府颁布《海南省自然保护区发展规划》；2001 年 4 月，海南省委省政府颁布《关于加快造林绿化步伐，进一步提高森林覆盖率的决定》；2004 年 8 月，海南省人大常委会修正《海南省红树林保护规定》和《海南省森林保护管理条例》；2009 年 5 月，海南省人大常委会修订《海南省珊瑚礁保护规定》，加强对珊瑚礁、海草床等特殊海洋生态系统的保护，严禁毁坏红树林、珊瑚礁、海洋生物；加强外来物种入侵防治和生物安全管理，开展外来入侵物种的调查工作。1999 年 6 月 1 日至 7 月 31 日，海南实行南海海域首次休渔。此后，每年都实行一次南海海域休渔。2000 年 4 月，海南省相关部门启动了“建设千里生态长廊”系列活动，严厉打击捕杀、经营野生动物的违法行为，保护珍贵的野生动物资源。2004 年 11 月，为解决大田坡鹿食物严重短缺、种群密度严重超标的危机，海南大田坡鹿迁地保护工程正式启动。同年 12 月，有两批坡鹿被分别野放至昌江县保梅岭和东方市猴猕岭。这些措施取得了较好成效，生物多样性得到了有效保护，最明显的一个例子是，国家一级保护动物海南坡鹿的数量从 1976 年的 26 只发展到 2004 年的 1 000 只左右。

（3）加强自然保护区管理与建设。生态省建设提出后，海南省开始实施自然保护区清理整顿，新建或撤并若干保护区，规范自然保护区管理。2009 年，海南省开展了第一次省级自然保护区综合管理考核评估，同时开展了物种资源调查，首次查清维管束植物 4 933 种，野生动物 9 351 种，初步摸清海南动植物本底（海南省国土环境资源厅，2010）。海南省中部山区纳入了全国重要生态功能区保护体系。

（4）建设生态重点工程。①“天然林保护工程”。经过海南全省林业系统的共同努力，热带天然林资源得到有效保护，森林面积逐年增加，林分质量明显提高，生态环境得到较大改善，原来的旱、涝、水土流失等自然灾害明显减少，保障了全省的农业生产和用水安全。②“防治荒漠化”工程。经过 1998～2002 年 5 年的艰苦治理，海南省完成造林治理面积 5.6 万亩（中共海南省委宣传部，2013）。昔日被称为“海南戈壁”的东方市四更镇等地风起沙扬的恶劣气候得到了根本治理。③“百万亩椰林工程”。1998～2002 年，全省共种植椰子 48.3 万亩，椰林面积达到 92 万亩，为生态省建设和国际旅游岛建设做出重要贡献（中共海南省委宣传部，2013）。④退耕还林工程。2002 年开始，海南省调整农业结构，实施退耕还林工程，在坡耕地以果树种植为主，提高沙化区植被覆盖率；在海南岛四周风成沙化区内以植树种草为主，大面积种植人工植被。⑤“三边”（海边、路边和城边）防护林建设。2003 年，海边林建设以海基干林带为重点，路边林建设以高速公路、国道和省道为中心，城边林以海口市五大出口以及三亚市、琼海市、儋州市的城市周边为主轴，掀起了“三边”防护林建设的高潮。1998～2002 年，海南省共营造“三边”防护林 48 万亩，其中海边林 23 万亩、路边林 15 万亩、城边林 10 万亩。高速公路、国道、省道的绿化率达到 90%（中共海南省委宣传部，2013）。⑥“沿海防护林”建设工程。为全面恢复海防林，提高防灾减灾能力，2007 年 6 月，海南省召开全省沿海防护林工程建设动员大会，号召“筑我绿化长城，护我宝岛家园”。全省上下团结一心，奋力拼搏，不断破解“林地落实难、退塘还林难、造林成活难”三大难题。2009 年，全省完成植树造林 2.7 万公顷，其中，完成海防林造林 0.39 万公顷，完成红树林恢复造林 40 公顷，基本实现了环岛海防林带合拢；全省植被覆盖度提高，森林面积达 200.73 万公顷，森林蓄积量达 1.22 亿立方米，森林覆盖率达 59.2%，在全国位居前列（海南省国土环境资源厅，2010）。此外，陆续开展水土流失治理、矿区水土恢复等一批工程。2009 年完成水土流失治理面积 7 470 公顷，矿区复垦面积 308 公顷，完成了 7 个矿山地质环境治理项目以及琼海市、万宁市等市县沿海采空矿区生态复垦，生态环境有所改善（海南省国土环境资源厅，2010）。

（三）优化生态空间

1. 海南生态省建设的区域布局

根据不同区域的地理区位、自然环境、自然资源和生态功能特点，因地制宜、分类指导，明确其保护、建设与发展的主要方向，实现合理保护、科学利用、优势互补、相互促进、共同发展的目标，具体见表 3-3（海南省人民代表大会常务委员会，2005）。海南省根据各个生态区的不同特点布局产业，逐步形成环境优势型产业（如农业、旅游业和药业）的升级换代、传统产业（如制糖业、橡胶加工业和农产品加工业）的生态转型、集约型产业（如天然气化工、石油化工）的园区经营、新型潜势产业（如信息产业和其他高科技产业）的研发孵化、生态服务型产业的培育催化的发展格局。

表 3-3　海南生态省建设的区域布局

生态区名称	范围	主要生态功能	保护与发展方向
海洋生态圈	包括海南省管辖的海南岛 5 米等深线以外的所有岛礁及海域，面积约 200 万平方千米，其中 200 米等深线以内的大陆架范围约有 83 万平方千米	调节气候和净化环境，并为海南省发展海洋产业提供资源	海洋生态环境保护与建设，发展西沙海洋生态旅游业，加快开发利用海洋油气资源，发展海洋运输业
海岸生态圈	包括海南岛 5 米等深线以内及向内陆延伸 10 千米范围的海洋与陆地结合带，由河口、三角洲、海岸平原、滩涂湿地、沙滩、潟湖和浅海等地理单元组成，面积约 9 000 平方千米，其中陆地面积约 7 000 平方千米，约占海南岛面积的 20%	防风固沙、护岸阻浪和维护近岸生物多样性	建立珊瑚礁、红树林自然保护区和渔业资源保护区，合理利用渔业资源，严禁炸鱼炸礁和乱砍滥伐红树林、海防林；加强滨海城镇环境基础设施建设和滨海工业污染防治；大力发展港口航运业，重点发展清洁型的优势产业，在西部工业开发区大力发展集约型、科技含量高、经济效益好的资源加工业
沿海台地生态圈	处在海岸生态圈与中部山地生态区之间，面积约 17 000 平方千米，约占海南岛面积的 50%	农业等社会生产功能、防洪蓄水等水文调节功能	保护天然林，大力植树造林；合理利用土地，治理水土流失和防治荒漠化；加快城镇基础设施建设，有效治理城镇生活污染；加强传统工业的生态化改造，大力发展新型工业，有效控制工业污染；推行农业标准化、产业化和生态化，削减农业面源污染；合理进行区域分工，大力发展种植业、林业、服务业和其他清洁型的优势产业；推进城镇建设
中部山地生态区	主要包括中部地区海拔 300 米以上的山地和部分丘陵，面积约为 10 000 平方千米，约占海南岛面积的 30%，由五指山市、琼中黎族苗族自治县（以下简称琼中县）全部，白沙黎族自治县（以下简称白沙县）、保亭黎族苗族自治县（以下简称保亭县）、乐东县、昌江县的大部分地区以及三亚市、陵水黎族自治县（以下简称陵水县）、东方市等市县的部分地区组成	涵养水源和维护生物多样性	加强自然保护区建设，对热带天然林进行封山管护，对已开垦的生态敏感区域实施退耕还林；加强基础设施建设和环境污染防治，保障河流源头的水量和水质；发展山区绿色农业、生态林业和森林生态旅游业等特色产业和具有地方特色农产品深加工业；加快城镇化步伐，积极推动生态脆弱地区农村剩余劳动力的转移，实行生态移民和生态扶贫

注：根据《海南生态省建设规划纲要（2005 年修编）》整理而成。

2. 实施生态功能区划

为贯彻落实《全国生态环境建设规划》和《全国生态环境保护规划纲要》，为统筹全省的生态建设，海南省人民政府于2005年6月批准实施了《海南省生态功能区划》和《海南中部山区国家级生态功能保护区规划》。《海南省生态功能区划》将全省分为4个生态区、10个生态亚区和38个生态功能区，提出了各功能区生态保护与建设的重点、产业发展方向和生态保护措施，为海南省区域生态环境分区管理和产业布局提供了依据。《海南中部山区国家级生态功能保护区规划》将海南中部山区国家级生态功能保护区分为生物多样性保护区、水源涵养保护区、生态产业与社会经济活动区三大类型区，总面积96.8万公顷，约占全省土地面积的28.5%。

（四）发展生态经济

1. 加快发展生态农业

在生态省建设过程中，海南省探索用工业理念发展农业，形成区域化布局、专业化生产、产业化经营、标准化管理的现代农业发展格局。重点发展无公害农产品、绿色食品和有机食品。建立完善质量标准、检验检测、认证标识和市场准入四项制度，加强生产环节监管，强化生产基地建设，创建了一批国家级、省级无公害农产品生产基地、标准化生产综合示范区和出口农产品生产基地，突出"季节差、名特优、无公害"三项特色，树立了海南省"无公害"、绿色食品品牌。全面推进国家级无规定动物疫病区建设，建成强大防疫体系，加大名牌畜禽产品开发力度。2002年5月，科学技术部批复海南儋州国家农业科技园区启动建设。

大力发展绿色农业、生态农业。通过无公害农产品生产基地、农业标准化示范地和无规定疫病区的建设，按照"分区分类"的原则，在不同的生态圈（区），因地制宜地发展对环境影响小、附加值高的无公害农产品、高科技农产品、绿色食品和有机食品、良种繁育、碳汇渔业，以及在林下发展花卉、南药、竹藤、禽畜养殖等特色产业等。以建设国家热带现代农业基地为目标，推进农业集约化、精细化、设施化、品牌化、生态化，加速从传统农业向现代农业转型升级，使农业生产规模和综合效益大大提高。海南省中部山区是海南省的核心生态保护区，环境容量极为有限，但同时是海南省最贫困地区，迫切需要加快发展。海南省在建立生态补偿机制、加大对中部山区财政转移支付的同时，根据中部山区环境和资源特点，探索发展依托热带森林和生物资源的复合林产业，在不影响自然生态环境的情况下突破了经济发展瓶颈。热带特色现代农业在结构调整中加快发展，瓜菜、水果、畜牧业、渔业等优势产业产值占农业总产值的比重不断上升，促进了农业增效、农民增收；农产品出口出岛、进宾馆进超市，为全国人民的菜篮子做出了重要贡献。2003 年 11 月，海南省优质高效热带水果生态种植示范区、荔枝标准化示范区、文昌鸡标准化示范区、琼中红橙（后改名为海南绿橙）标准化示范区、天涯南山鲍标准化示范区和乐东香蕉标准化示范区 6 个全国农业标准化示范项目获国家标准化管理委员会审查通过。生态农业方面，有机食品生产有新突破，2009 年建成了全国首家有机番木瓜生产基地。海南省第一个有机水稻——"海南定安火山香米"、保亭县 2 家企业的有机瓜菜和三亚市 3 家企业（水果）通过了有机产品认证。临高县建成全国最大的深海网箱养殖基地。2009 年，海南省在全国率先成立了海南省休闲农业发展局，初步形成"农业—加工业—休闲农业"三种产业并存融合的局面。

2. 坚持"三不""三控"原则促进新兴工业发展

2004 年，海南省提出了"始终坚持不污染环境、不破坏资源、不搞低水平重复建设"的"三不"原则。在工业方面，海南省坚持在践行"三不"原则的前提下按照污染物排放"浓度控制、区域控制、总量控制"的要求发展新兴工业，实施大公司进入、大项目带动、高科技支撑，高标准、严要求审批工业项目。坚持集中布局，集约发展，依托港口、铁路和公路，点状发展洋浦经济开发区、海口国家高新技术产业开发区、老城经济开发区、昌江循环经济工业园区、东方工业园区等五大园区。依托龙头企业和大项目，围绕支柱产业的上下游领域伸延产业链，强化园区产业集聚化、集群化发展。五大园区累计工业增加值约占全省规模以上工业的 70%。特别是洋浦经济开发区，已成为海南省工业发展的龙头。大力发展天然气与天然气化工、汽车制造及配件、林浆纸一体化、医药和农产品加工等低污染的清洁型产业和高科技产业，坚持把有限的污染源控制在限定区域内，把主要污染物排放总量控制在规定的限度内。全面推进循环经济发展，以"减量化、再利用、资源化"为原则，不仅在企业和项目上推进资源能源回收利用，而且在产业链上促进合理衔接循环，设立了循环经济示范区。加大环保设施建设的力度，积极扶持重点企业技术改造，淘汰高耗能、高污染的小型企业等。对新建工业项目实行严格的环境影响评价制度以及污染控制标准和措施，严格实行污染治理设施与建设项目主体工程同时设计、同时施工、同时投产。例如，海南华盛天涯水泥有限公司率先投入 6 000 万元建设余热发电站，每年回收 1 万多吨 CO_2 用于发电，生产电耗从以前的每吨 60 千瓦时下降到 35 千瓦时，节约成本 2 500 多万元，每年综合利用工业垃圾 50 多万吨（金羽和符丽英，2010）。

海南推广新型能源、推进循环经济发展和资源综合利用。在海口市、儋州市、文昌市等市县建设 7 个绿色照明试点项目，实施了中国石化海南炼油化工有限公司 12 兆瓦余热发电等 7 个重点节能项目，每年可节约 12 万吨标准煤。昌江循环经济工业园区水泥行业余热发电量达 1 亿千瓦时。华能海口电厂脱硫设施已竣工投入使用，保障脱硫效率高于国家 85%的要求。2008 年全省工业废弃物综合利用率达 75%（金羽和符丽英，2010）。

3. 大力发展生态旅游产业

海南生态省建设充分发挥海南特有的热带海岛旅游资源优势和生态环境优势，突出海洋的蓝色生态旅游特色和森林的绿色生态旅游特色，以发展度假休闲旅游为主导，促进旅游产品结构由单纯的观光型向度假一观光复合型转化。重点发展滨海、热带森林、温泉、湖滨等度假休闲和观光旅游。结合自然保护区的建设，海南省积极发展生态旅游业，建成了一批各具特色的生态旅游景区。海南省旅游景区主要分为三大类，一是依托自然保护区或风景区发展森林旅游，如呀诺达热带雨林、尖峰岭、铜鼓岭等；二是依托农业、乡村风景和乡风民俗等发展乡村旅游，如甘什岭槟榔谷原生态黎苗文化旅游区；三是主题公园，如陵水黎安主题公园和文昌航天主题公园。此外，海南省还在不断积极探索新的旅游产品，如森林探险旅游、邮轮游艇旅游、高尔夫球旅游等。

海南省按照高水平规划、高标准建设、高效能管理的要求，实施大旅游带动大开放、大开放带动大发展的旅游产业发展战略，在保护良好生态环境的同时提高了旅游产业的综合效益。在博鳌开发过程中，海南省改变原来成片批地的传统做法，提出了特别规划区的概念，按照统一规划、统一招商、统一建设、统一管理的要求，把开发和保护完美地结合在一起。目前，博鳌已经成为海南省旅游精品项目之一。

1999 年 1 月 1 日，中国生态旅游年启动仪式在三亚市南山文化旅游区举行，表明国家对海南省发展生态旅游的期望。围绕该主题，海南省开展了 99 文昌椰乡生态游、儋州文化生态游、99 中国（海南）学生生态夏令营、南山长寿节、天涯海角国际婚礼节等系列活动。同年 7 月 30 日，海南生态省建设正式启动。《海南生态省建设规划纲要》提出："扶持和规范自然保护区、森林公园在有效保护前提下的适度开发。""加快建设一批具有生态旅游特色的景区。""生态旅游"正式在政府文件中出现，标志着海南生态旅游开始起步。为此，海南省先后建立了五指山、铜鼓岭、吊罗山 3 个国家级自然保护区和吊罗山、蓝洋、海口火山、七仙岭、黎母山、霸王岭、新盈海上 7 个国家森林公园等，以及鹦哥岭、猴猕岭等一批省级自然保护区和森林公园。这些为海南生态旅游发展提供了良好的自然资源和旅游条件。2000 年，万泉河旅游全面启动，博鳌生态旅游示范区成为"亚洲论坛"永久会址。2002 年，编制完成《海南省旅游发展总体规划》，确立了旅游业可持续发展原则，把发展生态旅游作为重要内容。同年，五指山生态旅游发展规划出台。同年 3 月 1 日，海南省正式实施《海南省旅游条例》，这是我国加入世界贸易组织（WTO）后制定的第一部地方性旅游法规。2003 年，中国暴发严重急性呼吸综合征（SARS），海南省无 SARS，凸显了海南生态的优势，海南省不断推出新的旅游宣传形象和促销主题，如健康岛、安全岛等。2005 年，《海南生态省建设规划纲要（2005 年修编）》进一步强调加快发展生态旅游业。为此，海南省加快生态旅游景区的生态环境保护基础设施建设，充实生态旅游内涵，将生态环境资源优势转化为旅游产品优势，提升了景区的生态文化品位。高标准建设南山文化旅游区、兴隆热带花园、兴隆热带植物园、尖峰岭国家森林公园、吊罗山国家森林公园、七仙岭国家森林公园、五指山生态旅游区、海口石山火山群国家地质公园、西沙群岛等 9 个生态旅游示范区。建设完善了七仙岭温泉度假区、铜鼓岭生态旅游区、亚龙湾度假区、博鳌旅游区等一批以生态保护和恢复为基础的生态旅游区，推出了五指山探险、七仙岭温泉浴、尖峰岭“森林浴”、五指山和万泉河漂流等一批生态旅游路线和生态旅游产品，提升了海南旅游业的竞争力。尖峰岭国家森林公园被美景中国评为“中国最美十大森林公园”之一。三亚市南山文化旅游区是全国文明旅游区示范点。2007 年，南山文化旅游区、大小洞天旅游区被评为国家第一批 5A 级景区。2009 年，海南省以“中国生态旅游年”活动为契机，全力打造“生态旅游在海南”的品牌，将生态游、文明生态村、农业旅游示范区和休闲农庄等旅游产品编入海南特色旅游线路加以大力推广。这一阶段，生态旅游得到政府重视，成为旅游业的重要支柱、生态经济的组成部分，开发塑造了一批生态旅游景区和产品，保护了海南省的生态环境，成功塑造了中国生态示范省的形象。旅游管理部门和旅游经营企业对发展生态旅游、壮大旅游经济已经形成共识。（叶文等，2018）

（五）建设生态人居

在生态省建设过程中，海南省科学制定并严格执行城乡人居环境建设规划，坚持充分利用优越的自然环境条件，逐步开展文明生态城市、文明生态集镇、文明生态村与文明生态社区三级四类创建活动，建设与完善城乡居住环境与配套基础设施，努力改善城乡人居环境。

1. 科学制定并严格执行城乡人居环境建设规划

科学制定人居环境建设规划。引进国内外先进的规划理念和方法，从省情实际出发，统筹协调城乡发展，把城乡建设规划与生态环境功能区划、产业发展规划等有机结合起来，对城镇功能进行科学准确定位，开展城镇总体规划编制或修编工作，制定村镇建设规划。规划主要体现土地资源的稀缺性和合理利用要求，充分考虑环境的承载力，贯彻低容积率、低建筑密度、低层、高绿化率（“三低一高”）规划建设原则，将人工建筑纳入自然景观中进行整体设计，力求使建筑景观与自然景观和谐，突出地方的自然与人文特色。18个市县（不含三沙市）全面启动建设生态市县规划编制工作。海南省人民政府办公厅于2006年9月5日颁布《海南省城镇体系规划（2005—2020）》《海南省城乡总体规划（2005—2020）》。

严格实施建设规划。《海南省城乡规划条例》自2009年10月1日起施行。通过地方立法和严格的执行制度确立城乡人居环境建设规划的严肃性和权威性，确保城乡人居环境各项建设工程严格按照批准的规划进行，杜绝乱批、乱建、乱占行为，有序推进人居环境建设。

2. 建设文明生态城市

建设具有和谐优美人居环境、市民精神文明程度高、崇尚绿色文明消费的文明生态城市。按照全省城镇体系规划和文明生态城市建设的总体要求，要求各城市明确发展功能和方向，加快提升城市的建设质量和管理水平，提高城市居民的生态意识和文明水平。加强海口市、三亚市、儋州市、琼海市、五指山市5个生态市创建工作。

（1）加快完善城市基础设施建设。按照满足现状要求兼顾发展需求的原则，统一规划建设城市道路交通网络、供电供水排水设施、公共信息系统、文化教育与体育设施等，为城市居民创造舒适便捷的生活条件。

（2）大力实施城市净化工程。引进符合海南省城市实际的污水处理和垃圾处理技术方法，实行雨污水分流管网系统和生活垃圾分类收集，逐步推行污水处理和垃圾处置市场化运行机制，妥善处理城市生活污水和垃圾，统筹建设、环卫、城管等管理体制，建立健全城市卫生管理长效机制，要求城市卫生达到省级以上卫生城市标准。为保障城镇居民饮用水安全，海南省在水源地监测保护、污水处理和配套管网建设、饮用水净化等方面做了大量的工作。2007年后，海南省积极贯彻《生活饮用水卫生标准》（GB 5749—2006），对42项常规指标进行监测，对建设工程中供水水质达不到42项常规指标的不予验收，并要求整改合格后才能投入使用。2008年，海南省政府发布并实施《海南省城镇污水处理费征收使用管理办法》，对全省县城及经济开发区以上地区全面开征污水、垃圾处理费。

（3）加快建设城市绿化工程。海南省人民代表大会常务委员会2008年9月19日颁布《海南省城镇园林绿化条例》。海南省城市绿化以海南热带乡土乔木为主，形成乔、灌、地被多物种结合的绿化格局，城市新区的绿地面积应占总用地的35%以上，旧城区改造要留足绿化用地，重点建设一批园林绿化精品示范工程。

（4）积极推进城市美化工程。结合城市的自然环境和历史文化特点，开展城市景观设计，合理布局和建设公用建筑、人居建筑及相关的标志性建筑和城市公园等公益设施，规范户外广告、路灯、停车场等兼具实用和美观功能的公用设施建设，营造美观和谐的热带城市特色景观。

3. 建设文明生态集镇

2005年开展以下生态文明集镇的创建工作。①大力推进建设具有和谐优美人居环境、民风淳朴、实行绿色生产和绿色消费的文明生态集镇。按照全省城镇规划和文明生态集镇的总体要求，从重点集镇开始，明确功能定位和方向，紧密结合本地实际和特点，加快镇区基础设施建设，提高集镇管理水平，提高居民的精神文明素质和环境意识。②加快完善集镇基础设施建设。统筹集镇建设资金，突出重点，分步实施，加快建设和完善集镇道路交通、农贸市场、供电供水、中小学校和文体设施等基础设施，为集镇居民创造舒适方便的生活条件。③大力实施集镇净化工程。把治理“脏、乱、差”作为改善集镇环境的一项重要举措来抓，严格清理乱搭、乱建、乱占，使集镇环境整洁有序；建设符合海南省集镇实际、低投入高效益的小型污水处理和垃圾处置设施，对集镇生活污水进行集中处理，对生活垃圾实行定点收集、集中转运，净化集镇环境。④加快推进集镇绿化工程。在镇边、路边和房前屋后大力种植乡土林木，栽花种草。文明生态集镇的绿化率要达到40%以上，逐步建成“林在镇中、镇在林中”的绿色集镇环境。2009年，海口市美兰区大致坡镇、三亚市田独镇、文昌市文教镇、万宁市龙滚镇、临高县南宝镇5个乡镇获得首批“海南省文明生态集镇”称号。

4. 建设文明生态村

海南省于2000年开始创建文明生态村的探索，也是在全国率先开展文明生态村创建的省份。海南省开展了以“优化生态环境、发展生态经济、培育生态文化”为主题的创建文明生态村的活动，把农村文明生态村创建作为生态省建设的有效载体和有力抓手。继2000年在海口市琼山区的5个自然村开展创建试点工作后，2002年开始，海南省在全省范围内持续进行文明生态村建设。主要做法：①健全文明生态村建设强有力的组织体系。海南省形成了一把手亲自抓、党委政府一起抓、相关部门协助抓、职能部门具体抓、包点单位直接抓、农村基层组织重点抓的“六抓”组织领导机制。②因地制宜推进文明生态村建设。海南省始终要求各市、县、乡镇制定的文明生态村标准一定要根据当地自然条件、区位特点和发展水平，从实际出发，因地制宜，不搞统一的标准和模式。③综合整治农村环境。不断加大农村环境保护投入，建立污水处理厂、垃圾收集转运等硬件设施，推广污染治理技术，对农村污染企业进行环境监管。④把发展生态经济作为文明生态村建设的核心。海南文明生态村的创建以发展经济为中心，提出了把经济发展和生态优化融为一体，因地制宜，大力发展无疫区、无公害热带高效农业和循环经济的产业发展思路。海南省委省政府连续5年召开6次文明生态村建设现场经验交流会。每次交流会，省委省政府主要领导都到会讲话，总结前阶段工作，推广先进经验，部署下阶段工作。2006年3月31日，海南省委省政府出台了《关于推进社会主义新农村建设的实施意见》，明确将文明生态村创建纳入新农村建设的总体布局，并作为新农村建设的综合载体。这标志着海南省已经步入了以文明生态村创建推进新农村建设，以新农村建设深化文明生态村创建的发展新阶段。2006 年 5 月，琼海市共建万泉河文明生态村长廊启动。2007 年，海南省党代会报告强调了文明生态村创建，并提出了经过 3～5 年努力，力争全省 1/2 以上自然村建成文明生态村的创建目标。由此，海南省文明生态村创建经过试点、推广、综合创建等发展阶段，范围不断扩大、内容逐步丰富、水平日渐提高，走上了持续、健康的发展道路。

5. 创建和推广文明生态社区

在生态省建设过程中，海南省创建具有美观和谐人居环境、居民具有较高文明素质和生态意识的文明生态社区，促进城镇的可持续发展。要求城镇社区建设功能齐全、布局合理的基础设施，满足居民对居住、教育、安全和社交、休闲、娱乐等功能的需求，为居民提供便捷的生活服务；大力开展净化、绿化和美化工程，开展户外环境与建筑附着物的整治，倡导庭院绿化、建筑物垂直绿化和屋顶绿化，为居民创造优美的居住环境；以节庆、社区活动中心、家庭等为载体，开展形式多样、生动活泼的社区教育、环保科普和文体活动，提倡节约能源、资源，倡导绿色文明消费，为居民营造积极向上的文明风尚和生态文化氛围。2004 年，海南省创建文明社区先进单位的有海口市美兰区人民路街道新利社区居委会、三亚市河西区南海社区居委会等 8 个社区居委会。2008 年，全年创建 1 个国家级绿色社区、2 家绿色旅游酒店、10 个省级绿色社区和 24 个省级绿色学校，加强了 5 个生态旅游区基础旅游设施建设（海南省国土环境资源厅，2009）。

（六）培育生态文化

（1）建立公民生态意识与生态法制教育体系。2005 年，组织开展“安全文明生态学校”的创建活动和各种形式的生态文化活动，广大干部群众特别是青少年学生的生态环境意识进一步提高。加强生物多样性保护。组织开展国际生物多样性日以“生物多样性，适应世界变化的生物保障”为主题的一系列宣传活动。严厉打击乱砍滥伐野生植物和乱捕滥猎食用野生动物的行为，开展了珊瑚礁保护联合行动和鸟类保护专项行动。开展全省自然保护区专项执法检查。

（2）开展生态科学知识和生态法律、法规知识普及活动。2006 年，开展海南岛重点区域的珊瑚礁资源调查，加强珊瑚礁保护宣传教育，加大对破坏珊瑚礁等海洋资源行为的查处力度，有效防范了挖、卖、烧珊瑚现象的死灰复燃。

（3）营造促进生态省建设的社会氛围。2001 年海南省生态文化研究会成立。在中共海南省委宣传部等相关部门的组织和支持下，海南省生态文化研究会发起创办中国（海南）生态文化论坛。2002～2007 年，海南省生态文化研究会共举办三届中国（海南）生态文化论坛。每届论坛都取得了许多积极成果，社会反响也很大。2004 年，《海南生态省建设年鉴》（首卷）出版。2009 年，海南加强生态文化建设，组织开展生态省建设十周年系列活动，成功举办“海南生态省十周年成果展”、“关注鸟类、保护自然”保护野生动植物宣传教育活动、海南生态省建设十周年宣传月活动等，宣传生态省建设十年成就。

（4）建立完善公众参与机制。2007 年，绿色 GDP 核算体系研究工作取得阶段性成果，为全面落实科学发展观和政绩观打下了坚实的基础。组织开展“生态文化进校园”、“珍惜资源”征文比赛、“污染减排与环境友好型社会”论坛等系列生态环保活动，进一步提高广大群众环境保护意识。创建了一批文明生态学校、文明生态企业、文明生态家庭等示范单位，在全社会树立建设生态省、促进可持续发展的共同信念。倡导节水、节能、消费绿色食品、选用环保产品等绿色消费行为，组织义务植树造林、环保义务劳动、志愿者行动和为生态省建设献计献策等活动，拓展公众参与生态省建设的途径。实行环境质量公告制度，建立生态破坏和环境污染案件举报系统，开展建设项目环保听证等，保障公众对环境保护的知情权、监督权和参与权。例如，举办关于生态省建设的主题活动、电视知识竞赛，召开研讨会等。

二、海南生态省生态文明建设的主要成就

（一）找到了一条符合海南省实际情况的发展道路

海南省是一个热带岛屿省份，拥有世界一流的生态环境、丰富的生态旅游资源和独特的民族文化。海南岛作为一个独立的地理单元，生态系统比较脆弱，一旦遭受破坏就难以恢复。建省以前，海南一直被定位为国防前线，着力开展国防建设，并注重国家战略物资储备供应，国家对海南经济社会发展的直接投资较少、开发强度不高，产业水平低、基础设施建设落后，物质总量少。海南省由于后发的原因得以在我国因高速工业化而日趋严峻的环境污染形势下，保留了一方难得的净土。随着全球经济发展加快，世界范围内环境压力越来越大，海南省的生态环境更显得十分珍贵。如果不能正确处理好环境保护和经济建设的关系，将会对海南省长远的发展造成灾难性的影响。如何实现经济社会发展与环境资源保护协调良性互动，推动这一方净土的快速健康发展，成为海南省迫在眉睫、亟须解决的问题。

经过多年的探索和研究，海南人意识到海南省是一个后发展地区，工业起步晚，环境质量好。良好的生态环境是海南省最大的优势，可以带动其他相关产业发展，将劣势转化为跨越式的可持续发展的优势。保护好海南省的生态环境，就是保护了海南省生存和可持续发展的生命线。1999 年海南省通过立法，赋予了建设生态省的法律地位，实施生态省建设。同年 3 月 30 日，国家环境保护总局批复

同意海南省为全国生态建设示范省，由此海南省成为全国第一个生态示范省。

随着生态省建设的持续深入，2007 年 4 月，中共海南省第五次代表大会决定实施“生态立省”战略，对“生态立省”战略作了明确部署，进一步提升和丰富了生态省建设的内涵。全省上下进一步达成共识：海南省未来真正能给中国发展做出贡献的将是独特的、不可替代的生态环境，决不能以牺牲环境为代价换取一时的经济繁荣。随后，海南省委省政府始终坚持通过生态省建设，不断促进经济发展生态化，没有简单地追求账面 GDP 增长和眼前的政绩，而是踏踏实实地耐心培育能够长远持续发展的、健康合理的产业结构，提出要实现海南省的“绿色崛起”。

通过生态省建设，全省上下深化了对海南省情的认识。时任海南省委书记卫留成表示，任何时候，任何情况下，海南省都不能以牺牲环境为代价换取暂时的经济快速发展，海南省不能走，也走不起“先发展，后治理”的老路，必须始终把生态环境保护和建设放在经济社会发展的全局的首位。时任海南省省长罗保铭表示，保护好生态环境是海南发展的生命线和最大本钱，但做好保护这篇文章首先还是要发展，没有发展的保护是低水平的保护。1998～2009 年，海南省用发展积累的财力反哺生态、反哺民生，实施了防治污染与生态环境保护重点工程，赢得了百姓的真心拥护。生态省建设已经成为海南省实现自然经济社会可持续发展的有效载体，保护好、建设好海南良好的生态环境已经成为全省人民的广泛共识和自觉行动。

“实践表明，建设生态省，是作为后发展地区的海南谋求高起点经济发展、迅速实现经济腾飞的大胆创新。”时任海南省国土环境资源厅厅长、省生态办主任严之尧说，海南省经济速度、排放强度、环境质量等数据表明，生态省建设已取得明显成效，基本解决了发展与保护的矛盾，初步实现了保护与发展的双赢，进入了以环境优化经济增长的发展阶段。

因此，实施生态省建设符合海南省省情，符合时代潮流，促进了海南省走上一条生产发展、生活富裕、生态良好的文明发展道路。

（二）海南生态省模式，引领全国发展

继海南省之后，全国目前已有 16 个省（区、市）开展了生态省（区、市）建设，海南生态省模式在全国范围内得到了复制。原环境保护部副部长吴晓青高度评价了海南生态省建设成就：海南的星星之火，正在全国形成燎原之势，海南在全国带了好头，生态省战略为中国在省域范围内实施可持续发展提供了一条有效的途径。可持续发展的主要内容包括经济发展、社会进步和环境保护 3 个方面。发展经济是可持续发展的基本前提，环境保护是必然要求，社会进步是最终目标。生态省建设将三者有机结合起来，总体规划，统筹布局，统一推动，为现阶段、现有条件下实施可持续发展找到了一种最佳实现形式，为在省域或更大范围内避免“先污染，后治理，先破坏，后恢复”的传统发展模式提供了一种崭新的发展理念和发展模式。海南生态省建设具有重大的战略意义，不仅有效地解决了在发

展中保护生态环境的问题，而且率先在全国走出了一条有海南特色的建设生态文明的新路，即在发展中促进人与自然和谐，实现经济发展与生态环境保护双赢，破解了经济发展与生态环境保护两难的发展难题，这不仅对增强新阶段海南省的核心竞争力，推进生态文明建设起到至关重要的作用，也对全国生态文明建设产生重要的示范、引领和推动作用。

（三）建立健全了海南生态省建设的有效机制

海南省建立的生态省建设有效机制，一是以地方性法规形式确定生态省建设；二是健全生态省建设法规体系；三是完善生态省建设落实机制。这 3 个方面为海南生态省建设提供了强有力的法规保障、组织保障和机制保障。

生态省建设后，海南省还积极探索先进的管理理念。2004 年 8 月，《海南省红树林保护规定》《海南省矿产资源管理条例》第一次修正，自 2004 年 9 月 1 日起施行。2008 年海南省政府批准实施了《海南省人民政府关于建立完善中部山区生态补偿机制的试行办法》，重点加强对自然保护区、生态功能保护区、生态公益林和天然林的保护力度，通过财政转移支持、免费异地教育、生态移民等方式对海南省中部为生态保护做出贡献和牺牲发展商机的区域进行生态补偿，促进其可持续发展。2008 年中央财政设立了生态保护区转移支付，将海南省白沙县、琼中县和保亭县等 3 个县纳入补助范围。

（四）基本完成了海南生态省建设的预期目标

海南生态省建设的预期目标与实际完成指标对照见表 3-4。

表 3-4　生态省建设阶段主要指标预期目标与实际完成情况对照

指标		1998 年实际	2005 年规划	2005 年实际	2010 年规划	2010 年实际
经济发展水平指标	全省人均生产总值/元	6 022	≥10 200	11 165	≥15 000	23 831
	农民人均纯收入/元	1 966	≥3 000	3 004	≥4 300	5 275
	城镇居民人均可支配收入/元	4 853	≥8 300	8 124	≥11 800	15 581
经济增长方式指标	万元工业增加值能耗/（吨标煤/万元）	7.3	≤3.9	2.63	≤2.4	1.70
	万元工业增加值水耗/（米^3/万元）	664	≤300	203	≤260	135.4
	万元工业增加值 SO_2 排放量/（千克/万元）	36.2	≤18	12.34	≤15	7.31
	万元工业增加值 COD 排放量/（千克/万元）	58.3	≤10	6.67	≤8	3.17
	清洁能源占一次能源比例/%	26	≥45	62.63	≥50	56.34

续表

指标		1998年实际	2005年规划	2005年实际	2010年规划	2010年实际
生态环境质量指标	森林覆盖率/%	50.9	≥55	55.5	≥60	60.2
	生态公益林覆盖率/%	25.3	≥25.7	22.8	≥26	26.5
	退化土地（水土流失、沙化、采矿破坏）恢复率/%	8	≥20		≥50	
	主要城市空气质量	一级	一级	一级	一级	一级
	主要城镇噪声功能区达标率/%	80	≥80	54.5	≥85	86.1
	主要江河湖库水质达标率/%	87	≥88	90	≥90	90
	近岸海域水环境质量达标率/%	60	≥90	86.4	≥92	91.1
	城镇生活污水集中处理率/%	23	≥46	43.3	≥60	70
	城镇生活垃圾无害化处理率/%	0	≥30	56.8	≥70	86
生活质量指标	农村饮用水达标率/%	50	≥60	63.3	≥70	63.3
	无公害瓜果菜基地占总种植面积比例/%	0	≥36	32	≥50	50
	城镇人均公共绿地面积/平方米	6.8	≥8	11.2	≥12	12
	城镇人均居住面积/平方米	18.3	≥24.2	21.1	≥28.2	28.88
	农村人均居住面积/平方米	19.2	≥19.6	21.82	≥20.5	24.74
	农村卫生厕所普及率/%	28.52	≥55	52.83	≥63	68.83
社会进步指标	人口自然增长率/‰	12.95	≤9.0	8.93	≤8.3	8.9
	人均期望寿命/岁	72.3	≥72.9	73	≥73.2	74
	中小学、幼儿园生态教育普及率/%	20	≥85	86	≥95	99
	文明生态村占自然村总数比例/%	—	≥24	22.76	≥50	49.5

注：此表及数据引自《海南生态省建设规划纲要》，2005年和2010年实际数据来源于调查数据。

从表3-4可知，2005年的生态省建设指标中，没有达标的指标有城镇居民人均可支配收入、生态公益林覆盖率、主要城镇噪声功能区达标率、近岸海域水环境质量达标率、城镇生活污水集中处理率、无公害瓜果菜基地占总种植面积比例、城镇人均居住面积、农村卫生厕所普及率、文明生态村占自然村总数比例等9项，占总数27项的1/3。2010年没有达标的指标有近岸海域水环境质量达标率、农村饮用水达标率、人口自然增长率、文明生态村占自然村总数比例等4项（文明生态村仅差0.5个百分点），占总数27项的14.8%。以上表明海南生态省建设2010年比2005年有了很大的进步，2010年主要的环境问题是近岸海域和农村饮用水的污染。

（五）促进了经济建设和环境保护的和谐发展

《海南生态省建设规划纲要》指出：海南生态省建设的实质，就是“以科学发展观为指导，以加快经济发展为主题，以协调发展为根本要求，以提高人民群众生活环境质量和生活水平为出发点，以改革创新为动力，努力打造体制、产业和环境三大优势，加快发展生态经济体系，在发展中解决环境问题，统筹人与自然和谐发展，处理好经济建设、人口增长与资源利用、生态环境保护的关系，促进全省走上生产发展、生活富裕、生态良好的文明发展道路，实现经济社会全面、协调、可持续发展”。

在海南生态省建设中，经济得到较快的发展，产业结构得到优化。全省地区生产总值从 1998 年的 438.92 亿元增长到 2009 年的 1 646.60 亿元，第一产业增加值从 164.00 亿元增长到 461.93 亿元；第二产业增加值从 90.63 亿元增长到 443.43 亿元；第三产业增加值从 184.29 亿元增长到 741.24 亿元。三次产业结构比例从 1998 年的 37.36∶20.65∶41.99 调整为 2009 年的 28.05∶26.93∶45.02。第二、第三产业得到较快发展。按常住人口计算，人均生产总值 19 166 元；按当年平均汇率折算，人均生产总值达到 2 805 美元，向着全面建成小康社会目标稳健迈进。地方财政收入实现较快增长。2009 年全省全口径一般预算收入 376.4 亿元，比 2008 年增长 18.7%，高于 GDP 7 个百分点。接待旅游过夜人数从 1998 年的 855.97 万人次增长到 2009 年的 2 250.33 万人次，旅游总收入从 1998 年的 66.96 亿元增长到 2009 年的 211.72 亿元（海南省统计局，1999，2010）。

在经济快速发展的同时，海南省全省环境质量总体优良，继续保持全国领先水平，环境保护和生态文明建设也快速发展。2009 年全省环境空气质量优良，总体保持一级水平，优良天数达到 100%。监测城市（镇）环境空气质量总体优良。绝大多数城市（镇）环境空气质量达到国家一级水平，仅昌江县石碌镇、白沙县牙叉镇受可吸入颗粒物影响，为国家二级水平。2009 年全省河流水质总体优良，82.8%的监测河段水质达到或优于国家地表水III类标准，88.9%的监测湖库水质达到或优于国家地表水III类标准，监测的 24 个县城以上城市（镇）集中式饮用水地表水源地水质绝大多数达到或优于国家地表水III类标准，符合集中式生活饮用水地表水源地水质要求。海南岛近岸海域一、二类海水占 86.7%。地下水水位表现为基本稳定—上升趋势，水质总体良好。2009 年全省工业固体废物综合利用率为 83.6%，全省城市（镇）生活垃圾无害化处理率达 52.3%，新建生活垃圾处理项目 16 个，全省垃圾无害化处理能力达 70%，全省医疗废物集中焚烧处理率为 85%。截至 2009 年底，累计建成城镇污水处理设施 13 个，在建城镇污水处理设施项目 15 个，全省城市（镇）污水处理率为 55.0%。全省节能减排工作取得较大进展，单位能耗下降 2.78%。全省植被覆盖度高，森林面积达 200.73 万公顷，森林蓄积量达 1.22 亿立方米，森林覆盖率达 59.2%，实现了环岛海防林带基本合拢。生物多样性保持丰富状态，土地退化程度相对较低，污染负荷较小，18 个市（县）的生态环境状况指数等级均为优良。海岸带生态系统基本平衡，海岸线基本稳定（海南省国土环境资源厅，2010）。

（六）创建了生态文明示范系列工程

1999～2009 年，海南省积极推进生态文明示范系列工程建设，取得了显著成就。1999 年，三亚市和海口市被列为国家首批“中国优秀旅游城市”。2000 年，三亚市被命名为国家级生态示范区，海口市、三亚市、儋州市、琼山区获评卫生先进城市，海口市获评全国造林绿化十佳城市，白沙县被列入全国生态环境建设综合治理示范县。2000 年 11 月，海南省委省政府批准将海口市、琼山区、琼海市、通什市（今五指山市）和儋州市列为省级首批生态示范市（县）建设试点，三亚市直接列入省级生态示范市。2003 年，儋州市获评中国园林绿化先进城市，三亚市还获评中国人居环境奖。2005 年，海口市获评国家级节水城市。2007 年，文昌市被授予全国绿化模范市，儋州市获绿色小康县市称号，澄迈县获中国最佳休闲旅游县，海口市被列为国家历史文化名城，保亭县县城被评为国家卫生镇（县城）。海口市和三亚市多次获得全国卫生先进城市、国家园林城市、中国优秀旅游城市、国家环保模范城市等称号。2005 年，琼中县湾岭镇荣获全国环境优美乡镇。2006 年，琼海市博鳌镇荣获全国环境优美乡镇。2009 年，琼海市市长坡镇文屯村获得国家生态村称号，琼中县红毛镇什寒村和白沙县元门乡元门村获得“全国生态文化村”称号。海南文明生态村不仅带动了当地经济发展，而且改善了生态环境，提高了人民的文明程度，成为生态省建设的主要成效之一。

到 2009 年，海南省积极推进海口市、三亚市、五指山市、琼海市、儋州市 5 个生态市创建，建立省级文明生态集镇 5 个；对 75 个文明生态镇进行环境整治和植树绿化。新增文明生态村 1 315 个，全省累计文明生态村 10 501 个，占全省自然村总数的 45.4%。创建“小康环保示范村”43 个，全省累计建成省级小康环保示范村 65 个。三亚市成为海南省首个国家卫生城市。2009 年，全省城市（县城）建成区绿地率 32.7%，绿化覆盖率 38.58%，人均公园绿地面积 9.64 平方米。截至 2009 年底，全省共有自然保护区 53 个，其中国家级自然保护区 9 个，省级自然保护区 24 个（海南省国土环境资源厅，2010）。

三、海南生态省生态文明建设的主要问题

（一）经济发展水平不高，生态经济有待扩大

海南省仍属于经济欠发达地区，财政收入总量较小，难以对生态省建设提供足够的资金支持。建设生态省后，海南省虽然积极探索发展各类生态型产业，但是总体上，海南省生态经济规模偏小，覆盖的产业门类少。在发展循环经济方面，存在着行业少的问题，有待于进一步增加行业类型。由于国家下达给海南省的总量指标很小，COD 和 SO_2 减排空间有限，减排压力很大。

（二）环境污染依然存在，生态破坏问题较多

在海洋生态圈，近海过度捕捞、炸鱼炸礁现象时有发生，造成近海渔业资源衰减，多种传统经济鱼类难以形成鱼汛。在海岸生态圈，炸礁挖礁等行为使一些岸段受到不同程度的破坏，乱砍滥伐造成红树林面积减少，导致珊瑚礁和红树林的护岸阻浪功能下降，部分生物栖息环境受到破坏；农村污水和垃圾污染问题没有得到根本解决，广大乡村群众饮水安全得不到保障；部分近岸海域受到未经处理的养殖废水、城镇生活污水和船舶废水的污染，局部近岸海水水质下降；局部海岸地区出现盐碱化和荒漠化。在沿海台地生态圈，制糖、橡胶加工等传统工业对周围环境造成一定影响；大部分城镇生活废水未经处理直接排入河流，影响城镇河段水质；农业面源污染成为影响地表水质的主要原因；土地沙化有加重趋势；湖泊、河道、湿地被占用导致排涝泄洪功能下降；部分地区水土流失严重，土地地力有所下降。在中部山地生态区，过度采伐和毁林开垦使原始森林遭受破坏，森林质量降低，水源涵养、水土保持、调节气候和净化环境等生态服务功能下降，局部地区水土流失和土壤退化的趋势没有得到有效遏制，主要城镇工业和生活污染影响水源安全（海南省人民代表大会常务委员会，2005）。2000 年以来，海南岛大地广泛种植纸浆林——桉树和马占相思树，纸浆林有时也称为经济林，甚至在鹦哥岭自然保护区种植纸浆林。由于不恰当的扶贫和农业开发活动，中南部地区约 10%的天然植被已转化为人工林，主要是纸浆林和橡胶林，海南省中部山区天然林面积减少，严重破坏了中部山区和海南岛的生态环境。

（三）人居环境水平较低，生态村创建还不够

由于城乡人居环境建设规划滞后，投入不足，生活污水、生活垃圾的处理率还存在一定差距，海南省城乡人居环境建设的总体水平不高。城镇的生活污水和生活垃圾污染问题仍然没有全面解决。在广大农村，文明生态村覆盖面目前还不高，有些地方的建设水平也相对较低。集镇和城市的文明生态村创建还没有全面展开，城乡人居环境的脏乱差还没有得到全面有效的治理。

（四）生态意识尚未普及，发展理念有待提升

由于可持续发展观念不强，决策失误而破坏生态、污染环境的事件还时有发生。仍有一些企业缺乏保护生态环境的意识，单纯追求经济效益，采用粗放型生产方式导致生态破坏和环境污染。在社会生活中，不注意节约资源、不自觉保护环境等不文明行为还大量存在。

（五）深层次问题未突破，长效机制还需完善

建设生态省后，海南省相继出台了多项生态省建设相关的法规和规范性文件，但尚缺乏硬约束的生态省建设激励机制，有的市（县）没有编制生态市（县）创建规划，生态省建设工作中的一些深层次问题还没有得到实质性解决。从考核机制来看，对领导干部政绩考核和对市（县）经济社会发展考核与生态省建设没有挂钩，科学的实绩考核制度有待建立。从投资机制来看，需要形成一整套的经济政策鼓励支持生态省建设，面对生态省建设对大量资金投入的需要，海南省的公共财政支出结构如何进一步建立和完善还需要破题。

四、海南生态省生态文明建设的主要经验

海南生态省建设引起了全国各地的密切关注。20 年来，已有多批其他省份的考察团赴海南省考察和调研，学习海南生态省建设的做法和经验。纵观海南省 20 年生态省建设的实践和成果，其生态省建设的主要经验如下。

（一）统一思想认识，形成强大合力是生态省建设的重要基础

海南省通过全省各个层面的宣传、教育，让广大干部群众充分认识到开展生态省建设是落实科学发展观、建设资源节约型、环境友好型社会的根本要求，是全面建成小康社会的内在需要，是增强区域竞争力的重要因素，是关系全局、关系长远发展的大事，是功在当代、利在千秋的伟业。在统一思想形成共识的基础上，形成了生态省建设的强大合力。

（二）完善的法律、规章、制度、规划体系，是重要的法规保证

为确保生态建设规范、有序、健康发展，在切实加强国家和地方现有法律法规执行力度的同时，在《生态省建设规划纲要》框架下，海南省先后制定出台了一系列生态环境保护法规和规范性文件，逐步建立起生态省建设的法制保障体系，保证生态省建设有法可依、依法推进。各个市（县）也陆续编制生态市（县）建设规划。

（三）相互协调、上下联动的组织体系是生态省建设的有效体制支撑

生态省建设涉及方方面面，为了加强部门间和市县间的协调工作，海南省委省政府建立了生态省建设联席会议制度，31 个主要职能部门为联席会议成员单位，并明确了每个部门的责任。各个市（县）也建立了完善的组织体系，从而形成全省上下联动、共同参与生态省建设的局面。

（四）坚持生态立省战略是生态省建设的基本原则

坚持生态立省战略是建设生态省的基本原则和基本经验。生态立省战略要求在处理经济发展与环境保护的关系时坚持生态优先原则，追求绿色经济效益最大化。当经济发展与生态环境保护发生冲突时，要服从生态环境保护的要求；当经济效益与生态效益发生冲突时，就要舍弃眼前的经济效益（王明初，2018）。在重大发展战略、决策层面上把环境保护纳入经济社会发展之中，在产业发展、区域规划、项目建设等各个环节，都始终贯穿保护环境、节约资源与发展经济共同推进的理念，这就保证了生态省建设具有持久的生命力。2009 年海南地区生产总值、人均生产总值、地方财政收入分别比 1998 年增长 2.75 倍、2.26 倍、5.19 倍（海南统计局，1999，2010），但人们还普遍感觉发展慢了。这里所谓的“慢”，在很大程度上是因为坚持生态立省、环境优先。

（五）构建社会主义和谐社会是生态省建设的目标

社会主义和谐社会，不仅是人与人和谐，而且是人与自然的和谐。没有人与自然的和谐共处，人与人之间不可能实现真正的、持久的和谐，人们将失去家园，中华民族将失去发展的根基。因此，实现人与自然的和谐共处，增强可持续发展的能力，是构建社会主义和谐社会的前提和基础，是关系中华民族生存和长远发展的根本大计。生态省建设就是以资源环境承载力为基础，遵循自然规律和经济规律，努力实现经济社会与资源环境的协调发展，其内涵体现了社会主义和谐社会的本质要求，是构建社会主义和谐社会的重要实践。

（六）依托环境与资源优势，促进生态产业发展是生态省建设的主要任务

围绕“经济发展”这个中心，紧密依托海南省优良的生态环境质量和丰富的资源优势发展相关产业，并在发展过程中妥善解决环境问题。大力发展生态旅游业，制定高水准的发展规划，加强景区的生态环境建设；全面推行无公害农业、绿色农业，在全省范围内建设无规定动物疫病区示范区，推广集约化生态养殖模式；大力发展新兴工业，通过实施并巩固“一控双达标”，改造、淘汰污染型工业，按照“两控”（即把有限的污染源控制在限定区域内，把主要污染物排放总量控制在规定的限额内）和“三不”原则，以确保区域生态安全和环境质量为前提，集中布局集约型资源加工业。

（七）文明生态村建设是生态省建设的重要抓手，是社会主义新农村综合创建的载体

生态省建设促进了文明生态村的诞生，文明生态村的建设成果加快了生态省

建设的步伐。海南省是农业省，海南省新农村建设的成果决定着生态省建设的成败。海南省全面开展了以“优化生态环境、发展生态经济、培育生态文化”为主题的创建文明生态村的活动，使农村的面貌发生了深刻的变化。海南省在改善农村环境面貌的过程中提高农民生活质量，在服务农民群众的过程中提高农民的思想道德素质。海南省的做法和经验，既为当地农村精神文明建设探索了一条新路子，也为全国农村精神文明建设提供了借鉴和启发，得到了中央有关部门的肯定和表扬。2000 年海南省启动的文明生态村建设活动，如今已被公认为社会主义新农村建设的样板之一，成了海南省一张靓丽的名片。这一创举真正实现了“文明”内涵和“生态”内涵融为一体。中国工程院院士李文华说：“人与自然和谐在海南文明生态村里得以体现。”（侯小健，2009）

（八）推进各类创建活动，加强典型示范

从抓示范入手，以各类示范工程、示范项目带动生态省建设。海南省首先确定了海口市、三亚市、琼海市、儋州市、五指山市 5 个市为第一批生态示范市。结合全省小城镇建设，开展生态示范乡镇创建工作；结合工业、农业、旅游业结构调整，确立了一批生态产业示范工程和传统产业生态转型；结合农村改水改厕、民房改造、沼气池建设、环境卫生整治、发展农村特色经济、精神文明建设等，在农村全面开展文明生态村创建工作。各种类型的示范区域和示范项目为生态省建设积累了宝贵经验，起到了很好的示范带动作用（杨中华，2004）。

第三节 全国生态文明建设示范区阶段

2007 年，我国进入从外需拉动为主向内需扩张为主的转型阶段，新一轮改革开放的大潮汹涌而来。作为全国唯一的省级经济特区，海南省如何在全国大局中准确定位、开拓新的发展空间？海南省委省政府重新审视海南省在全国改革发展大局中的优势和地位，对未来的发展道路有了更加清晰的认识：海南省农业具有优势和特色，需要长期重视和稳定发展，但单靠农业不足以支持海南省的现代化；工业需要适度发展，但无论是在总体规模、产业选择还是区域布局上，海南省工业发展都受到很大限制；保护好生态环境，加快发展旅游业，以旅游业为龙头带动现代服务业的发展，是实现海南省长期可持续发展的根本出路。基于对省情的准确判断，2007 年 4 月 26 日，海南省第五次党代会提出：旅游业是能够最大限度保持和发挥海南省生态环境优势的特色产业；建设以旅游开放为主要内容的综合改革试验区，既是再创海南特区新优势的重要突破口，又是支撑海南省长远发展的战略需要；要以建设国际旅游岛为载体，全面提升旅游开发水平。海南省第五次党代会正式提出了建设国际旅游岛。2009 年 1 月，海南省政府向国务院上报了《关于海南国际旅游岛建设有关问题的请示》。2009 年 12 月 31 日，国务院出台了《国务院关于推进海南国际旅游岛建设发展的若干意见》，正式对“海南国际旅游岛”发展目标做了批复，明确把“全国生态文明建设示范区”作为海南省六大重要战略定位之一，要求海南省创建全国生态文明建设示范区。以此为标志，海南国际旅游岛战略从构思变成现实，从地方决策上升为国家战略。海南省迎来了继建省办经济特区后的又一次重大历史机遇，步入新一轮改革发展的历史阶段。2010 年 6 月，海南国际旅游岛建设领导小组办公室编制了《海南国际旅游岛建设发展规划纲要（2010—2020）》。

海南国际旅游岛建设以来，海南省围绕海南与全国同步建成小康社会、基本建成国际旅游岛、谱写美丽中国的海南篇章等“三大目标”和努力将海南建设成为全省人民的幸福家园、中华民族的四季花园、中外游客的度假天堂等“三大愿景”，大力推进生态文明建设。

一、全国生态文明建设示范区的主要做法

（一）建设生态制度

1. 完善法规体系

2010～2017 年，海南省颁布的主要生态文明建设法规和政府规章（表 3-5）达 105 项，内容涵盖了森林、土地、矿产、海洋、水资源保护、城乡建设、旅游发展和流域生态环境保护、节能减排、污染防治等方面，进一步丰富和完善了海南建省以来的资源环境保护法规和规章，形成了比较全面的国际旅游岛建设法规体系，为全国生态文明建设示范区建设提供了法律保障。2015 年、2016 年、2017 年所颁布的有关生态文明建设法规和政府规章分别为 13 项、21 项、32 项，表明制定和实施生态文明建设法律制度的力度逐年增大。

表 3-5　2010～2017 年海南国际旅游岛的主要生态文明建设法规和政府规章

年份	法规名称	发布或批准单位
2010	海南经济特区水条例修正案	海南省人大常委会
	洋浦经济开发区条例	海南省人大常委会
	海南国际旅游岛建设发展规划纲要（2010—2020）	国家发改委、海南省人民政府
	海南经济特区农药管理若干规定	海南省人大常委会
2011	海南省旅游景区景点管理规定	海南省人大常委会
	海南国际旅游岛建设发展条例	海南省人大常委会
	海南经济特区导游人员管理规定	海南省人大常委会
	海南经济特区旅行社管理规定	海南省人大常委会

续表

年份	法规名称	发布或批准单位
2011	海南省旅游景区景点管理规定	海南省人大常委会
	昌江黎族自治县特定林木保护管理条例	海南省人大常委会
	海南省红树林保护规定	海南省人大常委会
	海口市城市绿线管理办法	海南省人大常委会
	海南省城乡容貌和环境卫生管理条例	海南省人大常委会
2012	海南经济特区道路旅游客运管理若干规定	海南省人大常委会
	海南经济特区旅馆业管理规定	海南省人大常委会
	海南省人民代表大会常务委员会关于坚持科学发展、实现绿色崛起 全面加快海南国际旅游岛建设的决议	海南省人大常委会
	海南省无规定动物疫病区管理条例（修订）	海南省人大常委会
	海南省环境保护条例	海南省人大常委会
	海南省人民政府关于海南省海洋环境保护规划（2011—2020年）的批复	海南省人民政府
	海南省矿产资源管理条例（修改）	海南省人大常委会
	海南省少数民族文化保护与开发条例	海南省人大常委会
	海南经济特区森林旅游资源保护和开发规定	海南省人大常委会
	海南省人民政府关于调整并公布海南省省级非物质文化遗产代表性项目名录的通知	海南省人民政府
2013	海南经济特区海岸带保护与开发管理规定	海南省人大常委会
	海南省农产品质量安全条例	海南省人大常委会
	海口国家高新技术产业开发区条例	海南省人大常委会
	海南经济特区海岸带保护与开发管理规定	海南省人大常委会
	海南省饮用水水源保护条例	海南省人大常委会
	海南省古树名木保护管理规定	海南省人大常委会
	海南省燃气管理条例	海南省人大常委会
	海南省乡村环境卫生综合整治工作实施方案（2013—2015年）	海南省人民政府
	海南省实施《中华人民共和国渔业法》办法	海南省人大常委会
	海南省村镇规划建设管理条例	海南省人大常委会
2014	海南省大气污染防治行动计划实施细则	海南省人民政府
	海南省人民代表大会常务委员会关于修改《海南经济特区林带管理条例》的决定	海南省人大常委会
	海南省人民政府关于落实最严格耕地保护制度严守耕地保护红线的通知	海南省人民政府
	海南省人民代表大会常务委员会关于修改《海南省经济特区土地管理条例》的决定	海南省人大常委会
	海南省旅游条例	海南省人大常委会
	海南省自然保护区条例	海南省人大常委会

续表

年份	法规名称	发布或批准单位
2015	陵水黎族自治县非物质文化遗产保护条例	海南省人大常委会
	海南省人民政府关于 2014 年度节能目标责任评价考核情况的通报	海南省人民政府
	海南省森林防火条例	海南省人大常委会
	海南省海岸带保护与开发专项检查方案	海南省人民政府
	海南省城镇园林绿化条例	海南省人大常委会
	海南省人民代表大会常务委员会关于修改《海南省城镇园林绿化条例》的决定	海南省人大常委会
	海南省实施《中华人民共和国水土保持法》办法	海南省人大常委会
	海南省城镇内河（湖）水污染治理三年行动方案	海南省人民政府
	海南省人民政府关于公布第三批省级文物保护单位的通知	海南省人民政府
	海南省节约能源条例	海南省人大常委会
	海南省河道采砂管理规定	海南省人大常委会
	海南省人民政府关于加快转变农业发展方式做大做强热带特色高效农业的意见	海南省人民政府
	海南省水污染防治行动计划实施方案	海南省人民政府
2016	海南省机动车排气污染防治规定	海南省人大常委会
	海南省人民政府关于保亭黎族苗族自治县水生态文明城市建设试点实施方案的批复	海南省人民政府
	海南省推行环境污染第三方治理实施方案	海南省人民政府
	海南省人民政府关于提升旅游产业发展质量与水平的若干意见	海南省人民政府
	海南省美丽乡村建设五年行动计划（2016—2020）	海南省人民政府
	海南省人民政府关于加强房地产市场调控的通知	海南省人民政府
	海南省大气污染防治实施方案（2016—2018 年）	海南省人民政府
	海南省区域主要污染物总量控制预警管理办法	海南省人民政府
	海南省人口与计划生育条例	海南省人大常委会
	海南省人民代表大会常务委员会关于修改《海南省人口与计划生育条例》的决定	海南省人大常委会
	海南省人大常务委员会关于在海南经济特区博鳌乐城国际医疗旅游先行区等三个产业园区暂时变通实施部分法律法规规定的行政审批的决定（试行）	海南省人大常委会
	海南省人民政府关于大力推广应用新能源汽车促进生态省建设的实施意见	海南省人民政府
	海南省人民政府关于深入推进六大专项整治加强生态环境保护实施意见	海南省人民政府
	海南省人民代表大会常务委员会关于修改《海南经济特区海岸带保护与开发管理规定》的决定	海南省人大常委会
	海南省人民政府关于推进我省资源税改革的通知	海南省人民政府
	海南省林业生态修复与湿地保护专项行动实施方案	海南省人民政府

续表

年份	法规名称	发布或批准单位
2016	海南经济特区海岸带保护与开发管理实施细则	海南省人民政府
	海南省人民政府关于划定海南省生态保护红线的通告	海南省人民政府
	海南省珊瑚礁与砗磲保护规定	海南省人大常委会
	海南省人民政府关于继续落实“两个暂停”政策进一步促进房地产市场健康发展的通知	海南省人民政府
	海南省人民政府关于“十二五”和2015年度节能目标责任评价考核结果及表彰的通报	海南省人民政府
2017	海南省人民政府关于同意海南清澜红树林省级自然保护区罗豆分区范围和功能区划调整的批复	海南省人民政府
	海南省美丽乡村建设三年行动计划（2017—2019）	海南省人民政府
	海南省土壤污染防治行动计划实施方案	海南省人民政府
	海南省人民政府关于公布第五批省级非物质文化遗产代表性项目名录的通知	海南省人民政府
	海南省人民政府关于深入推进新型城镇化建设的实施意见	海南省人民政府
	海南省人民代表大会常务委员会关于在海南经济特区暂时变通实施 “五网”建设项目涉及部分法律法规规定的行政审批的决定	海南省人大常委会
	海南省“十三五”节能减排综合工作实施方案	海南省人民政府
	海南省特色产业小镇建设三年行动计划	海南省人民政府
	海南省人民代表大会常务委员会关于修改《海南省环境保护条例》的决定	海南省人大常委会
	海南省人民政府关于以发展共享农庄为抓手建设美丽乡村的指导意见	海南省人民政府
	海南省人民代表大会常务委员会关于修改《海南省城乡容貌与环境卫生管理条例》的决定	海南省人大常委会
	海南省人民政府关于进一步深化“两个暂停”政策促进房地产业平稳健康发展的意见	海南省人民政府
	海南省人民代表大会常务委员会关于修改《海南省南渡江生态环境保护规定》的决定	海南省人大常委会
	海南省人民代表大会常务委员会关于修改《海南省万泉河流域生态环境保护规定》的决定	海南省人大常委会
	海南省城镇饮用水卫生监督管理规定	海南省人民政府
	海南省木材管理办法	海南省人民政府
	海南省人民政府关于同意授予海南白沙陨石坑省级地质公园资格的批复	海南省人民政府
	海南省人民政府关于2016年度能源消耗总量和强度“双控”目标责任评价考核结果的通报	海南省人民政府
	海南省人民代表大会常务委员会关于修改《海南经济特区水条例》的决定	海南省人大常委会

续表

年份	法规名称	发布或批准单位
2017	海南省人民代表大会常务委员会关于修改《海南省松涛水库生态环境保护规定》的决定	海南省人大常委会
	海南省人民代表大会常务委员会关于海南省大气污染物和水污染物环境保护税适用税额的决定	海南省人大常委会
	海南省人民代表大会常务委员会关于修改《海南省红树林保护规定》等八件法规的决定	海南省人大常委会
	海南经济特区农药管理若干规定	海南省人大常委会
	海南省城镇园林绿化条例	海南省人大常委会
	海南省人民代表大会常务委员会关于修改《海南省红树林保护规定》的决定	海南省人大常委会
	海南省环境保护条例	海南省人大常委会
	海南省节约能源条例	海南省人大常委会
	海南省实施《中华人民共和国水土保持法》办法	海南省人大常委会
	海南省无规定动物疫病区管理条例	海南省人大常委会
	海南省饮用水水源保护条例	海南省人大常委会
	海南省水污染防治条例	海南省人大常委会
	海南省人民政府关于开展第二次全国污染源普查工作的通知	海南省人民政府

2. 健全生态制度

2010～2017 年海南在健全生态制度方面主要做了如下的工作。①实行最严格水资源管理制度考核办法。2014 年 8 月 4 日，海南省人民政府办公厅印发《海南省实行最严格水资源管理制度考核办法》，省政府对各市（县）政府落实最严格水资源管理制度情况进行考核，考核内容为各市（县）最严格水资源管理制度目标完成、制度建设和措施落实情况。②健全生态保护补偿机制。到 2011 年，生态公益林补偿力度不断加大，森林生态效益补偿标准提高到每亩每年 17 元。2016 年，海南省成为全国唯一的全省域纳入国家重点生态功能区转移支付范围的省份。2017 年，全省国家重点生态功能区生态转移支付 25.57 亿元，出台《海南省人民政府关于健全生态保护补偿机制的实施意见》，明确重点生态功能区、生态保护红线区、国家公园、森林、流域、湿地、海洋、耕地等领域的生态保护补偿工作；制订《海南省流域上下游横向生态保护补偿实施方案》，推进流域横向生态补偿机制建立。③明确生态文明建设责任。落实生态环境保护“党政同责”“一岗双责”，强化市（县）政府对辖区环境保护主体责任。④领导干部离任审计。2015 年，海南省审计机关开始实践领导干部自然资源资产离任审计工作。2016 年开始，海南省将领导干部自然资源资产离任审计写入省政府的年度工作报告。加强领导干部自然资源资产离任审计和生态环境损害责任追究，对因决策失误或失职渎职等造成生态环境损害的，进行终身责任追究，有力促进各级领导干部树立绿色发展理念和正确政绩观。⑤取消中部山区4个市（县）的GDP考核。2014年，取消中部生态核心区白沙县、琼中县、保亭县、五指山市的GDP考核，对中部市（县）实行生态保护优先的绩效评价。⑥成立省、市（县）生态环境保护机构。2015年2月，省生态环境保护厅正式挂牌成立。随后，各个市（县）相继成立生态环境保护局，实现了生态环境保护与国土资源的分开管理。⑦实行“多规合一”、创建“4+1”生态保护红线管控体系和排污许可证试点。2015年6月，中央全面深化改革领导小组明确海南省进行省域“多规合一”改革试点。2016年，积极创建生态保护红线管理规定、管理目录、绩效考核、生态补偿和监管平台的“4+1”生态保护红线管控体系，实现一条红线管控重要生态空间，全面维护海南省生态安全，促进经济社会可持续发展。2016年，实行石化、火电和造纸行业排污许可证管理制度改革试点。2017年2月，《海南省排污许可证试点管理办法》印发。同年4月7日，海南发出全国首张新版排污许可证，标志着海南省环境管理转型迈出了新步伐。⑧健全和落实生态省考核办法。制定生态省和生态市（县）、乡（镇）、村建设标准和评定考核办法，落实生态文明建设责任制。2014年，健全生态省和生态市县、乡镇、村建设标准和评定考核办法，落实生态文明建设责任制。编制《海南省生态市县建设标准》《海南省生态村创建管理办法》，修订《海南省生态文明乡镇创建管理办法》；根据海南省政府印发的《海南省生态省建设考核办法》，对全省18个市、县（不含三沙市）的2013年生态省建设情况进行考核，对获得优秀的万宁市、琼海市、三亚市、海口市进行了通报表扬。

（二）保护生态环境

1. 制定与实施环境保护规划和标准

（1）制定与实施环境保护规划。2010年，编制完成《海南省环境保护“十二五”规划》。2011年，印发了《海南省人民政府关于加强村镇规划建设管理工作的意见》《海南省农村生活垃圾收集及无害化处理指导意见》等规范性文件。2012年，印发实施《海南省海洋环境保护规划（2010—2020年）》《海南省近岸海域环境功能区划》。2013年，印发实施《海南省农村环境综合整治规划（2013—2015年）》。2017年4月，印发实施《海南省生态环境保护“十三五”规划》。

（2）制定与实施生态文明建设标准体系。发布实施《海洋生态损害赔偿与生态补偿评估方法》（DB 46/T238—2013）、《生活垃圾卫生填埋场运行监管标准》（DBJ 19—2011）、《生活垃圾收集转运设施运行监管标准》（DBJ 21—2012）和《生活垃圾焚烧厂运行监管标准》（DBJ 22—2012）等一系列地方标准。

2. 节能减排

（1）完成主要污染物总量减排任务。沿着“调结构、控新增、减存量”的工作思路，狠抓“工程治理、结构调整、监督管理”三大减排措施，大力推进生活源、工业源、农业源、交通源等废水废气工程治理，全省历年总量减排取得成效。2010～2016年，海南省化学需氧量（2011年及以后含农业）、氨氮（2011年及以后含农业）、二氧化硫、氮氧化物四项指标，除了氮氧化物在2011年未完成计划指标外，其他指标排放总量都在计划指标内（表3-6）。

表3-6 2010～2016年海南省主要污染物减排情况

年份		化学需氧量	氨氮	二氧化硫	氮氧化物	备注
2010	计划目标	9.50		4.40		化学需氧量低于目标值2.84%，二氧化硫低于目标值35.45%
	实际排放	9.23		2.84		
2011	计划目标	20.82	2.45	3.60	8.61	氮氧化物略有超标外，其他三项都达标
	实际排放	20.00	2.28	3.26	9.54	
2012	计划目标	20.01	2.30	3.58	10.35	全部在计划指标以内
	实际排放	19.74	2.25	3.41	10.33	
2013	计划目标	20.06	2.29	3.78	10.91	全部在计划指标以内
	实际排放	19.74	2.25	3.41	10.33	
2014	计划目标	19.83	2.34	3.92	10.10	全部在计划指标以内
	实际排放	19.60	2.29	3.26	9.50	
2015	计划目标	19.55	2.28	3.59	9.68	全部在计划指标以内
	实际排放	19.07	2.15	3.23	8.95	
2016	计划目标					新增化学需氧量减排量2 481吨，新增氨氮减排量269吨，完成任务
	实际排放	18.75	2.09	3.03	8.4	

注：数据单位为万吨。2010年和2016年数据来自海南省环境状况公报，2011～2015年数据来自海南省生态环境保护厅调研。

（2）加快城镇污水处理厂建设与运营。2010年，实现了县县通水的奋斗目标，成为全国第7个实现县县通水的省份；严格落实联合督察制度，对运行不正常以及“两低”等问题的市、县进行了通报批评。在全省范围内开展“截流并网，提高负荷”减排专项行动（表3-7）。

表3-7 2010～2017年海南省城镇生活污水处理厂建设与运营情况

年份	投资/亿元	建设内容	运营情况	平均运营负荷率/%	实际处理情况/万吨/日（亿吨/年）
2010	6.9	建成投产污水处理厂15座	“十一五”规划建设的25座污水处理厂全部建成通水	75	105.9（1.82）
2011	6.5028	29座已建成污水处理设施的正常运营及污水管网道建设	城镇污水集中处理率为72%	65.8	（2.56）

续表

年份	投资/亿元	建设内容	运营情况	平均运营负荷率/%	实际处理情况/万吨/日（亿吨/年）
2012		建成 19 个市县 25 个污水处理厂及污水管网道 208 千米	城市（镇）污水处理率 75%		（2.95）
2013		铺设生活污水管网 305 千米	全省 36 座城镇污水集中处理率达到 76%	74.9	（2.93）
2014	4.34	建成城镇生活污水处理厂及污水配套管网 119 千米	投入运营的城镇污水处理厂 30 座，城镇污水处理率 78%	77.5	（3.14）
2015	6.05	共建成 39 座污水处理厂，完成 7 个市县 185 千米污水配套管网建设	城市（镇）生活污水处理率 80.2%	79.5	（3.22）
2016		城镇污水处理设施 46 个及管网建设	城镇污水集中处理率 81.0%		130.68（4.77）
2017		新增污水处理规模能力 15.58 万米^3/日，新建及改建污水配套管网 638.8 千米	全年城镇污水产生量 36 794 万吨，集中处理率为 83%，较 2016 年提高了 2%		（3.06）

注：根据历年海南省环境状况公报整理（海南省国土环境资源厅，2011，2012，2013，2014；海南省生态环境保护厅，2015，2016，2017，2018）。

（3）积极推广新能源新技术。2010～2017 年海南省推广新能源新技术情况列于表 3-8。

表 3-8　2010～2017 年海南省推广新能源新技术情况

年份	主要措施	主要成效
2010	大力推动以天然气和液化煤气为主的清洁能源的应用，积极推广循环系统冷却塔、“尾矿库尾矿回收技术”等节能技术，在全省范围推行国Ⅲ标准汽油，继续积极推广节能型和清洁燃料汽车开发与使用	完成 2 个项目清洁生产审计和 8 个企业（项目）资源综合利用认定。建成东方四更、感城 2 个风电场。建成投产中海油 6 万吨生物柴油项目，同时建成 5 个生物柴油调配站。完成节能灯推广数量 170 万多只，建设太阳能热水系统建筑应用示范项目 17 个；完成三亚亚龙湾冰蓄冷区域供冷项目建设；2010 年底，海南省城市（镇）的清洁能源（电、天然气和液化煤气）利用率基本高于 76%，大部分城市（镇）的清洁能源利用率达到 90%以上；全省公交车 2 098 辆，其中 43.6%使用清洁能源；全省出租车 4 234 辆，其中 50.2%使用清洁能源
2011	大力发展低碳经济和新能源应用，大力推进绿色照明示范建设，推进建设低碳城市，率先在全省实施节能灯推广补贴政策和可再生能源建筑应用专项规划	完成了 660 万平方米太阳能热水系统建筑应用，通过财政补贴方式全年推广节能灯 151 万只。海口市完成新能源汽车示范推广 302 辆。国家节能示范项目-亚龙湾冰蓄冷区域供冷站项目建成投入使用

续表

年份	主要措施	主要成效
2012	加大交通源减排力度，积极开展国 IV 标准车用汽柴油推广使用工作，严格执行报废机动车告知和注销登记制度，开展农业减排	开展机动车环保定期检验，截至 2012 年底，全省共建成机动车环保检验机构 26 家，年检机动车 25 万辆。海口市、三亚市率先实施了“黄标车”区域限行管理；全年共对 37 883 辆到期报废机动车下达预先告知书，办理注销登记 21 216 辆，注销淘汰率为 56%；完成农业源减排项目 184 个，建设户用沼气池 6 000 多户，大型沼气工程 22 处，养殖小区沼气工程 76 处，乡村服务网点 41 个，新增沼气用户 1.2 万户
2013	推进昌江国家循环工业园区项目建设；推进可再生能源建筑应用	实施节能技术改造和资源综合利用项目 26 个，推广节能灯 100 万只，支持核电、风电、太阳能利用、生物质能、天然气利用等清洁能源发展，新增光伏集中发电项目 8 个，清洁能源发电机组发电量为 39.11 亿千瓦时，占全省发电量的 21.6%，折合节约 118.1 万吨标准煤；三亚市、儋州市、文昌市、陵水县 4 个国家可再生能源建筑应用示范城市（县）成效明显；累计建成国家太阳能光伏建筑应用示范项目 7 个，三亚海棠湾喜来登度假酒店等 5 个项目获得国家二、三星级绿色建筑设计评价标识，绿色建筑面积达 39 万平方米
2014	全面启动现有储油库、加油站和油罐车的油气污染治理改造工作	完成加油站 446 家、储油库 6 家和油罐车 83 辆油气回收改造，综合完成率达到 94.7%
2015	回收油气，推广使用国Ⅴ标准车用汽柴油	完成全省所有加油站、储油库和油罐车的油气回收治理工作；从 2015 年 10 月 20 日起，全省范围内全面供应、销售国Ⅴ标准车用汽柴油
2016	鼓励公交、环卫等行业和政府机关率先推广使用纯电动等新能源汽车，加大液化天然气供应	从 2016 年 5 月 11 日起，所有进口、销售和注册登记的轻型汽油车、轻型柴油客车、重型柴油车（仅公交、环卫、邮政用途），须符合国Ⅴ标准要求
2017	严格执行《关于实施第五阶段机动车排放标准的公告》（公告〔2016〕第 4 号）	从 2017 年 7 月 1 日起，在全省行政区域内制造、进口、销售、注册登记的轻型汽油车、重型柴油车，必须达到国Ⅴ排放标准要求

注：根据历年海南省环境状况公报整理（海南省国土环境资源厅，2011，2012，2013，2014；海南省生态环境保护厅，2015，2016，2017，2018）。

（4）加快淘汰落后产能。2010～2017 年海南省淘汰落后产能情况列于表 3-9。

表 3-9　2010～2017 年海南省淘汰落后产能情况

年份	主要措施	主要成效
2010	实施重点节能减排项目，大力淘汰民营小橡胶、小淀粉、立窑水泥、小制糖、小造纸和小钢铁等落后产能	先后公布了 3 批淘汰落后产能责任企业名单，涉及企业共计 215 家。“十一五”期间，累计淘汰立窑水泥生产能力 319.8 万吨；关停小型炼钢企业 3 家，小造纸生产企业 4 家，淘汰实心黏土砖窑 199 家；对冶炼钢铁的小钢铁厂实施了重组整合，拆除了 16 套落后炼钢设备，淘汰落后炼钢产能 80 万吨；关停了华能海口电厂燃煤发动机组 3 台，装机容量 23.8 万千瓦
2011	加快淘汰水泥、炼钢、造纸等落后产能	淘汰机立窑水泥落后产能 78 万吨，涉及企业 8 家。淘汰炼钢 1 家、造纸 2 家。截至 2011 年底，除实心黏土砖窑外，国家下达的水泥、钢铁、造纸等落后产能淘汰任务已全部完成

续表

年份	主要措施	主要成效
2012	全省以淘汰落后产能、实施“清洁生产”、废水深度治理及循环利用、废气脱硫脱硝为减排手段，加强工业源污染治理	全年累计（吊）注销落后产能企业营业执照 57 家。淘汰落后机立窑水泥产能 8 万吨，水泥粉磨产能 108 万吨；淘汰了冶炼、石灰、造纸和实心黏土砖 4 个行业落后产能
2013	继续加大落后和产能过剩企业关停工作	关闭橡胶加工厂 17 家、糖厂 2 家、水产品加工厂 1 家、造纸厂 2 家，关闭 2 家砖厂、1 台燃煤发电机组（海口电厂 7#机组）
2014	淘汰小锅炉	淘汰 10 蒸吨以下燃煤小锅炉 47 台，占下达任务指标 94%
2015	淘汰黄标车	全省全年淘汰黄标车 29 977 辆，超额完成年度任务
2016	采取全区域全时段禁行、提前淘汰财政补贴加奖励等措施	全省淘汰黄标车和老旧车 29 170 辆，超额完成国家和省下达的淘汰任务
2017	淘汰黄标车，淘汰小锅炉	全省共淘汰黄标车 19 198 辆，完成年度淘汰任务的 145.8%。淘汰全省所有 754 台 1 811 蒸吨燃煤小锅炉

注：根据历年海南省环境状况公报整理（海南省国土环境资源厅，2011，2012，2013，2014；海南省生态环境保护厅，2015，2016，2017，2018）。

（5）加强畜禽养殖污染防治。2013 年，开展了 137 家畜禽养殖场污染治理，其中 107 家通过了环境保护部年度考核核查认定。2014 年，贯彻落实国务院《畜禽规模养殖污染防治条例》，推进全省 293 家规模化畜禽养殖场完成污染治理设施改造。制订《海南省畜禽养殖污染减排技术导则》，全省建成 10 家有机肥厂，减排治理模式达到国家认定标准的有 345 家养殖场，进一步规范畜禽养殖治理模式，养殖废弃物资源化综合利用程度得到了有效提升。2017 年，7 个市县（区）完成畜禽养殖禁养区划定，全省已划定禁养区 205 个，划定禁养区面积 13 669.89 平方千米（海南省国土环境资源厅，2014；海南省生态环境保护厅，2015，2018）。

3. 环境管理与污染防治

（1）强化环境监督管理。严格执行有关环保法律法规和产业政策，严把项目环保准入关，严格把好环评审批关。对选址位于生态保护红线的项目、“两高”和产能过剩行业项目、选址不符合规划、违反红线保护管理规定、污染防治措施不可行、环境影响大的项目不予审批（表 3-10）。2010 年，继续深入推进污染源自动监控能力项目建设工作，实现了环保部—省厅—2 个市（海口市、三亚市）的环保专网连接（海南省国土环境资源厅，2011）。截至 2010 年底，全省已安装自动监控设备的重点污染企业 80 家，联网 75 家，联网率 93.7%（海南省国土环境资源厅，2011）。2011 年列入的 36 家国控重点企业已全部安装自动监控设备，联网 33 家，联网率 91.7%（海南省国土环境资源厅，2012）。2013 年，深入开展整治违法排污企业保障群众健康环保专项行动（海南省国土环境资源厅，2014）。2016 年，推进环境监管网格化管理，全省共建设一级网格 19 个、二级网格 216 个、三级网格 2719 个、四级网格 2179 个，环境监管网格化有序推进（海南省国土环境资源厅，2017）。

表 3-10　2010～2017 年海南省建设项目执行环境保护制度情况

年份	共审批建设项目环境影响评价文件/件	建设项目环评制度执行率（约）/%	当年建成投产项目“三同时”执行率（约）/%	通过环评审查否决或暂缓审批的项目/个	排污申报登记核定单位/家（次）
2010	2 682	98	99	9	1 954
2011	2 831	100	100	7	1 253
2012	3 006	98	100	10	
2013	229			22	
2014	1 717			37	
2015	1 238	100	100	30	
2017	794			22	

注：根据历年海南省环境状况公报整理（海南省国土环境资源厅，2011，2012，2013，2014；海南省生态环境保护厅，2015）。

中央第四环境保护督察组于 2017 年 8 月 10 日至 9 月 10 日对海南省开展了环境保护督察，并于 2017 年 12 月 23 日反馈了督察意见。2017 年 8 月 22 日至 9 月 21 日，国家海洋督察组对海南海洋开展了督察。①高度重视，全面配合。全省各级党委政府和有关部门高度重视并全力配合督察组开展工作，解决突出环境问题。②提前准备，保障服务。提前成立工作领导小组、赴外省调研学习经验；集中整治市县突出问题，下沉 13 个沿海市县开展现场督察；并在督察期间及时提交 23 批 456 项调阅文件资料，确保督察工作的顺利开展。③移交案件，及时办理。对督察组移交的 33 批 2 358 件来电来信举报案件，第一时间交办到位。④梳理问题，落实整改。提出 56 条整改措施及清单，制订并上报整改方案，并立即对违规建设项目实施“双暂停”，落实环保督察“边督边改、立行立改”。⑤公众参与，信息公开。截至 2017 年底，利用省内“一报一台一网”共刊发或播出涉环保督察新闻报道 723 篇，公开 35 个典型案件问责结果（海南省生态环境保护厅，2018）。

（2）开展环保专项整治。2010～2017 年，海南省深入开展整治违法排污企业保障群众健康环保专项行动，重点对涉及铅、镉、汞和类金属砷等重金属排放企业进行检查，完成对存在环境违法和安全隐患的企业整改。陆续开展了畜禽养殖业、重点行业企业环境风险及化学品，以及海洋环境保护联合执法检查等专项工作，彻底消除环境安全隐患，确保环境安全。此外，全省还开展了橡胶加工行业专项环境执法检查工作，严厉查处各类环境违法行为，取得了预期成效。2014 年，海南省出动执法人员、检查企业、查处各类环境案件、处罚和罚款等数据都明显高于往年，表明了环境管理工作的加强。2017 年，加大了环保法律的执行力度和罚款数额（表 3-11）。

表 3-11　2010～2017 年海南省开展环保执法专项整治情况

项目	年份							
	2010	2011	2012	2013	2014	2015	2016	2017
出动执法人员/人次		5 106	2 844	3 432	9 122		679	
检查企业/家次		1 033	855	1 347	3 032	5 439		1 793
查处各类环境案件/宗	239		175	141	1 793		1 863	1 265
立案查处/宗	151		132			195	687	646
结案/宗			149				1 795	
处罚宗数/宗			127	141	253			
罚款/万元			450	2 093.52	2 220.26	1 816	2 369	11 000
对存在安全隐患企业实施整改/家		3		5		完成 162 家企业在线监控设备的安装		
其他				责令停止生产 64 家，责令停止项目建设 30 家，责令限期建设配套设施 1 家，责令限期治理 17 家，责令拆除私设排污口 14 家	排查饮用水源地 66 个	发现违法建设项目企业 476 家，违法排污企业 459 家，责令停产企业 346 家，责令限期改正或治理企业 417 家，关停取缔企业 304 家，罚款企业 481 家	捣毁非法采砂点 321 个，关停内河（湖）岸边污染源 277 家，追究刑事责任 8 人；立案查处非法捕捞、涉水生野生动物案件和涉海案件 365 宗	共对企业实施按日计罚案件 30 宗，罚款 991.9 万元；查封、扣押案件 21 宗；限制生产、停产整治案件 12 宗；移送公安机关行政拘留案件 53 宗；涉嫌环境污染犯罪的案件 3 宗；开展船舶污染专项检查，共查处 13 宗违法排污案件，处罚 8.85 万元

注：根据历年海南省环境状况公报整理（海南省国土环境资源厅，2011，2012，2013，2014；海南省生态环境保护厅，2015，2016，2017，2018）。

（3）水污染防治。①开展集中式饮用水水源保护区划定和管理。2010 年，印发实施了《海南省典型乡镇和农村集中式饮用水水源保护区划定工作方案》。2011 年，组织完成了海口市、三亚市地表水饮用水水源地环境状况评估工作。组织开展了 60 个典型乡镇和农村集中式饮用水水源保护区划定工作，其中 56 个已获得省政府批准实施。2013 年 5 月 30 日，公布《海南省饮用水水源保护条例》，加强集中式饮用水源地管理，组织整治一、二级河流集中式饮用水水源地范围内养殖业，消除养殖业对水源地水体污染风险。2014，全省已划定城市（镇）集中式饮用水水源保护区 29 个，乡镇集中式饮用水水源保护区 198 个，总面积为 1248.37 平方千米。2017 年，海南省生态环境保护厅印发《关于加快推进海南省乡镇级及以下饮用水水源环境保护工作的通知》，针对还未划定饮用水水源保护区，且涉及人口比较多的水源地，要求限期划定饮用水水源保护区。②开展城市内河污染治理。2015 年 9 月 17 日印发《海南省城镇内河（湖）水污染治理三年行动方案》，开展城镇黑臭水体整治。同年 12 月 21 日，颁布实施《海南省水污染防治行动计划实施方案》。2016 年，制定实施《海南省城镇内河（湖）"河长制" 实施办法》，在全国率先建立"河长制"，初步建立四级"河长制"框架。积极开展城镇内河（湖）水污染治理三年专项行动，集中打击水环境违法行为，重点查处超标排污、直排偷排和非法采砂等水环境违法行为。2017 年，全面推进 64 个城镇内河（湖）水污染治理工作，积极推进生态恢复和生态再造工作。全省排查出排污口 1 992 个，完成治理 1 025 个。截至 2017 年 12 月，已有 56.5%监测断面水质达到水质治理目标；全省地级以上城市 29 个黑臭水体中有 28 个基本消除黑臭，占总任务量的 96.6%，达到了国家考核要求。③加强工业废水治理。2013 年，计划安排的食品厂、糖厂、胶厂、造纸厂等 11 家工业废水深度治理项目已全部建成投运。2017 年，推进工业集聚区污水治理。推进洋浦经济开发区、老城经济开发区、海口综合保税区等工业集聚区完善污水集中处理设施，总排污口安装在线监控装置，并与环保部门联网；对没有建成污水集中处理设施的东方工业园区实行区域环评限批。全面控制污水排放。清理非法和设置不合理的入海排污口 95 个，完成清理和整治 91 个。④加强养殖产业水污染防治。2016 年，制定实施《海南省畜禽养殖区划分与管理指导意见》，采取关停、搬迁、转产、整治改造、补偿奖励等方式，分年度实施清理和粪污综合治理。海口市率先完成禁养区和限养区划定，依法关闭 65 家规模化畜禽养殖场。⑤加强地下水污染防治。2012 年，推进地下水污染防治，完成海口市、澄迈县地下水案例地区调查与评估工作。强化地下水饮用水源地水质监测。2017 年，制订《2017 年全省地下水基础环境状况调查评估实施方案》，完成全省"双源"清单数据库更新；完成《2017 年海南省地下水调查评估报告》；完成 525 个加油站地下油罐更换双层罐或者设置防渗池更新改造工作（海南省国土环境资源厅，2011，2013，2014；海南省生态环境保护厅，2016，2017，2018）。

（4）大气污染防治。①制定实施大气污染防治行动计划与签订目标责任书。2014 年，印发实施《海南省大气污染防治行动计划实施细则》《海南省 2014 年度大气污染防治实施计划》，与市县政府签订《大气污染防治目标责任书》。2016 年，印发实施《海南省 2016 年度大气污染防治实施计划》。②开展工业企业废气污染治理。2014 年，完成火电、钢铁与平板玻璃行业 12 条生产线除尘改造，占总生产线的 85.7%。2014 年底提前完成了 30 万千瓦以上燃煤机组脱硝改造任务。落实脱硫脱硝环保电价政策，对脱硫脱硝达标的发电企业给予电价补贴。2016 年，对华能海南发电股份有限公司东方电厂 2 号、3 号机组和海口电厂 8 号机组进行超低排放改造；对中国石化海南炼油化工有限公司动力锅炉低氮燃烧进行改造；对海南金海纸浆有限公司碱回收锅炉进行烟气治理。③加强城市扬尘污染控制。加强建筑工地扬尘污染控制和道路扬尘污染控制，2017 年，各市县城区建筑工地围挡率 100%，进出车辆冲洗率 96.0%，主要施工道路硬化率 95.0%；各市县城区建筑工地内的空置地及建筑垃圾覆盖率达 82%以上。全省道路机械化清扫率逐年提升，2015 年、2016 年和 2017 年分别为 37.9%、65%和 73.5%。④推进全域大气污染治理。加快淘汰土法烟熏槟榔炉灶，推进餐饮服务经营场所安装油烟净化设施，禁止建城区露天烧烤，全省各市县建成区基本取缔露天烧烤。开展夏秋两季秸秆禁烧工作，严肃查处秸秆焚烧点。2017 年，完成全省各市县城区 5 734 家中型以上餐饮服务单位的油烟净化设施安装；推动全省槟榔产业转型升级，印发《关于加强槟榔加工行业污染防治的意见》，全省传统槟榔熏烤土炉拆除率达 96.5%；明确禁止生产、运输、储存、销售、使用 62 种农药或含有 62 种成分的农药。⑤持续推进持久性有机污染物防治。2012 年，全面开展二噁英排放源监督性监测，完成全省 12 家企业监督性监测。持续实施持久性有机污染物统计报表制度，开展含多氯联苯废物污染情况调查。2014 年，全面掌握全省二噁英类排放源信息。⑥治理汽车尾气污染。主要方法是严格执行报废机动车告知和注销登记制度，淘汰黄标车、老旧车；优先发展公共交通系统，优化道路交通布局；积极开展国Ⅳ标准车用汽柴油推广使用工作，在全省推广使用国Ⅴ标准车用汽油和柴油，多数出租车使用天然气；对车辆尾气进行检测和控制（海南省国土环境资源厅，2011，2013，2014；海南省生态环境保护厅，2015，2016，2017，2018）。

（5）土壤污染防治。①开展土壤污染调查与功能区划。2010 年，完成了全省第一次土壤污染状况调查报告。2011 年，开展了典型农村土壤、国控污染企业周边土壤和重点农产品产地土壤环境质量监测。2012 年，编制完成《海南省土壤环境保护规划》《海南省土壤环境功能区划》，将全省土地划分为 3 类功能区、8 类土壤环境功能亚区、15 类土壤环境功能管理区，并提出针对性的管理措施，为全省今后推进土壤环境分区分类管理奠定基础。②严把土壤环境质量关。2016 年完成全省 8 个出口食品农产品生产基地的土壤环境污染状况调查监测和评价，保障农产品质量安全；重金属污染物排放达标率 100%；2017 年 3 月，海南省政府印发实施《海南省土壤污染防治行动计划实施方案》，同时建立土壤污染防治工作联席会议制度，省政府与各市县政府签订了土壤污染防治目标责任书，部分市县与重点行业企业、区（镇）政府签订了土壤污染防治目标责任书。③开展土壤污染状况详查。2017 年，印发实施《海南省土壤污染状况详查实施方案》，较国家任务增加了钒、钴、硒 3 个测定项目，并增设蔬菜、水果、热带作物作为特色自选调查对象。④加强土壤环境风险管控。2017 年，发布 33 家土壤环境重点监管企业名单，建立土壤环境数据库管理系统；开展疑似土壤污染企业和已搬迁关闭重点企业的用地摸底调查，初步筛选建立疑似污染地块清单。建成危险废物管理监控平台，46 家重点单位纳入信息系统管理；开展琼北土壤高背景值区域生态风险评估。⑤推进土壤污染治理修复。2017 年，以影响农产品质量和人居环境安全的突出土壤污染问题为重点，编制土壤治理与修复规划，建设土壤污染防治项目储备库，投入 2 424 万元实施东方市和定安县土壤污染治理与修复试点项目（海南省国土环境资源厅，2011，2012，2013；海南省生态环境保护厅，2017，2018）。

（6）固体废弃物污染防治。①大力推进生活垃圾处理设施建设。2010 年，全省城镇生活垃圾无害化处理率达 86%，超额完成全省垃圾无害化处理率达到 70%的工作任务，并高于国家 60%的平均水平。2011 年，全省“十一五”期间规划新建的 21 个垃圾处理设施项目已全部建成并投入试运行，全省实现了县城以上垃圾处理设施全覆盖。2012 年，对全省餐厨垃圾实行统一收运、集中处理，在海口市、三亚市等 5 个市（县）建设海南餐厨垃圾处理厂项目，引进德国先进的餐厨垃圾处理系统，将餐厨垃圾加工成生物有机肥和生物柴油，使海南省成为全国首个建立省级餐厨垃圾处理项目的省份。2017 年，全省城乡生活垃圾产生量约 381 万吨，无害化处理率 88%，较 2016 年增加了 3%；逐步推进餐厨、建筑等垃圾资源化处理工作。②把好废物进口审批关。按照“属地管理、风险评价、三级审批”和“严格管理、从严审批、总量控制、结构合理”的原则，把好废物进口审批关，严防境外污染转嫁到海南省。③强化危险废物环境监管。2010 年，完成全省重金属和危险废物调查工作，确定了危险废物监管重点类别、行业、单位和区域。加强医疗废物集中收集焚烧处置。2011 年，开展危险废物“一整治两规范”专项治理行动，印发全省危险废物规范化管理实施方案，建立季度巡查制度。规范危险废物转移联单管理。2013 年，严格落实危险废物规范化季度巡查制度，规范使用固定编号危险废物转移联单，依法受理省内企业 4 批共 1 670 吨危险废物的跨省转移处置。开展危险废物利用、处置设施专项整治工作，提高安全处置水平。开展石化、金矿采选冶、医药等行业 56 家企业危险废物申报登记工作，掌握主要危险废物的产生、处置现状，为科学制定危险废物污染防治对策提供依据。2014 年，抽查危险废物产生单位和经营单位规范化管理考核合格率分别为 89.6%、91.4%。依法受理省内企业 6 批共 1 620 吨危险废物的跨省转移处置。已建成海南省危险废物处置中心和三亚医疗废物处置中心。④加强工业固体废物管理。加强工业固体废物监督管理和现场检查，确定重点固废监管企业 35 家。2017 年，247 家企业纳入固体废物管理信息系统，10 家持证经营单位从事危险废物收集、处置和利用活动。⑤积极推进全省固体废物管理信息系统建设。2011 年初步完成系统调试工作。2016

年，着力推进危险废物信息化监管模式，推进海南省危险废物监控管理信息系统建设（海南省国土环境资源厅，2011，2012；海南省生态环境保护厅，2015，2017，2018）。

4. 生态环境保护与建设

（1）植树造林和生态修复。2011 年 2 月，海南省启动实施绿化宝岛大行动。加强采矿区治理和复垦，大力推进“矿山复绿”，实施林业生态修复与湿地保护专项行动，防止水土流失，建立矿山地质环境监测制度。2012 年，组织实施《“绿化宝岛”大行动总体规划》和《海南省“绿化宝岛”行动城乡园林绿化规划（2012—2015)》等专项规划；2013 年，印发《海南省绿化宝岛大行动工程建设总体规划》；积极推进全省 5 700 千米省养公路建设生态公路，省养公路共植树及绿化 17 805 亩，育花苗、树苗共 205.1 万株（海南省国土环境资源厅，2013）。2017 年，印发《海南省湿地保护修复制度实施方案》和《海南省绿色矿山建设工作方案》，编制完成《海南省矿山地质环境治理标准》；明确水土流失防治责任范围 30.14 平方千米，减少土壤流失量 94 万吨（海南省生态环境保护厅，2018）。具体情况列于表 3-12。

表 3-12　2010～2017 年海南省植树造林和生态修复情况

项目	年份							
	2010	2011	2012	2013	2014	2015	2016	2017
造林面积/万公顷	1.71	1.60	4.45	3.02	1.39	1.34	1.01	1.02
营造海防林面积/公顷	1400	44		600、总面积 24 000	1600	2200		
营造红树林面积/公顷	28				200			
森林覆盖率/%	60.2	60.5	61.5	61.9	61.5	62	62.1	62.1
城市建成区绿化覆盖率/%	39.08	40.0	34.0	39.56	39.2	38.5	38.3	38.65
矿区复垦面积约/公顷	114			30.22				
水土治理面积/平方千米	99.5（累计）			24	59.65			115
其他生态工程	开展椰心叶甲防治工作。全年累计生产寄生蜂 40 723 万头	完成退塘还林面积 1 266.7公顷		完成并通过验收 3 个矿山地质环境治理项目			完成海口地区废弃玄武岩采场 133.33 亩治理、复垦工作	完成生态修复 68.8 平方千米，占全年总任务的 139%

注：根据历年海南省国民经济和社会发展统计公报及海南省环境状况公报整理（海南省国土环境资源厅，2011，2012，2013，2014；海南省生态环境保护厅，2015，2016，2017，2018）。

（2）加强自然保护区管理和生物多样性保护。①加强自然保护区建设与管理。

2012年，严格按照《全国主体功能区规划》科学布局自然保护区，促使自然保护区从数量型向质量型转变，全省重要的珍稀濒危物种和生态系统得到保护和恢复，有效地化解了保护与发展的突出矛盾。2016年，制定实施《海南省自然保护区评审规定》，开展国家级自然保护区人类活动遥感监测状况实地核查和全省自然保护区管理评估考核。开展“绿盾2017”国家级和省级自然保护区监督检查行动。②积极推进生物多样性保护。2011年，在陵水县和乐东县组织开展基于生物多样性保护的土地利用总体规划试点，将生物多样性保护与土地利用规划、土地开发利用项目紧密结合起来，使生物多样性保护落到土地载体。积极开展全省生物物种资源（植物和动物）调查，完成了海南岛高速公路对野生动物生境的影响调查和海南桉树种植合理性及存在的生态问题调查。2013年，完成海南省第二次湿地资源调查、海南省第二次陆生野生动物资源调查和海南野生长臂猿野外专项调查工作。加强红树林保护，已建保护区8个，大面积的红树林均已纳入保护区范围。2014年，鹦哥岭省级自然保护区晋升为国家级自然保护区。推进东寨港国家级自然保护区生态环境污染综合治理。③强化中部生态核心区保护。2014年完成海南省中部山区国家级重点生态功能区9个市（县）生态环境质量考核工作。组织实施海南省松涛水库（湖）生态环境保护项目，建设以清理和整治现有和潜在生活污染源为重点的流域环境整治工程15个（海南省国土环境资源厅，2012，2013，2014；海南省生态环境保护厅，2015，2017，2018）。

（3）农村生态环境保护。①加强生活饮用水水源地保护，保障群众饮水安全。开展农村集中式饮用水水源地保护区划定、立桩标界、环境整治和专项调查工作。2014年，实施农村饮水安全工程。②推动农村生活污水治理。开展村镇生活污染治理示范设施建设，积极推进生活污水人工湿地处理工程和农业固体废物综合处置示范工程建设。2016年，制订实施五年行动计划，印发治理技术和建设指引。琼中县、昌江县探索农村生活污水治理PPP（public private partnership，政府和社会资本合作）模式，实施农村环境集中连片综合治理。③推进农村环境综合整治。积极落实农村环境保护“以奖促治”政策，持续推进“千村示范万村整治”活动，实施改水、改路、改厕、改圈和茅草房改造，建设省、市（县）、乡（镇）、村四级沼气服务网络，建设无害化卫生户厕。2013年，制定印发《海南省国土环境资源厅农业与农村环境治理项目管理办法》，建立了海南省村庄“十二五”环境综合整治项目库。组织实施全省17个市县63个村庄环境综合整治。2013年，实施《海南省农村环境综合整治规划（2013—2015年）》。2014年，印发实施《关于进一步加强农村环境综合整治项目管理工作的通知》。2016年，积极推动琼中等市（县）农村环境综合整治全覆盖，海南省被纳入农村环境综合整治全覆盖试点省份。2017年，印发实施《海南省农村环境综合整治全域覆盖工作方案》，完成97个村庄环境整治工作，全省95%以上的村庄配备了垃圾收运设施，农村清扫保洁覆盖率 90%以上，垃圾无害化处理率 80%以上。④实施生态示范工程，发展生态农业。建设无公害生产基地，推广测土配方施肥技术，减少化肥施用量，建设农村沼气，引进推广农作物新品种、新技术，推广标准化生产和统防统治。2017 年，新认证无公害农产品 186 个、无公害产地 177 个、绿色食品 48 个；创建首批"共享农庄" 61 家，累计建成美丽乡村示范村 406 个；推动 297 家规模养殖场完成环保改造，全省畜禽粪污综合利用率提高到 45.3%；支持屯昌县、琼海市等 5 个市（县）创建不同类型的生态循环农业示范区。⑤加强基本农田保护。严格实行市县政府耕地保护责任目标履行情况考核和耕地保护问责制。2016 年，完成 18 个市（县）全域永久基本农田划定方案，推进全省城市（镇）周边永久基本农田划定工作。2017 年，全省共划定永久基本农田 910.49 万亩，并建立了数据库；层层签订永久基本农田保护责任书 2 989 份，分发农户责任卡 90 多万份，将永久基本农田保护责任落实到村、落实到户。多年持续实现耕地占补平衡（海南省国土环境资源厅，2013；海南省生态环境保护厅，2015，2017，2018）。

（4）海洋生态环境保护。①维护海岸带生态安全。大力开展对沿海湿地、滩涂生态系统的保护工作。实施珊瑚礁生态恢复工程，启动海南珊瑚礁修复基地建设项目，保护珊瑚礁生境。加强海域、海岛、海岸生态整治修复，保护海岸带生态环境。②开展海水养殖污染治理。加强高位池养殖的管理，推广高位池封闭式循环水养殖模式，检查养殖环节是否违规使用禁用药，要求高位池废水经处理后排放，减少高位池对海区环境的影响。开展水产养殖污染治理工作，部分市县编制完成养殖水域滩涂规划并开展水产养殖污染治理专项行动。2016 年，全省核发养殖证共 163 本，确权面积 2 656.97 公顷（海南省生态环境保护厅，2017）。2017 年，开展水产养殖污染源普查，共整理 8 002 家养殖场和 130 家苗种场信息录入系统（海南省生态环境保护厅，2018）。推广养殖废水处理和循环水养殖农技推广技术示范项目。③加强船舶与港口污染整治。开展船舶污染物接收、转运、处置联合专项整治行动，加强对船舶污染物排放的监管，督促港口经营人制订防污应急计划，推动地方政府建立船舶污染事故应急预案和应急能力建设规划。2017 年，制订《海南省船舶污染综合治理实施方案》，建立船舶污染物接收、转运、处置监管联单制度。④加强海洋废弃物倾倒管理。规范海洋倾废行为，严格执行废弃物海洋倾倒许可证制度，实施倾废记录仪监控试行安装，启动海洋倾废实时监控系统建设工作。

（5）加强生态文明工程建设。2010～2017 年，持续开展生态文明示范区、文明生态村、省级小康环保示范村等系列工程建设。截至 2017 年底，全省已累计建成环保模范城市 1 个、国家级生态乡镇 3 个、国家级生态村 1 个、省级生态文明乡镇 33 个、省级小康环保示范村 345 个和文明生态村 17 934 个；全省文明生态村总数占全省自然村总数 85.1%（海南省生态环境保护厅，2018）。

（三）优化生态空间

1. 海南国际旅游岛建设的空间布局

《海南国际旅游岛建设发展规划纲要（2010—2020）》根据海南国际旅游岛战略定位，按照“整体设计、系统推进、滚动开发”的空间发展模式，科学确定国际旅游岛建设的功能组团和海岸带功能分区，加强对主要旅游景区和度假区的规划控制。确定了功能组团：北部组团，以海口市为中心，包括文昌市、定安县、澄迈县三市（县），面积 7 965 平方千米，占海南岛面积 23.37%；南部组团，以三亚市为中心，包括陵水县、保亭县、乐东县三县，面积 6 955 平方千米，占海南岛面积 20.41%；中部组团，包括五指山市、琼中县、屯昌县、白沙县四市（县），面积 7 184 平方千米，占海南岛面积 21.07%；东部组团，包括琼海市、万宁市两市，面积 3 576 平方千米，占海南岛面积 10.49%；西部组团，包括儋州市、临高县、昌江县、东方市四市（县）和洋浦经济开发区，面积 8 407 平方千米，占海南岛面积 24.66%；海洋组团，包括海南省授权管辖海域和西沙、南沙、中沙群岛。确定海岸带功能分区，将海南岛海岸带从功能上划分为六大类型：临港经济区、城镇生活区、旅游休闲区、生态保护区、农业和渔业区及其他区。

2. 编制与实施海南省主体功能区划

2013 年 12 月 28 日，海南省人民政府审议通过《海南省主体功能区规划》，将海南省划分为“重点开发”“限制开发”“禁止开发”三大主体功能区，对每个主体功能区做了分门别类的政策设计和制度安排。《海南省主体功能区规划》是指导海南省开发建设的纲领性文件，对于在国际旅游岛建设的总定位下，进一步规划利用好海南省国土资源具有重要意义。

3. 编制与实施《海南省林地保护利用规划》

2013 年 12 月 2 日，海南省人民政府审议通过《海南省林地保护利用规划》，把全省林地划分为“沿海防护林及红树林带”“环岛中间商品林圈”“中部南部山区生态保护核心区”，并从用途管制、分级管理、森林保有量等方面明确了海南省林地保护利用的方向、政策和措施，对于提高海南保护利用林地的公众意识，严厉打击各种破坏林地行为，确保科学保护利用林地等，具有重要意义。

4. 编制与实施《海南省总体规划》

编制与实施《海南省总体规划》，实现“多规合一”。2015 年 6 月 5 日，中央全面深化改革领导小组第十三次会议同意，海南省开展省域“多规合一”改革试点。自此，海南省在全国率先开展省域“多规合一”改革试点。2017 年 6 月，海南省在全国率先成立省级规划委员会。2018 年 4 月 3 日，海南省第六届人民代表大会常务委员会第三次会议审议通过《海南省人民代表大会常务委员会关于实施海南省总体规划的决定》，宣布海南省总体规划正式实施。《海南省总体规划》在划定生态红线的前提下，明确了全省开发建设的总体布局和开发重点：一是将海南岛开发功能区划分为城镇功能区、旅游度假功能区、产业园功能区、重大基础设施功能区、乡村功能区，明确开发功能区（即建设用地）面积占全省陆地国土面积到 2020 年不超过 10.4%和到 2030 年不超过 10.8%的控制性指标。二是从全省“一盘棋”的角度出发，统筹安排布局和配置资源，建设海口市、澄迈县、文昌市一体化的琼北综合经济圈和三亚市、陵水县、乐东县、保亭县一体化的琼南旅游经济圈，辐射带动全省，同时加快特色产业小镇、美丽乡村建设，构建“日月同辉满天星”的开发建设总体格局。三是按照“集中布局、集约发展”的原则，打破市县行政区划和利益藩篱，规划布局了 6 类省重点产业园区、12 大产业，同时，重点培育 100 个特色产业小镇，重点打造 1 000 个美丽乡村。四是按照“把全岛作为一个大城市”来规划、建设和管理的理念，全省统筹规划布局路、电、气、水和通信等重大基础设施建设，破解发展瓶颈，促进互联互通，全面提升国际旅游岛建设水平。

海南空间功能分区。实施《海南省总体规划》，明确海南的主体功能区划，划定禁止开发区域、限制开发区域和重点开发区域，形成南北两极带动、东西两翼加快发展、中部生态保育的全省空间格局。划定并严守生态保护红线。生态管控区实行严格的空间总量和占补平衡刚性控制。生态保护红线区要保持保护面积不减少、区域性质不转换、生态功能不降低、管理责任不改变。

（四）发展生态经济

2015 年，海南省政府确定的 12 个重点产业：旅游产业，热带特色高效农业和农村发展，互联网产业，医疗健康产业，现代金融服务业，会展业，现代物流业，油气开发及加工产业链延伸，医药产业，低碳制造业，房地产业，高新技术、教育、文化体育产业。下面主要介绍旅游产业，热带特色高效农业，高新技术产业。

1. 推进旅游产业转型升级

2010 年 1 月 5 日，海南国际旅游岛建设成为国家战略；同年 6 月，《海南国际旅游岛建设发展规划纲要（2010—2020）》提出“加强自然保护区和森林公园建设，在保护生物多样性的同时适度开展生态旅游”，将大力发展乡村旅游、森林旅游和海洋旅游。这表明海南省对生态旅游的认识进一步提高，有力地促进了海南生态旅游的发展。2011 年 7 月，海南省委省政府正式通过了《中共海南省委 海南省人民政府关于加快发展海南热带森林旅游的决定》；相继出台了《海南省热带森林旅游发展总体规划》《森林生态旅游管理规定》，海南省被国家林业局、国家旅游局确定为全国唯一的省级“全国森林旅游试验示范区试点单位”；颁布《全省重点旅游景区和度假区规划建设的若干意见》。2012 年 11 月 27 日，海南省人民代表大会常务委员颁布了《海南经济特区森林旅游资源保护和开发规定》，这是我国第一个省级层面的关于森林旅游保护与开发的规定，为海南省森林旅游资源保护与开发提供了重要的法律依据。2013 年 1 月 1 日，“中国海洋旅游年”在三亚市半山半岛启动，海洋旅游逐步深入人们的生活，旅游模式也已经从滨海观光向滨海度假转变，从近海休闲向远洋度假转变，从三亚湾到海口西海岸的海南岛东部海岸，形成了中国唯一的黄金滨海旅游线路。海南省的海洋旅游已经成为全国滨海旅游的“风向标”；开始重点启动的“请到海南深呼吸”的主题营销活动，结合海南一流生态环境和资源，加快推动了康体游、养生游、好空气游等生态旅游新产品。2014 年，出台了《海南省乡村旅游总体规划（2014—2020）》，《海南省乡村旅游点（区）等级的划分与评定》（试行）正式实施。海南省将一批旅游模范村、传统古村落、星级美丽乡村、共享农庄及观光果园等农旅融合旅游项目纳入海南椰级乡村旅游点管理，促进了全省乡村旅游的发展。随后，生态游、雨林游等绿色旅游新业态、新产品开始与发展较为成熟的蓝色旅游互补共赢，形成了亚龙湾、海棠湾、大东海、蜈支洲岛、半山半岛、神州半岛、石梅湾、清水湾、分界洲岛、博鳌水城、棋子湾、龙沐湾、海口西海岸等一大批品牌海湾度假区；建设鹦哥岭国家级自然保护区和兴隆侨乡国家森林公园，尖峰岭、霸王岭、吊罗山、五指山的森林旅游已经启动，一批森林旅游项目正进行品牌化、精品化的改造提升。海南积极促进文化与生态旅游融合发展，为生态旅游注入“文化之魂”，推动海口演丰镇、文昌东郊镇、琼海博鳌镇等一大批特色旅游小镇的建设。这些特色旅游小镇无一不是具备鲜明的本土文化特色，向游客展示自己的南洋文化、历史文化、民族文化、海洋文化、生态文化、侨乡文化，成为吸引岛内外游客的开放大景区。2011 年 11 月，海南省政府在陵水县设立海南国际旅游岛先行试验区。海南省努力打造国家级的主题文化园集聚区，建成了文昌航天主题公园、陵水海洋主题公园等多个国家级的主题文化园集聚区。2013 年 2 月 28 日，国务院正式批复海南省设立博鳌乐城国际医疗旅游先行区，标志着先行区上升为国家战略，我国第一家以国际医疗旅游服务、低碳生态社区和国际组织聚集地为主要内容的国家级开发园区宣告成立。2014 年，海南省获得了来自国际人口老龄化专家委员会颁发的“世界长寿岛”牌匾，和韩国济州岛一起，成为世界上获此殊荣的地区。

2016 年，国家旅游局确定将海南省作为全国首个“全域旅游创建示范省”，为全国探索经验、做出示范。海南省创建全域旅游示范省，按照全区域、全要素、全产业链的要求，把海南省作为一个大景区来规划建设，以点、线、面结合的方式推动全域旅游建设，实现“日月同辉满天星，全省处处是美景”。2017 年 9 月，海南省发布的《海南省全域旅游建设发展规划（2016—2020）》提出，海南在 2018 年初步建成“全域旅游创建示范省”，实现全域景观化、景区内外环境一体化、市场秩序规范化、旅游服务精细化。海南省以精品旅游城市、旅游综合体、特色旅游小镇、美丽乡村、特色街区为“点”，以旅游公路、旅游绿道为“线”，以基础设施、公共服务为“面”，极大拓宽了海南旅游发展空间。滨海旅游公路的建设，对于推动全域旅游有着特别重要的意义。随着全域旅游的深入推进，“旅游+”为多产业融合共生共赢提供了新契机。“旅游+农业”催生了龙寿洋国家农业公园、桂林洋国家热带农业公园、海棠湾水稻国家公园，博鳌乐城国际医疗旅游先行区、301 医院等又带动“旅游+健康”产业蓬勃发展，中医理疗、干细胞应用、抗衰老医学等受到中外游客的欢迎。凭借丰富的滨海、森林等“蓝绿资源”，海南省相继推出骑行、高尔夫、帆板等以健康为目的的“旅游+体育”特色产品，加上各大国际体育赛事纷纷落户海南省，体育旅游逐渐成为海南旅游新的增长极。琼海市以建设百姓幸福家园为目标，以打造田园城市为抓手，以 5A 级景区标准大力推进以乡村旅游为主打的全域型旅游，探索了一条极具特色的全域旅游发展之路——琼海市“百姓家园、市民公园、游客乐园”的全域旅游发展道路，为海南省和全国创建全域旅游做出了示范，提供了经验。

这一阶段，海南生态旅游在向品牌化发展的基础上，逐步实现生态旅游的“蓝绿”互补，生态旅游向森林生态旅游、海洋生态旅游、文化生态旅游、康体生态旅游、乡村生态旅游、全域生态旅游拓展，生态旅游产品形态多样，不断满足国内外游客对生态旅游日益增长的需求。

2. 升级发展热带特色高效农业

围绕建设国家热带特色高效农业基地的战略定位，促进农业生产经营专业化、生态化、标准化、规模化、集约化。

（1）大力发展现代农业。重点建设好“五基地一区”，即国家冬季瓜菜生产基地、天然橡胶基地、南繁育制种基地、热带水果和花卉基地、水产养殖与海洋捕捞基地及无规定动物疫病区。①冬季瓜菜生产基地。增加产量，扩大销量，确保质量。落实好建设规划，建立健全瓜菜质量安全保障统防统治体系、标准化体系、田头预冷处理系统和市场营销服务体系，加快良种繁育示范基地建设，实施高标准瓜菜农田提升工程。围绕打造无公害农产品、绿色农产品、有机农产品和地理标志农产品（“三品一标”）海南热带瓜菜品牌，加大政策支持力度，创建了一批国家级、省级无公害产品生产基地、标准化生产综合示范区和出口农产品生产基地。②天然橡胶基地。推动橡胶产业布局向中西部优势地区转移，生产经营模式向产业化经营转变，产品向高端、差异化转变；扩大胶园面积，提升胶园标准，提高种植效益。支持龙头企业整合国有、民营橡胶资源，开展产加销、贸工农一体化经营。③南繁育制种基地。结合实施全国新增千亿斤粮食生产能力规划，建设南繁育制种基地；从种子安全战略高度，把南繁育制种基地建设成为服务全国的“南繁硅谷”；建成南繁种子检验检疫中心、南繁研发中心、瓜果良种繁育示范基地。积极发展航天育种。④热带水果和花卉基地。以市场需求为导向，促进鲜果由产量型向质量型转化，由淡旺季大反差型向周年相对均衡型转化；引导热带水果向优势区域相对集中布局，支持建设一批规模较大、市场相对稳定的香蕉、杧果等优势主导性热带水果生产基地；建好西部兰花博览园。⑤水产养殖与海洋捕捞基地。推动渔船、渔具升级换代，鼓励有实力的企业建造大型远洋渔船，组建远洋捕捞船队，积极拓展外海和远洋捕捞；加快推进养殖池塘标准化改造和示范场建设，全面推进生态健康养殖，把海南省建设成为全国最大的暖水性水产养殖苗种产业化生产基地。⑥发挥无规定动物疫病区的品牌优势，大力发展畜牧业；完善省、市县、乡镇三级动物防疫设施。海南三亚国家农业科技园区是科技部于2010年12月批准建设的第三批国家农业科技园区之一。陵水县于2013年6月正式启动建设陵水现代农业示范基地，于 2016 年入选第七批国家农业科技园区。2017年，海南省确定澄迈翔泰渔业水产品深加工产业园等20个农业产业园为海南省级现代农业产业园。

（2）建设全国生态循环农业示范省。2016年12月24日，农业部将海南省列为全国生态循环农业示范省，并将通过省部共建的方式支持海南省创建全国生态循环农业示范省。创建全国生态循环农业示范省，海南省重点实施畜禽废弃物综合利用、化肥农药减施、田间清洁工程、秸秆综合利用四大行动，配套建设大中型沼气工程 72 处，年产沼液、沼渣 56.9 万吨，有效推进农业绿色发展。一些市县以“废弃物+清洁能源+有机肥料”为方向，实施畜禽废弃物综合利用、化肥农药减施等工程，创建以沼气为纽带的生态循环农业示范区，建立区域性有机肥加工中心，推广测土配方施肥、水肥一体化等技术，取得了明显成效。屯昌县创建全域生态循环农业示范县，以治理畜禽粪污为抓手，发展种养结合生态循环农业，建立“猪-沼-瓜菜”“牛-发酵-蚯蚓”等循环农业示范基地 28 个，覆盖面积 1.5 万亩，辐射面积 5 万亩，农业源减排任务提前完成，不少农户靠着林下生态养殖山鸡脱贫致富。2017年，海南省不仅全面划定了畜禽禁养区、限养区、适养区，推动 297 家规模养殖场完成环保改造，新建有机肥加工中心 4 个，全省畜禽粪污综合利用率从 30%提高到 45.3%，还实施化肥农药减施行动，实现农药使用量连续两年零增长、化肥施用量增幅连续两年下降。“猪-沼-菜”“猪-沼-电”等多种模式生态循环农业的兴起，不仅使农业废弃物得到资源化循环利用，也提升了农业经济质量和效益，已成为海南省循环经济发展的一大亮点。海南省开展生态循环农业模式，主要有以下三种模式：①物质循环利用模式，海南省的做法主要有“猪-

沼-果”、“猪-沼-瓜菜”、“猪-沼-热作”、“牛-发酵-蚯蚓”、“饲-畜-沼-肥”、秸秆综合利用等，但规模都很小，利用率也很低。②产业立体复合循环模式，比较常见的做法有林下养鸡，林下套种竹荪、南药，林下食用菌养殖，稻鱼共生、深海网箱养殖等。这种模式不多，综合效益还有很大的提升空间。③生产清洁节约模式，这种模式对海南省具有极强的现实意义，把化肥和化学农药等农业投入品的用量真正控制下来，有效提升地力（李军，2016）。

（3）建设出口食品农产品质量安全示范区。2017 年 11 月 17 日，海南省印发《海南省出口食品农产品质量安全示范区考核实施办法》，从示范区创建的组织领导、申报、受理、考核、批准公布、监督管理等 6 个方面提出具体工作要求，旨在大力推行区域化管理，建立适应国际国内市场需求的现代食品农产品生产方式和质量安全公共管理体系，提高食品农产品质量安全水平，推动优势产品扩大国际国内市场份额，带动“三农”发展。

（4）发展休闲农业。海南省通过打造共享农庄新业态，推动休闲农业与乡村旅游提质增效。截至 2017 年，海南省已创建中国美丽休闲乡村 12 个（特色居民村：三亚市槟榔村、琼海市北仍村、文昌市葫芦村；特色民俗村：白沙县芭蕉村、三亚市吉阳区中廖村、儋州市铁匠村、陵水县坡村；现代新村：海口市琼山区田心村、琼海市鱼良村；历史古村：琼中县什寒村、琼海市大园古村、澄迈县罗驿村）、部级休闲农业示范县（点）6 个、省级农业公园 13 个、省级休闲农业示范点 213 个，具有一定规模的 576 个，创造农民就业岗位 12 万多个，有力推动了传统农业向休闲农业、热带高效农业转变。同时，海南省各级农业部门不断挖掘农业文化，提升发展内涵。开展农业文化遗产普查，全省共挖掘出 13 个海岛特色农业文化遗产，海口荔枝栽培系统、琼中山兰稻两个农业文化遗产入选 2017 年农业文化遗产保护名单。琼海市会山镇加脑村将苗家文化融入特色村寨建设，成功打造原住民景观、苗族文化中心、苗家客栈、苗家咖啡、苗家乐等特色景点。海南省已培育出 12 条相对成熟的休闲农业与乡村旅游精品线路与景点。海南生态农业旅游品牌的开发处于全面发展阶段，部分经济发达的城市已经拥有在海南省内外比较知名的生态农业旅游品牌，如三亚市的“杧果节”“槟榔村”“亚龙湾国际玫瑰谷”和海口市的“石山互联网农业小镇”“琼中绿橙”“白沙绿茶”“海口开心农场”等，已经具有一定的品牌效应。

3. 优先发展高新技术产业、集约发展新型工业

（1）优先发展高新技术产业。①大力发展信息产业。加快建设海南（澄迈）生态软件园、灵狮海南国际创意港和三亚创意园，鼓励和吸引国内外知名信息技术企业向园区集聚，发展软件研发、服务外包、信息技术培训等软件产品和相关产业，打造国家软件产业基地。②大力发展生物产业。支持海口维琨瑷生物研究

院建设。加快海口国家高新技术产业开发区建设，扶持龙头企业发展。大力发展生物医药产业，增强南药、黎药、海洋药物的自主研发能力，加快国家中药现代化科技产业（海南）基地建设。加快发展生物育种、生物食品、生物农药、生物化肥、生物环保等产业。建立以企业为主体、产学研联合的技术创新体系。③大力发展新能源、新材料产业。支持光伏产业、电动汽车、风力发电、高端特种玻璃、塑料光纤等重点项目建设。建设光伏电池研发中心，形成产学研结合的光伏产业基地。发挥海南省丰富的资源优势，发展生物柴油、燃料乙醇、工业化沼气等生物质能源。支持多晶硅、薄膜太阳能电池项目建设，引进上下游产业链配套项目及高效储能项目。依托文昌航天发射中心建设，积极发展航天配套产业。

（2）集中布局、集约发展新型工业。按照点状园区化集中布局，优化园区产业定位。①洋浦经济开发区。发挥“国家新型工业化产业示范基地”的引领作用，进一步优化、实化、细化洋浦经济开发区总体规划和控规，积极做好洋浦整体区划的扩大和调整工作。把洋浦打造成国家级石油化工一体化产业基地、国家级油气交易中心和储备基地、亚洲最大的制浆造纸产业基地和面向东南亚的物流与航运枢纽港。②东方工业园区。积极发展天然气化工和能源产业，重点推进精细化工项目建设，延伸产业链条，建设好临港精细化工基地。③海口综合保税区。打造以口岸为依托、高度开放的加工贸易和现代物流区，重点发展电子、纺织、建材、家具、饮料等产业，以及物流业。④海口国家高新技术产业开发区。重点发展新能源新材料、生物制药、汽车等产业，形成产业集群。⑤老城经济开发区。重点发展先进制造业和信息产业等高新技术产业，打造国家级软件产业基地，利用海口保税区西移的机遇，实现老城和海口工业的一体化发展。⑥昌江国家级工业循环经济示范园区。以铁矿资源利用、新型建材等产业为主，发挥循环经济的示范作用。⑦金牌港经济开发区。以修造船、海洋工程装备制造业和水产品深加工为主，建设海洋经济特色园区。⑧儋州工业区。依托洋浦大工业和港口的辐射与带动，以木棠工业区和三都化工区为载体，承接洋浦产业转移，发展配套产业。⑨定安塔岭工业园。发展水产品和农产品加工、生物医药、新型建材、塑料光纤、太阳能电池等产业。

（五）改善生态人居

1. 建设生态城镇

“依托现有山水脉络等独特风光，让城市融入大自然，让居民望得见山、看得见水、记得住乡愁。”这是2013年中央城镇化工作会议提出的要求。在建设生态城镇过程中，海南省突出城镇化的生态环境特色和国际旅游岛特色，通过城市“双创”、城市“双修”和打造“田园城市”等模式，保护城镇生态环境，增强城镇综合承载能力，建设宜居、宜业、宜游、宜养、富有活力且各具特色的城镇，走海南特色新型城镇化之路，为国际旅游岛建设发展提供持久强劲动力。

2015 年 7 月 31 日，海口市举行创建全国文明城市和国家卫生城市（简称“双创”）动员大会，号召全市上下迅速行动起来，举全市之力、集全民之智，打一场“双创”攻坚战。2015 年 7 月至 2017 年 11 月，从开启“双创”到打造“升级版”，椰城整洁亮丽，处处文明花开。2017 年 7 月和 11 月，海口市夺得“国家卫生城市”“全国文明城市”的金字招牌，在加快建设美好新海南中切实扛起海口市的省会担当。

2015 年 6 月 10 日，住房和城乡建设部批准海南省三亚市为全国城市双修首个试点城市。城市双修，是指生态修复，城市修补。生态修复方面，一是加强海岸线生态修复；二是加强河岸线生态修复；三是加强山体修复。城市修补方面，一是违法建筑拆除；二是广告牌匾整治；三是城市绿化改造；四是色彩协调；五是城市亮化规划。经过全市人民的共同努力，三亚市城市双修取得了明显的成效。

琼海市以打造“田园城市”为载体，以“幸福琼海”为目标和落脚点，在转方式、调结构中，统筹城乡发展，协调推进现代城市功能聚集提升和向农村延伸覆盖，走出了一条具有琼海特色的新型城镇化发展之路，构筑起“城在园中、村在景中、人在画中”的美丽家园。在新型城镇化建设中，琼海市最值得一提的是“三不一就”原则，即“不砍树、不占田、不拆房，就地城镇化”。“不砍树”是指以生态保护为底线，体现对生态文明理念的坚守；“不占田”“不拆房”是指不搞大建，不走规模扩张型老路子，体现遵循规律、顺势而为的发展思路；“就地城镇化”是指通过完善农村基础设施和公共服务，通过调结构、促转型，让农民不离乡不离土就地创业就业，走上致富之路。到 2014 年年底，琼海市建成文明生态村 1 857 个，占全市自然村总数的 70%，有 8 个村镇被评为全国文明村镇。发展新型城镇化，按照琼海市委、市政府描绘的图景，就是要在 1 710 平方千米的琼海，为 50 万琼海人民建造一座“幸福之屋”。这一座“幸福之屋”的支撑，被他们形象地比喻为“四根柱子”，即特色小镇、农业公园、公共服务均等化、旅游绿道。

2. 建设美丽乡村

海南省将 2011 年定为“村镇卫生环境综合整治年”。卫生环境综合整治从市县向村镇延伸，建成并运营生活垃圾无害化处理厂 17 座和中型垃圾转运站 4 个，城市（县城）生活垃圾无害化处理率达到 86%，实现了全省县城以上垃圾处理设施的全覆盖。2016 年，海南省政府工作报告提出实施“美丽海南百千工程”，重点打造 100 个特色产业小镇，建设 1 000 个宜业、宜居、宜游的美丽乡村，简称“百镇千村”。2016 年 2 月 5 日，海南省人民政府印发《海南省美丽乡村建设五年行动计划（2016—2020）》。海南省委省政府坚定不移地推进美丽海南百镇千村建设，先后制定出台“美丽乡村建设”一系列政策文件，引导社会资本参与“百镇千村”建设，不断完善工作机制、落实工作措施、统筹协调推进。海南省设立200亿元规模的产业小镇发展基金，各级政府成立产业小镇协作推进机构。海南省推进百镇千村建设的做法是，既要做足“面子”，也要做实“里子”。“里子”就是产业，让人民有可持续的收入来源。以遍布火山石著称的海口市石山镇，已打造成远近闻名的风情小镇，但如何让在石头缝里讨生活的人民富裕起来，却是镇干部面临的难题。石山镇施茶村成立施茶石斛种植专业合作社，在火山石上种植石斛，品优价高，村民以土地租金入股分红，预计每年可为全村带来800多万元收入，进而实现整村脱贫。这样既美丽又金贵的产业，如今在海南农村遍地开花。

海南省有乡镇196个、行政村2 558个，这些村庄如一颗颗珍珠散落在海南大地上。实际上在过去的几年中，海南省就一直把建设特色风情小镇作为振兴乡村发展的战略，因地制宜，选用契合当地实际的建设模式。在政府加大投入的同时，积极引进企业投资美丽乡村建设，创建如企业+农民模式（保亭槟榔谷、什进村模式）、企业+政府+农民模式（琼中什寒村模式）、企业+政府+合作社+农民模式（琼海北仍村模式）、企业+政府+农民+金融模式（白沙罗帅村模式）、企业+政府+农民+社会力量（白沙粑樵村模式）等，合力推进美丽乡村建设。目前已建成了海口市美社村、万宁市文通村、琼海市北仍村、文昌市葫芦村等200多个宜居、宜业、宜游的美丽乡村。这些美丽乡村根据自然环境、资源优势、文化传统，探索出了以产业推动、以旅游推动的美丽乡村建设模式。海南省把美丽乡村建设与农民增收、脱贫攻坚、全域旅游等结合起来，打造“一村一品”，大力发展乡村民宿、共享农庄等农旅融合业态，振兴乡村经济发展。

（六）培育生态文化

1. 深化海南环境认识，明晰绿色发展战略

海南省作为全国唯一的全省性的经济特区，有责任也有条件先行先试，继续成为中国新时期改革开放的综合试验区。海南省作为重要的旅游目的地，有责任也有条件在中国旅游业改革发展中闯出一条道路，成为旅游业开发的试验田，为全国旅游业发展创造新机遇。海南省作为生态资源最好、空气质量最优的岛屿省份，有责任也有条件呵护好全国人民甚至世界人民的绿水青山，在生态文明建设和环境保护中领跑全国。绿色是海南省的最大特色，生态环境是海南省的最大优势。依赖国内和国际两个市场，培育以旅游业为龙头的现代服务业，作为支撑海南省发展的主导产业，既能保护好生态环境，又能实现长远可持续发展。在客观条件约束和现实发展趋势下，建设国际旅游岛是海南省最恰当、最符合实际的选择。建设国际旅游岛，不是仅仅发展旅游业，而是通过调整经济结构和转变发展

方式，着力发展以旅游业为龙头的现代服务业，带动海南省自然经济社会的全面协调可持续发展。建设海南国际旅游岛的使命就是为中国提供调整优化经济结构，转变发展方式，建设生态文明的海南方案和海南经验。全国生态文明建设示范区是海南国际旅游岛建设的六大战略定位之一。建设全国生态文明建设示范区就是坚持生态立省、环境优先，在保护中发展、在发展中保护，推进资源节约型和环境友好型社会建设，建设低碳经济示范区，探索人与自然和谐相处的文明发展之路。

2012 年 4 月 25 日，中共海南省第六次党代会为海南省规划了坚持科学发展、实现绿色崛起的美好蓝图，对海南省发展提出了新的发展目标，提出了“坚持科学发展，实现绿色崛起”的路径选择，进一步丰富和完善了海南生态省和国际旅游岛建设的内涵。2013 年 4 月，习近平总书记视察海南省时，提出了“加快建设经济繁荣、社会文明、生态宜居、人民幸福的美好新海南”的重要指示。习近平指出:“保护生态环境就是保护生产力，改善生态环境就是发展生产力。良好生态环境是最公平的公共产品，是最普惠的民生福祉。”“青山绿水、碧海蓝天是建设国际旅游岛的最大本钱，必须倍加珍爱、精心呵护。希望海南处理好发展和保护的关系，着力在‘增绿’、‘护蓝’上下功夫，为子孙后代留下可持续发展的‘绿色银行’。”“13 亿中国人需要有环境优美、适宜度假的地方，海南的同志在保护生态环境方面责任重大，使命光荣。”习近平总书记的指示为海南生态文明建设指明了前进方向。2017 年 4 月 25 日，在中国共产党海南省第七次代表大会上，时任省委书记刘赐贵作了题为“凝心聚力 奋力拼搏 加快建设经济繁荣社会文明生态宜居人民幸福的美好新海南”的报告，提出了今后五年海南省奋斗的主要目标是“建设美好新海南”，就是要通过不懈努力，实现全省人民的幸福家园、中华民族的四季花园、中外游客的度假天堂“三大愿景”。2017 年 9 月 22 日，中国共产党海南省第七届委员会第二次全体会议通过了《中共海南省委关于进一步加强生态文明建设谱写美丽中国海南篇章的决定》，对海南生态文明建设进行了全面系统部署，提出了三十条决定。

2. 加强环境宣传教育，提高全民生态意识

围绕国际旅游岛建设、生态省建设、全国生态文明示范区建设，开展生态环境宣传教育。自从生态省建设以来，海南省发展实施生态城镇和生态文明建设取得了长足的发展，树立了良好的外部形象。以“4·22 世界地球日”、“6·5 世界环境日”、国际生物多样性日、国际保护臭氧层日等主题纪念日及省科技月活动为契机，在城市主要广场和乡镇文化场所开展一系列生态保护和节能减排宣传活动。结合“12·24 宪法日”主题纪念日，组织开展了《环境保护法》宣传月活动，在全省形成学习、知晓新环保法并共同参与保护环境的良好氛围。

新闻发布渠道多样。2010 年，海口市成功举办第四届中国（海南）生态文化论坛等一系列论坛和展览。在海南省规划展览馆布设生态省展位，宣传生态省建设成就，推进创建全国生态文明示范区。2013 年，海南省参加“2013 年澳门国际环保合作发展论坛及展览”。2017 年，在中央、省级媒体刊发（转载）涉及海南省生态环境保护新闻报道 426 篇；成功举办“土十条”“环境日”等 5 场新闻发布会（媒体通气会）；初步建成全省环保系统新媒体矩阵，强化环保官方微博、微信公众号宣传推广，充分展示海南省生态环境保护工作成效和公众生态意识水平。

环保宣教丰富多彩。2017 年，海南省精心策划主题为“绿水青山就是金山银山”的 2017 年环境日宣传活动，首次在《海南日报》推出《环境日特刊》；在主流媒体和新媒体平台开设“小环小保说环保”专栏，发布环保科普文章；举办主题宣传活动、科普展览、开展环保设施公众开放活动、举办水科技比赛、“科普小先生”演讲比赛、开展“环保小讲堂”环境教育校园行、全省环保社团组织骨干集中培训等。

3. 建设公共文化设施，加强生态文化培训

组织实施乡镇综合文化站、文化信息资源共享、广播电视村村通、农村电影放映、农家书屋、农民体育健身“六大文化惠民工程”，成效显著。2010 年，全省建成 205 个乡镇文化站；2012 年，完成“十二五”第二批 10 万套直播卫星接收设备安装，实现了自然村全覆盖。建设完成 120 个行政村文化活动室和 4 个社区文化活动中心。组织开展全省第四批绿色学校、绿色社区、绿色家庭及绿色企业、居住小区和单位庭院绿化先进单位创建和评选工作。2016 年，大力推动环境教育进校园，联合省教育部门，评选并命名海南东寨港红树林国家级自然保护区管理局等 4 家单位为“海南省中小学环境教育社会实践基地”。

二、全国生态文明建设示范区的主要成就

（一）生态经济进步显著

经济发展实现新提升。2010～2017 年，全省地区生产总值从 2 052.12 亿元上升到 4 462.54 亿元，人均 GDP 从 3 505 美元增长到 7 179 美元，全省全口径一般公共预算收入从 528.64 亿元增加到 1 222.24 亿元，固定资产投资从 1 331.46 亿元增长到 4 125.40 亿元，城镇居民人均可支配收入从 15 581 元增加到 30 817 元，农民人均可支配收入从 5 275 元增加到 12 902 元。全省地区生产总值、人均 GDP、全省全口径一般公共预算收入、固定资产投资、城镇居民人均可支配收入、农民人均可支配收入，2017 年分别是 2010 年的 2.18 倍、2.05 倍、2.32 倍、3.10 倍、1.98 倍、2.45 倍。可见，6 项综合性的经济指标，2017 年比 2010 年除了城镇居民

人均可支配收入基本达到翻一番，其他 5 项指标都翻了一番以上。接待旅游过夜人数，从 2 587.34 万人次增加到 5 591.43 万人次，旅游总收入从 257.63 亿元增加到 811.99 亿元。2010 年，海南省人均 GDP 突破 3 000 美元大关，经济社会步入发展新阶段[①]。

结构调整取得新突破。2010～2017 年，海南省三次产业产值占地区生产总值的比重从 26.3∶27.6∶46.1 转变为 22.0∶22.3∶55.7。旅游、金融等行业较快增长，信息产业、高新技术产业、文体产业迅速兴起，农业增速位居全国前列。2017 年全省海洋经济生产总值 1 250 亿元，占全省生产总值的比重达到 28.0%，成为海南省重要的经济增长极。经济结构调整取得重要进展，三次产业结构转型升级。

生态文明建设与民生紧密结合，精准扶贫走出绿色发展之路。海南省有 5 个国家级贫困县，其中 4 个是少数民族市县，集中分布于海南岛中部山区热带雨林国家重点生态功能区。海南省在精准扶贫过程中，对中部山区严格实施了生态红线保护和严禁房地产开发政策，以绿色产业扶贫、生态补偿和生态移民扶贫等方式，在提高贫困户收入水平和脱贫致富能力的同时，保护了生态环境。近 5 年来，全省减少贫困人口 61.9 万人，贫困发生率由 12.3%降至 1.5%，517 个贫困村整村脱贫出列（王明初，2018）。

（二）环境质量全国领先

生态环境质量总体优良。2010～2017 年，海南省生态环境质量总体保持良好，继续保持全国领先水平。2017 年，全省空气质量总体优良。空气质量优级天数比例为 80.9%，良级天数比例为 17.4%，无重度和严重污染天数。全省各项污染物指标均达标，且远优于国家二级标准。2017 年，全国 74 个城市环境空气质量综合指数中，海口市排名第一，全国最优（中华人民共和国生态环境部，2018a），海口市连续 7 年空气质量获第一。地表水环境质量总体优良，水质总体优良率（达到或好于Ⅲ类标准）为 94.4%。开展监测的 52 条主要河流 110 个断面、23 座主要湖库 32 个点位中，94.6%的河流断面、93.8%的湖库点位水质符合或优于可作为集中式生活饮用水水源地的国家地表水Ⅲ类标准。开展监测的 18 个市县 28 个在用城市（镇）集中式生活饮用水水源地水质达标率为 100%，均符合国家集中式饮用水水源地水质要求。海南岛近岸海域水质总体为优，绝大部分近岸海域处于清洁状态，一、二类海水占 96.6%，95.9%的功能区测点符合水环境功能区管理目标的要求。洋浦经济开发区、东方工业园区和老城经济开发区三大重点工业区近岸海域水质总体优良，保持一、二类海水水质。20 个主要滨海旅游区近岸海域水质总体为优（海南省生态环境保护厅，2018）。在 2016 年全国 2 591 个县域生态环

① 按照国际经验，人均 GDP 超过 3 000 美元，标志着一个国家或地区处于消费加快升级换代时期，服务业发展加速，经济将进入快速发展轨道。

境质量综合指数评价中，海南市县均为优良以上，处于全国领先水平（中华人民共和国生态环境部，2018a）。

（三）环境污染有效防控

（1）主要污染物得到有效控制。“十二五”期间，化学需氧量、氨氮、二氧化硫和氮氧化物（除 2011 年外）4 项主要污染物减排刚性指标圆满完成国家下达的任务。建设完成国家下达海南省 33 个国家责任书减排项目，完成各类减排工程项目 604 个。通过环评和排放标准引导，积极推动发展清洁能源、旅游、现代物流、医疗保健、信息、文化等低碳产业，对 95 个不符合国家产业政策、环保政策、城镇规划和“两高一资”、产能过剩行业扩大产能的建设项目，环评审查不予审批（海南省人民政府办公厅，2017）。2017 年，全省单位工业增加值能耗比 2016 年下降 0.3%，全省城镇污水集中处理率达到 82%，年末垃圾处理设施 23 个，城市生活垃圾无害化处理率为 98%（海南省生态环境保护厅，2018）。

（2）重点领域环境风险得到有效防控。实现全过程环境风险防控，初步摸清了全省主要工业园区环境风险和安全隐患，成立了省突发环境应急事件专家库，组织了突发环境事件应急演练，初步建立起海南省突发环境事件应急技术指导体系。严格环境准入，强化环境监管，从源头上防范重金属、化学品和危险废物等污染物的环境风险。收储 116 枚放射源和 154 千克放射性废物，闲置放射源得到安全管控。建立健全重金属企业管理台账，掌握重金属污染物动态变化，实现了重金属污染零事故。开展化学品环境情况调查，实施持久性有机污染物统计报表制度，建立固体废物巡查制度，完善了医疗废物收集运输网络，全省医疗废物收集处置率达到 90%。开展以土壤环境监测为重点的土壤环境监管，强化农产品产地土壤环境例行监测，全省耕地达到土壤环境质量二级标准的比例保持在 81%以上（海南省生态环境保护厅，2018）。

（四）生态建设成果突出

生态环境建设又有新进展。2017 年，森林面积为 2.14 万平方千米，森林覆盖率 62.1%，城市建成区绿化覆盖率 38.65%（海南省生态环境保护厅，2018）。

生态保护空间格局基本形成。截至 2017 年底，全省共建立生态系统、野生动植物、自然景观等自然保护区 49 个，总面积为 2.70 万平方千米。其中，国家级自然保护区 10 个，面积 1 541 平方千米，分别是大田坡鹿、东寨港红树林、霸王岭黑管长臂猿、大州岛金丝燕、三亚珊瑚礁、尖峰岭热带雨林、五指山热带雨林、吊罗山热带雨林、鹦哥岭热带雨林、铜鼓岭十大国家级自然保护区；省级自然保护区 22 个，面积 2.53 万平方千米；市县级自然保护区 17 个，面积 142 平方千米。全省陆地自然保护区 40 个，海洋类型自然保护区 7 个，陆地和海洋综合自然保护区 2 个，自然保护区陆地面积共 2 432 平方千米，占全省陆地面积约 6.9%。全省共有国家级湿地公园 7 处，分别是昌江海尾、海口五源河、海口美舍河、陵水红树林、南丽湖、三亚东河、海南新盈等国家湿地公园，省级湿地公园 5 处。森林公园 28 处，其中国家级 9 处、省级 17 处、市县级 2 处，面积共 1 703 平方千米。国家级森林公园分别是尖峰岭、吊罗山、蓝洋温泉、海口火山、七仙岭温泉、黎母山、海上、霸王岭、兴隆侨乡九大国家森林公园。推进省域和县域“多规合一”工作，更加科学地划定了海南岛生态保护红线，优化了空间布局和功能定位，其中陆域生态保护红线区 11 535 平方千米，占陆域面积 33.5%；近岸海域生态保护红线区 8 316.6 平方千米，占近岸海域面积 35.1%，最大限度地守住了生态红线（海南省生态环境保护厅，2018）。在空间上，全省基于山形水系框架，以海南中部山区的霸王岭、五指山、鹦哥岭、黎母山、吊罗山、尖峰岭等主要山体为核心，以松涛、大广坝、牛路岭等重要湖库为空间节点，以自然保护区廊道、主要河流和海岸带为生态廊道，“一心多廊、山海相连、河湖相串”的生态保护空间格局初步形成。

（五）生态生活改善较大

（1）生态示范创建和人居环境建设取得可喜进展。完成生态市县建设规划编制工作，17 个市县已印发实施生态市（县）建设规划。积极推进生态文明示范区创建，海口市开展“创建全国文明城市、创建国家卫生城市”，三亚市开展“城市修补、生态修复”工作，万宁市、琼海市、儋州市开展生态文明先行示范区建设。截至 2017 年底，全省已累计建成全国文明城市 2 个（海口市、琼海市）、环保模范城市 1 个（海口市）、国家生态文明建设示范市县 1 个（三亚市）、国家级生态乡镇 3 个（琼中县湾岭镇、琼海市博鳌镇、三亚市吉阳镇）、国家级生态村 1 个（琼海市文屯村）、省级生态文明乡镇 33 个、省级小康环保示范村 345 个和文明生态村 17 934 个；全省文明生态村总数占全省自然村总数 85.1%。琼海市的创新实践得到中央有关部门的肯定。2014 年，琼海市荣获“全国休闲农业与乡村旅游示范县”称号，2015 年 1 月再获全国“十佳旅游市县”称号。琼中县荣获首批国家生态文明示范市县称号。三亚市亚龙湾热带天堂森林公园荣获 2015 年国家生态旅游示范区称号。

（2）农村环境保护基本公共服务水平得到提升。统筹城乡环保基础设施建设，位于城市近郊有条件接入城市生活污水处理厂的村庄，通过管网延伸接入城市生活污水处理厂处理生活污水。截至 2017 年底，全省累计建成生活垃圾处理设施 20 座（其中焚烧发电厂 4 座、生活垃圾填埋场 16 座）、转运站 228 座，建成了覆盖城乡“村收集、镇转运、市县处理”的垃圾处理一体化体系。同时，以农村环境综合整治“以奖促治”项目为依托，初步构建农村监测体系，将农村生态环境质量状况，包括水环境状况、大气环境状况等纳入常规监测，并定期发布信息。

（3）基础设施日趋完善，绿色生产方式与绿色生活方式形成良性互动。建设国际旅游岛以来，海南省的旅游服务基础设施建设日趋完善。目前，海南省已经成为全国五星级酒店和国际旅游酒店品牌落户最为密集的地区之一。全域旅游向边远农村延伸，以“农家乐”“生态游”为主要内容的乡村旅游初具规模，生态环境保护制度和制度实施以“人与自然和谐共生”为目标持续推进。以路、光、水、电、气“五网”为代表的基础设施建设成绩斐然。海南路网进入全岛“高速”“高铁”时代，为绿色出行奠定了物质技术基础。海南电网所输送电力的 1/3 强来自光伏、风力、水利、核能等绿色能源，这为“节能减排”国家约束性指标的完成、绿色生产方式和绿色生活方式的形成奠定了物质技术基础。与此同时，海南省还通过推动互联网、物联网、大数据、卫星导航、人工智能同实体经济的深度融合，促进绿色生产方式与绿色生活方式的良性互动（王明初，2018）。

（六）生态制度日趋完善

环境保护法规和体制机制进一步完善。制定和修订了《海南省环境保护条例》《海南省自然保护区条例》《海南省饮用水水源保护条例》《海南省红树林保护规定》等 100 多项与生态环境保护相关的法规和规章。完善环境经济政策，建立生态补偿机制，修订《海南省市县经济社会发展主要指标考核暂行办法》，中部山区市县经济社会发展不再考核地区生产总值及相关经济指标。实施了脱硫加价政策、污水处理收费制度、垃圾处理收费制度、居民阶梯水电制度等一系列政策制度。完成环保领域改革任务 7 项，改革成果已逐步转化为生态环境保护发展的动力。

三、全国生态文明建设示范区的主要问题

（一）生态经济基础薄弱，产业结构有失平衡

生态经济基础薄弱。①农业产业化层次较低。海南省多数县市缺少规模大、带动能力强的龙头企业，产业化经营链条短，产品附加值低，缺少农产品品牌，没有形成“拳头产品”。②特色经济优势不大，工业短腿现象严重。热带高效农业、旅游、水产、林产等产业，已初步构成了海南特色经济的主要部分。但从严格意义上说，这些行业尚未成长为优势产业，不仅规模普遍不大，布点零散，没有积聚力，而且相对优势不明显。海南省工业基础薄弱。2017 年，全年全省工业完成增加值 528.28 亿元，占地区生产总值的 12%（海南省统计局和国家统计局海南调查总队，2018）。③生态旅游开发和品牌化不足。相对于生态旅游资源来说，旅游景区开发程度较低，除了国家级自然保护区和森林公园有一些生态旅游活动，其他保护区和森林公园都很少开展生态旅游活动。生态旅游时空分布不均衡。空间上，东部沿海开发较为成熟，中部、西部开发较少；时间上有淡旺季之分，淡季时，人数和活动较少，旅游设施处于不饱和状态。海南仅有 6 个 5A 级生态景区，

1个国家风景名胜区，16个4A级生态景区。生态旅游产品特色化、品牌化不突出。

产业结构有失平衡。长期以来，海南省养成了或者培育成了一个以房地产为支柱产业的经济，房地产一业独大，2017年房地产税收占49%，投资占了51%（海南省统计局和国家统计局海南调查总队，2018）。

（二）重视经济忽视环保，生态环境问题较多

重视经济忽视环保。①违规填海建造房产，破坏海岸自然生态。大量房地产、旅游地产集中布局在风景优美的滨海一线，对海洋生态和海岸线自然风貌造成破坏。违规填海造地破坏海洋生态环境。截至2016年底，海南省共批准填海造地项目184宗，面积达4 043公顷。其中2013年后年均填海面积达550公顷，约为之前20年年均填海面积的5倍。全省38%的海岸带成为建设用地，10%的海岸带被海水养殖坑塘侵占。②海水养殖无序发展，局部海域污染严重。没有编制出台海水养殖规划，未在重点河湖及近岸海域划定限制养殖区，导致全省海水养殖无序发展，污染情况严重。由于缺乏监管，长期以来无序发展。2016年，全省海水养殖面积达17 823公顷，其中滩涂养殖8 402公顷，约六成滩涂养殖位于潟湖、河口等污染物不易扩散区域，位于陆域的海水养殖场开展环评的或有污染治理设施的均不足1%，大量海水养殖场甚至占用自然保护区和沿海防护林（中华人民共和国生态环境部，2019a）。

生态环境问题较多。①自然保护区管护差，侵占土地事件屡有发生。部分地区存在违规开发旅游项目侵占自然保护区的现象，10个国家级自然保护区中有8个存在未经审批的旅游项目。②污染防治问题突出。污水处理问题较多，不少设施形同虚设。国家要求海南省"十二五"期间新增污水配套管网1 388千米、污水处理能力77.4万吨/天。截至2017年7月，全省仅分别完成"十二五"任务的67%和35%。污水处理厂及配套管网建设滞后。全省41座污水处理厂，有23座污水处理厂进水化学需氧量浓度低于100毫克/升；19座污水处理厂处理负荷低于60%，已建成的污水处理厂"两低"问题突出。生活垃圾处置不够，垃圾污染问题突出。全省垃圾产生量为8 700吨/天，但相应处理能力仅5 673吨/天，垃圾围城、垃圾堆山现象突出。③饮用水水源保护不力，乡镇水源达标不够。生态省建设规划明确要求到2015年乡镇和农村饮用水水源地水质达标率达到80%，但目前达标率仅为50.3%（中华人民共和国生态环境部，2019a）。

（三）生态认识存在偏差，生态制度有待健全

生态认识存在偏差。①一些部门和地方领导认为，海南省自然环境好就是工作做得好，对自身在环境保护工作中存在的问题与不足缺乏清醒认识。②一些市县环保基础设施建设滞后，欠账较多，工作被动。对于这些问题，往往归因于建

省晚、底子薄、经济欠发达，这些问题久拖不决。③一些市县热衷于开展短平快的速效政绩工程，财政过分依赖房地产。④2013 年以来，各市县党委常委会研究生态环境保护专题的数量，不足总议题数量的 3%，生态环境保护工作没有得到应有重视（中华人民共和国生态环境部，2019a）。

生态制度有待健全。①监管不力。一些市县存在一些建设项目未批先建、填海项目化整为零，野蛮施工破坏海洋生态环境等问题，相关主管部门对其监管不力或对其越权审批。②考核不力。生态省建设工作考核是全省唯一生态环保方面的综合性考核，但由于缺乏严肃性、科学性，考核常常流于形式。③追责不力。省政府明确要求对海岸带专项清理工作发现的问题要严肃问责，但清理出来的 112 宗越权审批等突出问题，至督察时，尚无一例实施问责（中华人民共和国生态环境部，2019a）。

四、全国生态文明建设示范区的主要经验

（一）坚持改革开放，促进全面发展

推进海南国际旅游岛建设，根本上是要进一步解放思想、深化改革、扩大开放。海南省因改革而生，因改革而兴，改革是海南省与生俱来的基因。开放是海南省发展的需要，也是生存的需要。海南省始终坚持改革开放是发展海南省的关键。海南省在全国率先开展省域“多规合一”改革，海南省总体规划获国务院批准实施，成立省和市县规划委员会，中央肯定海南省“多规合一”改革是“迈出了步子、探索了经验”。海南省在全国率先创建全域旅游示范省，琼海市开展全域旅游的模式和经验获得国家相关部委的肯定。海南省在全国率先设立旅游警察、环境法庭等。海南省在建设中国特色社会主义和中国生态文明建设的伟大历史进程中谱写了勇立潮头、开拓进取的壮丽篇章，在体制改革中发挥了“试验田”作用，在对外开放中发挥了重要“窗口”作用，为全国改革开放、社会主义现代化建设和生态文明建设做出了重大贡献。

（二）坚持生态立省，实现绿色崛起

海南省始终坚持生态立省，绿色崛起，坚持不断探索实践，不断加深对省情的认识，在实施国家战略过程中凸显海南特色。生态是海南省的生命，绿色是海南省发展的根本。2012 年，海南省确定了“坚持科学发展，实现绿色崛起，为全面加快国际旅游岛建设而不懈奋斗”的发展战略。2017 年 9 月，中共海南省委提出了关于进一步加强生态文明建设谱写美丽中国海南篇章的三十条决定。在党的十八大精神指引下，在海南省委省政府的正确领导下，海南省坚持把生态文明建设摆在突出地位，自觉把生态文明建设融入经济建设、政治建设、文化建设、社

会建设的各个方面和全过程，建设美好新海南迈出了新步伐，实现了海南省的绿色崛起。

实现绿色崛起，首要任务是守住绿水青山。2010～2017年，海南省始终坚持生态立省战略不动摇，牢固树立“绿水青山就是金山银山”的强烈意识，坚持倍加珍爱、精心呵护好生态环境，把生态环境保护放在最优先的位置，划定生态保护红线、环境质量底线、资源利用上线，连续多年实现耕地占补平衡。不断完善环保体制机制，出台并实施大气、土壤、水十条，取消12个生态敏感区市县的地区生产总值考核，国家重点生态功能区转移支付实现省域全覆盖，试点开展领导干部自然资源资产离任审计，制定实施生态环境责任追究和环境保护督察制度。大力开展生态环境六大专项整治，以提升环境质量为核心，持续加强环境保护基础能力建设，扎实推进大气、水、土壤污染防治攻坚战，综合整治城乡环境，农村生活垃圾处理基本覆盖，全面建立河长制湖长制，开工治理64条城镇内河(湖)，启动168个建制镇污水处理设施建设，河道非法采砂得到遏制；实施大气污染防治专项行动，空气优良率保持99%以上；开展全岛海岸带专项检查和整改行动，收回岸线土地近万亩。连续5年完成国家下达的节能减排任务。大气、水体和近岸海域等生态环境质量持续保持全国领先水平。

实现绿色崛起，最核心的支撑在于产业振兴。海南省始终坚持实施产业发展的“三不”原则和“两大一高”战略，即不破坏资源，不污染环境，不搞低水平重复建设，实行大项目带动、大企业进入、高科技支撑。始终坚持构建以现代服务业为主导的产业体系，供给侧结构性改革扎实推进。重点发展以服务业为主的12个产业，服务业对经济增长贡献率达79.5%。旅游业转型升级步伐加快，全域旅游示范省创建顺利开展，2012～2017年，全省年接待游客总人数从3 320.4万人次跃升到6 745万人次，旅游总收入从379.1亿元增长到812亿元，年均分别增长11.5%和15.4%，2017年入境游客人数突破100万人次（海南省统计局和国家统计局海南调查总队，2018）。热带特色高效农业加速发展，“五基地一区”建设成效明显，国家南繁科研育种基地建设规划顺利实施，琼海市、屯昌县等市（县）在生态循环农业发展方面做出积极探索，生态循环农业示范省和出口食品农产品质量安全示范区创建扎实推进，涌现出一批现代农业产业园和特色农产品品牌。腾讯、华为、微软等一批知名企业落户海南省，互联网产业发展迅速，产值年均增速保持在25%以上（沈晓明，2018）。医疗健康产业稳步发展，博鳌乐城国际医疗旅游先行区获国务院批准并运行，成美国际医学中心等项目相继建成。桂林洋国家热带农业公园、海南生态软件园、海口美安科技新城、三亚创意产业园、清水湾国际信息产业园等重点产业园区建设步伐加快。房地产业“两个暂停”调控政策成效明显。会展、现代物流、文体等现代服务业，海洋、医药、低碳制造等高新技术产业实现较快发展。

（三）实行“多规合一”，优化国土空间

在处理发展与保护的关系上，不发展，保护生态环境就没有本钱；不保护生态环境的发展则是“饮鸩止渴”。正确处理经济发展与环境保护的关系，就是要在两者之间找到平衡点，把握好一个度。这个度的最低要求就是，守住生态红线。海南生态红线的最初划定是从生态省建设开始的，后经过主体功能区规划、海南国际旅游岛建设规划、海南省总体规划等，逐步构建起生态功能保障基线、环境质量安全底线、自然资源利用上线三大红线。海南省实行“多规合一”，更加科学地划定了海南岛生态保护红线，优化了空间布局和功能定位，最大限度地守住了生态红线。同时，用省域“多规合一”改革约束和推动县域经济社会发展、城乡土地利用、生态环境保护，对发现的问题及时采取果断措施，做到令行禁止，在全省范围内构建起了共同遵守生态红线、优化国土空间的行动体系，取得了显著成效。2016 年 6 月，习近平总书记主持召开中央全面深化改革领导小组第二十五次会议，会议充分肯定海南省“多规合一”改革工作，通过了《关于海南省域“多规合一”改革试点情况的报告》。

（四）实施“陆海统筹”，促进区域和谐

海南省始终坚持“陆海统筹”。根据海南国际旅游岛战略定位，统筹考虑陆海环境容量、资源承载力、现有基础和发展潜力，遵循自然规律和经济规律，科学确定国际旅游岛建设的功能组团和海岸带功能分区，加强对主要旅游景区和度假区的规划控制。在产业布局和发展上，用于规划建设的滨海、滨河、滨湖等优质土地资源，原则上主要用于度假区和酒店及旅游配套服务设施的建设。滨海度假区的开发应当最大限度保留视线通廊，保护开敞空间。新建滨海度假区的建筑物与沿海最高潮位线最小距离原则上不低于 100～200 米，200 米范围内既有建筑物不得扩建。旅游业的规划与开发，十分重视滨海旅游资源和热带森林旅游资源的互动和互补。重化工业严格限定在洋浦、东方工业区，其他工业项目集中布局在现有工业区。按照点状园区化集中布局，优化园区产业定位。

以上这些策略和措施，既促进了陆海的发展，又保护了陆海环境，是陆海统筹的结果和经验。实践证明，陆海统筹策略和措施促进了区域和谐发展，是完全正确的。

（五）建设生态人居，营造幸福家园

建设生态人居，营造幸福家园是建设全国生态文明建设示范区的目标和内容，根本要求是建设人与自然和谐相处的生活环境。海南省始终坚持以人民为中心、一切为了人民的思想，始终坚持把改革发展的根本目的放在建设海南人民的“幸

福家园”上，始终坚持把人民群众对美好生活的追求作为政府工作的奋斗目标。坚持城市“双创”，持续开展“双修”工程，走绿色城镇化路子，推广“不砍树、不占田、不大拆大建，就地城镇化”模式，因地制宜推进城镇化。努力打造一批具有海绵城镇、智慧城镇特色的新型绿色城镇。加快补齐短板，实施现代化环境基础设施提质全覆盖工程。尊重自然格局，保护自然景观和历史文化风貌。加强城镇规划管理，突出各地特色，合理控制建筑体量、高度和规模，让人民望得见山、看得见水、记得住乡愁。琼海市、海口市、乐东县、澄迈县、白沙县先后荣获“国家卫生城市（县城）”称号。这些都为海南省和全国的生态城镇化提供了宝贵的经验。

文明生态村是海南省社会主义新农村建设的综合载体。文明生态村所承载的是海南农民对未来美好生活的向往。它把文明和生态这两种内涵融为一体，以人与自然、经济与社会、城市与乡村的协调发展为目标，是迈向新时代的小康生活、奔向信息化和生态化生活的重要一步，促使海南农村面貌发生了历史性巨变。“小康不小康，关键看老乡。”海南省始终坚持把文明生态村建设与美丽乡村、乡村振兴、全域旅游、脱贫攻坚、基本公共服务均等化等结合起来。海南省扎实推进“美丽海南百镇千村”建设，大力推动有产业支撑、有文化底蕴、文明程度较高、生态环境优美的特色产业小镇建设。大力推动美丽乡村建设，探索与推行“共享农庄”等模式，推进田园综合体建设。加强村镇规划和宅基地管理，弘扬特色乡土田园文化，农村新建住房高度不得超过椰子树，使建筑、道路与自然景观浑然一体、和谐相融。2015 年 8 月，在全国农村精神文明建设工作经验交流会上，琼海市作为全国 2 800 多个县和县级市的唯一代表在大会上作典型经验发言。中央文明办经过调查研究，充分肯定和推崇以旅游带动新型城镇化和美丽乡村建设的“琼海经验”，发出《建设美丽乡村 构建幸福家园——关于海南省琼海市农村精神文明建设的调研报告》，认为琼海市的经验对全国中西部地区生态环境同类型的农村具有典型示范作用，值得广泛推广和学习。

（六）实施分区管控，形成多样发展

实施分区管控。《海南国际旅游岛建设发展规划纲要（2010—2020）》把海南划分为六大组团，把海南岛海岸带从功能上划分为六大类型区域。六大组团和六大类型海岸带都有各自的目标、产业发展方向、任务和环境保护要求。《海南省主体功能区规划》中提出海南省主体功能区类型，按开发方式，分为重点开发区域、限制开发区域和禁止开发区域；按开发内容，分为城市化地区、农产品主产区和重点生态功能区，并提出了各个主体功能区的功能定位、发展方向和发展重点，以此作为各个功能区开发建设和管理的依据。海南省划分为五大类型区，海南生态核心区的琼中县、五指山市、白沙县和保亭县 4 个市（县）不再考核地区生产

总值。同时，构建“海澄文”一体化综合经济圈、“大三亚”旅游经济圈。

形成多样发展。海南省的 19 个市县建设生态文明的条件都比较好。由于所在自然区位不同、产业布局各异、经济社会发展程度不一，在生态文明建设中，就如何在坚持“环境优先”的前提下处理好与经济发展、城市建设等各方面的关系，各市县形成了各具特色的实践创新成果。中部山区热带雨林国家重点生态功能区是以建设“国家公园”为目标的生态化发展样式；保亭县是以创建国家全域旅游示范区为目标的建全域旅游大景区、创民族生态游大品牌发展样式；昌江县“资源枯竭型城市”是以发展“绿色能源之都”为目标的新型工业化发展样式；琼海市依托博鳌亚洲论坛和博鳌乐城国际医疗旅游先行区，是以建设“田园城市”为目标的“三不一就”发展样式；文昌市以建设文昌国际航天城为目标的文昌国际航天旅游消费中心发展样式；海口市是以“城市双创”、三亚市是以“城市双修”为建设路径的现代化都市绿色发展样式；等等。这种从实际情况出发所展示出来的多样化发展样式，能够极大地丰富“全国生态文明建设示范区”建设发展的形式与内容。

第四章　国家生态文明试验区（海南）建设现状

第三章回顾和总结了1988～2017年海南省生态文明建设三个发展阶段，可以清楚地看到，海南省生态文明建设过程是一个不断探索、不断推进、不断提升的过程。海南建省办经济特区的1988～1998年，是海南省促进经济建设与环境保护协调发展阶段，海南省确定和实施了“一省两地”产业发展战略，为海南生态省建设奠定了产业发展基础和良好的生态环境基础。1999～2009年是海南生态省建设阶段，海南省属于省级生态示范区，生态省品牌唱响。海南省坚持生态立省，保护生态环境，发展生态产业，建设生态人居，培育生态文化，城乡基础设施和旅游服务设施得到快速发展，同时生态环境质量保持全国领先水平，为海南国际旅游岛和全国生态文明示范区建设奠定了良好的经济、社会和生态环境基础，具备了全国生态文明示范区建设的良好条件。2010～2017年，海南省建设国际旅游岛、全国生态文明建设示范区，比省级生态示范区的海南生态省又升级了一步，海南省生态文明建设的优势和特色更加凸显，走出了一条人与自然和谐发展的新路子。2018年，国务院批准建设国家生态文明试验区（海南）。国家生态文明试验区（海南）是全国生态文明建设示范区的升级版、国家生态文明建设的标杆。国务院希望海南省继续探索，为全国生态文明建设提供可复制、可推广的模式和经验。2018年是中国（海南）自由贸易试验区、中国特色自由贸易港、国家生态文明试验区（海南）建设的开局之年，海南人民牢固树立和践行“绿水青山就是金山银山”的理念，坚定不移走生产发展、生活富裕、生态良好的文明发展道路，推动形成人与自然和谐发展的现代化建设新格局，为推动全国生态文明建设探索新经验。

第一节　国家生态文明试验区（海南）的主要做法

一、建设生态制度

（一）健全生态法规和规章

2018年5月13日，中国共产党海南省第七届委员会第四次全体会议通过了《中共海南省委关于深入学习贯彻习近平总书记在庆祝海南建省办经济特区30周年大会上的重要讲话精神和〈中共中央 国务院关于支持海南全面深化改革开放的指导意见〉的决定》。此外，海南省委办公厅、海南省政府办公厅和其他政府部门也发布了一些有关生态文明建设的政策规定（表 4-1）。

表 4-1　2018 年至 2019 年 6 月海南省有关生态文明建设的法规和规章

年份	法规名称	发布或批准单位
2018	海南省人民政府关于健全生态保护补偿机制的实施意见	海南省人民政府
	海南省人民政府关于支持美丽乡村建设的若干意见	海南省人民政府
	海南省人民政府关于印发海南省“十三五”控制温室气体排放工作方案的通知	海南省人民政府
	海南省城乡规划条例	海南省人大常委会
	海南省人民代表大会常务委员会关于实施海南省总体规划的决定	海南省人大常委会
	海南省人民代表大会常务委员会关于加强重要规划控制区规划管理的决定	海南省人大常委会
	海南经济特区土地管理条例	海南省人大常委会
	海南省湿地保护条例	海南省人大常委会
	海南省人民政府关于 2017 年度能源消耗总量和强度“双控”目标责任评价考核结果的通报	海南省人民政府
	海南省矿产资源管理条例	海南省人大常委会
	海南省河长制湖长制规定	海南省人大常委会
	海口市湿地保护若干规定	海南省人大常委会
	海南省大气污染防治条例	海南省人大常委会
2019	海南省人民政府关于印发海南省清洁能源汽车发展规划的通知	海南省人民政府
	海南省全面加强生态环境保护坚决打好污染防治攻坚战行动方案	海南省委省政府
	海南省人民代表大会常务委员会关于批准《保亭黎族苗族自治县城乡容貌和环境卫生管理条例》的决定	海南省人大常委会

（二）完善保障机制

完善以绿色发展为导向的生态文明体制机制，积极探索绿水青山转化为金山银山的实现路径。《国家生态文明试验区（海南）实施方案》《海南热带雨林国家公园体制试点方案》经中央全面深化改革委员会审议通过。《国家生态文明试验区（海南）实施方案》于 2019 年 5 月 12 日发布实施，提出要把海南省建设成为生态文明体制改革样板区、陆海统筹保护发展实践区、生态价值实现机制试验区和清洁能源优先发展示范区。以生态环境质量和资源利用效率居于世界领先水平为目标，海南生态文明建设逐步升级，将谱写美丽海南新篇章。2018 年 1 月 1 日起，海南省正式实施新的《海南省市县发展综合考核评价暂行办法》，取消了包括万宁市在内的 12 个市（县）地区生产总值、工业、固定资产投资的考核，同时把生态环境保护作为负面扣分和一票否决事项。2018 年 4 月，海南省认真贯彻落实《中共中央 国务院关于支持海南全面深化改革开放的指导意见》，就领导干部自然资源资产离任审计工作列出 4 项细化措施。2018 年，海南审计机关安排自然资源资产离任（任中）审计项目 38 个，审计领导干部 52 人，全面推行领导干部自然资源资产离任审计工作，对造成生态环境损害的实行终身追责，实行司法和行政良性互动的生态保护机制。完善生态环境保护补偿机制。海南省制订实施《海南省流域上下游横向生态保护补偿实施方案（试行）》，在赤田水库、南渡江、万泉河、昌化江等流域开展上下游横向生态保护补偿试点，协同推进流域生态环境保护。启动生态环境损害赔偿。2018 年 2 月启动《海南省生态环境损害赔偿制度改革实施方案》的编制工作，并由省委省政府印发实施。推进环境保护税开征工作。在赤田等水库流域开展上下游生态补偿横向转移支付试点。完成省以下环保机构监测监察执法垂直管理体制改革。以南渡江、万泉河、昌化江三大流域为试点，构建流域水环境综合监管执法协作机制。全面推行河长制、湖长制、湾长制。研究确定海南岛人口承载能力和合理人口上限。完善生态环境监管体系，加强多部门、跨市县环境执法联动，探索设立全省流域水环境综合监管执法协作机制。完善生态环境监测网络建设，加快生态环境在线监测网络和大数据建设，形成全省“一张网”；强化生态环境执法，2018 年全省共查处环境违法案件 1 172 宗，处罚金额 1.84 亿元，移送公安机关案件 54 宗。全省共设立环境资源审判庭和巡回法庭 13 个，覆盖海南省全域的环境资源司法保护格局已初步形成（海南省生态环境厅，2019）。

二、保护生态环境

（一）遵循环保督导，解决突出问题

2018 年 6 月 11 日，海南省环境保护督察整改工作领导小组办公室关于进一步做好中央环境保护督察整改工作的通知，提出了《海南省贯彻落实中央第四环境保护督察组督察反馈意见整改方案》（以下简称《整改方案》）。《整改方案》已经党中央、国务院审核同意，并全文向社会公开。海南省委省政府高度重视，提高站位、真抓实干，不折不扣抓好中央环境保护督察反馈意见整改工作，并取得了阶段性成效。2019 年 4 月 28 日，海南省对外公开中央环境保护督察整改情况。为不断完善生态文明建设顶层设计，海南省出台《中共海南省委关于进一步加强生态文明建设 谱写美丽中国海南篇章的决定》《海南省全面加强生态环境保护坚决打好污染防治攻坚战行动方案》等重要制度文件 10 多项。全面落实省委关于加强生态文明建设 30 条措施。加强近岸海域综合治理。着力解决填海造地破坏海洋生态、违规侵占海岸带、海水养殖造成局部海域水质下降等问题。对市（县）政府越权审批的 106 个海岸带项目建设问题进行调查追责，加大环保投入，不断补齐环境基础设施建设短板。截至 2019 年 4 月 28 日，中央环境保护督察指出的 4

个方面 56 个问题 293 项具体整改任务，绝大部分达到整改目标时序进度要求。落实中央环境保护督察整改工作取得了阶段性成效。在督察整改工作中，海南省主要采取了五个方面的措施：一是提高政治站位，不折不扣抓好整改落实；二是聚焦反馈意见抓整改，着力解决突出问题；三是坚决打好污染防治攻坚战；四是突出源头防治，全面推动绿色发展；五是改革完善生态环境治理体系，推进治理能力现代化（中华人民共和国生态环境部，2019a）。

（二）开展专项治理，改善环境质量

深化生态环境六大专项整治。2018 年 6 月 19 日，《海南省人民政府办公厅关于印发海南省深化生态环境六大专项整治行动计划（2018—2020 年）的通知》要求，按照全国生态环境保护大会部署，结合海南省实际，持续深化整治违法用地和违法建筑、城乡环境综合整治、城镇内河（湖）水污染治理、大气污染防治、土壤环境综合治理、林区生态修复和湿地保护“六大专项整治”，着力解决生态破坏和环境污染突出问题。2019 年 3 月 9 日，《中共海南省委、海南省人民政府关于印发〈海南省全面加强生态环境保护坚决打好污染防治攻坚战行动方案〉的通知》要求，坚决打好污染防治攻坚战，全力推进国家生态文明试验区建设，确保海南生态环境质量只能更好、不能变差。

蓝天保卫战。全面落实《大气污染防治行动计划》，制定实施《海南省大气污染防治条例》。①固定源污染防治。推动完成全省现役所有燃煤电厂超低排放改造，其中乐东国电正在实施近零排放改造；建设全省加油站油气回收在线监测与信息平台，完成年销售汽油量 8 000 吨以上的 14 个加油站油气回收在线监测系统建设并联网；组织开展挥发性有机物排污单位摸底调查和检查抽测。②移动源污染防治。全面完成黄标车淘汰任务，出台老旧柴油车提前淘汰和中重型柴油车污染治理实施方案，截至 2018 年 12 月底，共淘汰老旧柴油车 4 432 辆。制订国Ⅵ标准车用汽柴油方案，规定汽油蒸气压限值不大于 60 千帕，严于国标；制订国家第六阶段机动车排放标准方案，实施时间与全国重点地区保持一致。开展机动车遥感监测建设和机动车排放检验机构监督检查。大力推广新能源汽车。推广港口岸电应用，共建设改造岸电泊位数量 39 个，占比 27%。③面源污染防治。推动“六个严禁、两个推进”，加大槟榔土法熏烤整治，禁止秸秆、垃圾露天焚烧，管控烟花爆竹燃放等工作力度。开展重点区域大气联合交叉执法行动，大力推进打击土法熏烤槟榔和槟榔产业升级改造，出台海南省槟榔加工行业污染物排放标准，完成槟榔黑果加工设备筛选并发布推广目录。加强春节、元宵节期间烟花爆竹燃放管控工作。继续做好城市扬尘污染防治工作，建成区主次干道机械清扫率达 80%。积极开展秸秆禁烧和综合利用工作，让秸秆肥料化、饲料化、燃料化、原料化（海南省生态环境厅，2019）。

碧水保卫战。①污染水体治理攻坚战。印发实施《海南省污染水体治理三年行动方案（2018—2020 年）》，推进城镇污水处理设施建设，将城镇内河（湖）、主要河流湖库、入海河流、重点海湾 4 类共 126 处水体纳入整治范围。②饮用水水源地保护攻坚战。印发实施《海南省集中式饮用水水源地环境保护专项行动方案》，开展县级及以上集中式饮用水水源地环境问题专项整治。③加快推动地下水污染防治。完成 917 个加油站地下油罐的更换双层罐或者设置防渗池更新改造工作，降低老旧地下油罐泄漏污染地下水的环境风险；全岛地下水监测点增加至 264 个，基本实现对全岛重要地下水水源地的动态监测。④近岸海域污染防治攻坚战。全省共排查登记入海水流 838 个，含入海河流 104 条、入海排污口 118 个、其他排水口 616 个；清理非法和设置不合理的入海排污口 95 个，已完成整治 94 个。⑤推进工业集聚区污水治理。海口高新技术产业开发区、海口综合保税区、洋浦经济开发区（包含海南洋浦保税港区）、海南老城经济开发区和海南东方工业园区 5 个省级及以上工业集聚区，均已建设集中污水处理设施，安装在线监控装置并与环保部门联网。⑥实施农业面源污染防治。完成畜禽养殖禁养区划定，已划定禁养区 291 个，划定禁养区面积 19 069.37 平方千米，禁养区内依法确需关闭或搬迁的 785 家养殖场（小区）已关闭或搬迁 460 家。实行全国最严厉农药监管制度，全面禁限 65 种高毒有机磷、氨基甲酸酯类等农药的销售和使用；指导全省畜禽规模养殖场进行环保设施改造，推广化肥减量增效技术模式和水肥一体化项目（海南省生态环境厅，2019）。

净土保卫战。①推进土壤污染状况详查。完成农用地土壤详查采样、分析测试和初步成果汇总分析，初步明确全省优先保护类、安全利用类和严格管控类农用地分布和面积；推动重点行业企业用地土壤污染状况调查，对 264 个地块开展基础信息调查，基本完成全部地块的信息采集。②夯实土壤污染防治基础。海南印发实施 2018 年土壤环境综合治理工作方案，制定《海南省土壤污染防治行动计划实施情况评估和考核办法》，召开土壤污染防治联席会议，建成土壤环境信息综合管理平台，建立定期调度工作机制，进一步明确各市（县）和相关部门责任。③强化土壤环境风险管控。更新发布 53 家土壤环境污染重点排污单位名单，筛选建立 26 个疑似污染地块和 2 个污染地块清单，联合相关部门制定发布规范污染地块再开发利用管理工作流程；制订涉重金属行业污染防控方案，发布 7 家涉重金属重点行业企业清单。④实施土壤污染治理修复。制定印发土壤污染治理与修复规划、土壤污染防治资金项目管理办法，建立项目绩效评估指标体系和评估考核办法，推动完善土壤污染治理与修复项目管理制度体系（海南省生态环境厅，2019）。

（三）保护生态系统，保持生态品质

持续推进绿盾专项行动。深入开展“绿盾 2017”专项行动台账问题整改“回头看”和“绿盾 2018”自然保护区新增遥感监测点位实地核查和问题挂号整改，截至 2018 年底，309 个国家级和省级自然保护区整改销号台账问题，完成整改 196 个，整改销号率 63.43%（海南省生态环境厅，2019）。

规范自然保护区建设。完成新建俄贤岭省级自然保护区申报材料审查，上报海南省政府审批，将新增自然保护区面积 6 681.3 公顷。否决了拟穿越铜鼓岭国家级自然保护区核心区、缓冲区建设的文昌铜鼓岭海防监控站传输光缆线路和前端铁塔项目；督导督促铜鼓岭保护区开展鲁能山海天精品酒店和展销中心平移迁建、半山腰会车观景平台拆除、保护区内人类设施清查（海南省生态环境厅，2019）。

严格海洋生态环境保护。推进湾长制建设，完善水生野生动物保护救护体系建设；加强三亚珊瑚礁、万宁大洲岛两个国家级海洋自然保护区的规范建设，清理整顿区内违法人类活动；开展陵水县新村潟湖重点海湾生态环境承载力试点研究。沿海市县均已出台本地《养殖水域滩涂规划》，划定了禁养区、限养区、养殖区，对处于禁养区内的养殖设施进行清理或者搬迁，修复受损生态，并大力开展“退塘还林”“退塘还湿”工作。

持续开展绿化宝岛大行动、林业生态修复与湿地保护专项行动，完成植树造林 10 万亩（海南省生态环境厅，2019）。加强对海南长臂猿、海南坡鹿、海南苏铁等珍稀濒危动植物保护和生物多样性保护。

（四）加强环境防范，控制环境风险

环境准入。严把环境准入关口。全省 2018 年共完成 641 个建设项目环评审批，近 5 660 个登记表项目在网上进行了备案，对 7 个选址不符合规划、违反红线保护管理规定、污染防治措施不可行以及违反相关法律法规的项目不予审批；组织对 10 个专项规划环境影响报告书进行审查；完成 252 个建设项目噪声、固体废物污染防治设施竣工环保验收。首次开展环评文件编制及审批技术审查审核（海南省生态环境厅，2019）。

排污许可。2018 年共发放排污许可证 28 个，完成了生态环境部规定的相关行业许可证核发任务；开展已发证行业证后执行情况评估工作和已发证企业的证后专项执法检查；推进海南省排污许可管理信息平台开发工作（海南省生态环境厅，2019）。

固体废物管理。开展固体废物全过程监管，打击非法转移和倾倒处置专项工作及危险废物规范化管理督察考核，全面实行危险废物转移电子联单，将 480 家企业纳入信息系统，危险废物规范化管理合格率提升到 82.1%（海南省生态环境

厅，2019）；印发《海南省人民政府办公厅关于加强危险废物污染防治工作的意见》，规范实验动物废弃物管理；实施危险废物集中处置设施建设规划，推动危险废物处置能力建设。

三、优化生态空间

生态空间安全。《海南热带雨林国家公园体制试点方案》提出，整合海南岛中部山区的5个国家级自然保护区、3个省级自然保护区、4个国家级森林公园、6个省级森林公园及相关的国有林场，设立海南热带雨林国家公园，总面积约4 403平方千米。2019年4月1日，海南热带雨林国家公园管理局在海南省陵水县吊罗山揭牌成立，标志着海南热带雨林国家公园建设揭开了新篇章，海南热带雨林国家公园体制试点启动。

空间格局优化。严格执行“多规合一”，实施《海南省总体规划（空间类2015—2030）》和各市县总体规划。①校核优化生态保护红线。对原划定的生态保护红线进行复查、校核优化；完成生态保护红线、永久基本农田、城镇开发边界三条控制线划定工作。②全面启动“三线一单”编制。制订海南省区域空间生态环境评价暨“三线一单”（生态功能保障基线、环境质量安全底线、自然资源利用上线和环境准入清单）编制工作实施方案，全面启动“三线一单”工作；在海口市、三亚市、儋州市、东方市、陵水县和洋浦经济开发区6个市（县、区）开展“三线一单”编制试点。③严格国土空间用途管制，严守生态保护红线、环境质量底线、资源利用上线。坚持依法用海、科学用海、规划用海，扩大海洋保护区面积。

四、发展生态经济

（一）推动旅游业提质升级

1. 加快推进国际旅游消费中心建设和全域旅游发展

适应全面深化改革开放和消费转型升级的趋势，加快建设具有世界影响力的国际旅游消费中心。充分发挥海南生态环境、气候条件优势，发展康养、民宿、热带雨林、民族风情、文娱赛事旅游，引进和创作高水准文艺精品和演艺节目，连续办好海南岛国际电影节、三亚国际音乐节等新节庆活动。推进全域旅游发展。按照国际通行标准，进行旅游设施和要素改造，建成规范、统一、多语种的公共场所标识标牌导向系统，大力推动旅游管理和服务信息化，健全旅游服务标准、监管、诚信、投诉体系，提高从业人员文明素质和服务水平，为中外游客提供更高质量、更高水准的服务。精雕细琢建设环岛旅游公路，让最美的公路连接最美的风景，努力打造“传世之作”。海南省共有国家5A级景区6个：海南省三亚市蜈支洲岛旅游区、海南呀诺达雨林文化旅游区、海南槟榔谷黎苗文化旅游区、三亚市南山大小洞天旅游区、分界洲岛旅游区、三亚市南山文化旅游区。国家 4A 级景区 18 个：中国雷琼海口火山群世界地质公园、博鳌亚洲论坛永久会址景区、海南七仙岭温泉国家森林公园、海口观澜湖旅游度假区等。保亭县和三亚市吉阳区成功创建国家全域旅游示范区。2019 年 7 月，海口市秀英区永兴镇冯塘村、定安县龙湖镇高林村、海口市美兰区演丰镇山尾头村、儋州市木棠镇铁匠村、白沙县罗门乡罗帅村、澄迈县老城镇罗驿村、三亚市吉阳区中廖村、琼中县红毛镇什寒村 8 个美丽新村入选首批全国旅游重点村。

2. 生态旅游业态和产品

截至 2018 年底，海南省旅游饭店总数 966 个，客房总数 159 695 间，床位 268 007 张，客房开房率 64.91%，全省共有挂牌星级宾馆酒店 125 家，其中五星级 27 家、四星级 40 家、三星级 58 家。旅行社总数 389 个，执业导游 5 000 多人。全省旅游直接就业人数超过 40 万人，间接就业人数超过 160 万人（海南统计局和国家统计局海南调查总队，2019）。

海南省形成了海洋生态旅游、康养生态旅游、文化生态旅游、体育生态旅游、度假生态旅游、观光生态旅游、森林生态旅游、特色城镇生态旅游、乡村生态旅游、科技生态旅游十大生态旅游产品体系。生态旅游形式包括游览、观赏、科考、科普、水上运动、休闲度假、康体疗养、田园采摘，生态文明村镇游、风情小镇文化游、生态农业主体活动等，呈现出形式多样的新业态、新产品，主要集中在森林、海洋、乡村三大生态旅游业态。

（1）森林生态旅游。目前，海南省拥有热带雨林国家公园体制试点区 1 个，森林公园 28 个，其中国家森林公园 9 个。此外，A 级景区中，剔除重复的森林公园，有 9 个景区开展森林旅游；自然保护区中，除去重复的森林生态系统，还有 20 个自然保护区的保护对象是森林生态系统，都有森林旅游活动。海南省初步形成了以五指山为核心，向外辐射尖峰岭、霸王岭、吊罗山、七仙岭、黎母山等国家森林公园、省级森林公园和自然保护区的森林生态旅游网络，建成了一批有地方民族特色的热带雨林主题公园和生态文化教育基地。森林旅游正从观光旅游为主向森林体验、森林康体、休闲度假、自然教育、山地运动、生态露营等方向转变。例如，尖峰岭国家森林公园推出“露营文化”，海口火山国家森林公园推出特色研学游、亲子游产品；一些森林公园和景区开发的温泉疗养、徒步观光、惊险漂流等森林旅游产品受到游客青睐，进一步满足了游客观光、度假、康养、生态体验等多样化需求。据海南省林业局统计数据，2019 年国庆黄金周期间，海南森林旅游接待人数 17.15 万人次，旅游总收入约 2 076 万元（孙慧，2019）。

（2）海洋生态旅游。海南省已建设完善了亚龙湾、海棠湾、蜈支洲岛等一大批具有国际水准和国家级的海湾海岛旅游休闲度假区。海洋生态旅游产品有海洋观光、海洋生态度假、海洋水上运动、海洋科普科考等产品。海南省推出了环海南岛热带滨海观光体验游、海南岛东线滨海度假休闲游、海洋探奇休闲游等线路。2018 年，海南省积极打造渔业风情小镇，积极推进美丽渔村旅游示范区建设。据不完全统计，2018 年，海南省休闲渔业产值 13.9 亿元，经营主体 450 个，从业人员 2 200 人；全省从事休闲渔业、垂钓、渔事体验观光的船舶共 1 500 余艘；全年休闲垂钓及游钓体验总计 129.7 万人次（海南省发展和改革委员会，2019）。

（3）乡村生态旅游。已建成海南省椰级乡村旅游点 124 个，其中，五椰级、四椰级、三椰级、二椰级、一椰级数量分别为 20 个、28 个、37 个、32 个、7 个。到 2018 年底，建成乡村旅游扶贫重点村 90 个，在各景区、乡村旅游点、酒店设立旅游扶贫商品销售专区 135 个。实现就地就近就业 39 659 人、跨省转移就业 4 835 人。开发就业扶贫公益性岗位 12 991 个，3 768 户零就业贫困家庭至少 1 名劳动力实现就业（海南统计局和国家统计局海南调查总队，2019）。2018 年，海南全省乡村接待游客 1 024.64 万人次，同比增长 7.69%，实现乡村旅游收入 32.16 亿元，同比增长 12.55%。到 2019 年底，建成 816 个美丽乡村（沈晓明，2020）。

（二）培育壮大高新技术产业

把创新作为推动发展的第一动力，新培育一批高新技术企业，推动技术先进型服务企业发展。落实创新驱动发展战略实施方案。加快国家南繁科研育种基地、国家热带农业科学中心、全球动植物种质资源引进中转基地、国家深海基地南方中心、航天领域重大科技创新基地建设，推动深海技术实验室正式运行，引进我国种业领域国家队——中国科学院种子创新研究院、中国种子集团入驻。海南省共有 7 家开发区纳入 2018 年版《中国开发区审核公告目录》，其中，国家级开发区 5 家，分别是海南洋浦经济开发区、海南高新技术产业开发区、海南洋浦保税港区、海口综合保税区、三亚亚龙湾国家旅游度假区；省级开发区 2 家，分别是海南东方工业园区和海南老城经济开发区。三亚崖州区现代农业产业园列入 2019 年国家现代农业产业园创建名单。产业园的发展定位包括国家“南繁硅谷”建设核心区、国家南繁科研育制种基地重点区、国家种业合作开发的先行区、国家现代农业产城融合示范区。2019 年 2 月，琼海博鳌国家农村产业融合发展示范园列入首批国家农村产业融合发展示范园名单。这是海南省唯一入选的示范园。2018 年 7 月，农业农村部公布前六批全国一村一品示范村镇监测合格名单中，海南省有海南省万宁市礼纪镇三星村（豇豆）、海南省万宁市龙滚镇（龙滚菠萝）、海南省屯昌县西昌镇群星村（天涯一号山鸡）、海南省屯昌县枫木镇（枫绿苦瓜）、海南省澄迈县桥头镇沙土村（地瓜）、海南省昌江县十月田镇姜园村（圣女果）、海南省陵水县光坡镇武山村（陵水圣女果）、海南省乐东县佛罗镇福塘村（大棚哈密瓜）、海南省琼中县和平镇长兴村（槟榔）。第八批全国“一村一品”示范村镇名单中，海南省有海南省昌江县十月田镇好清村（香水菠萝）、海南省琼中县湾岭镇岭脚村（桑蚕）、海南省琼中县红毛镇罗坎村（山茶油）、海南省琼中县和平镇长兴村二队（飞瀑山咖啡）、海南省儋州市木棠镇铁匠村（黄花梨木）。2018 年，海南省政府确定桂林洋国家热带农业公园、海口市三角梅高新技术产业园、三亚市海棠湾水稻国家公园等 15 个农业产业园为海南省级现代农业产业园；2019 年认定海口金绿果热带水果产业园、三亚万保现代循环农业产业园等 17 个农业产业园为海南省级现代农业产业园。至 2019 年，全省累计有百家省级现代农业产业园。

积极发展新一代信息技术产业和数字经济，带动形成世界级互联网企业集聚发展的态势。加快海南生态软件园等园区建设，发展研发设计、动漫游戏、电子竞技等数字产业。推动互联网、物联网、大数据、商用航天、人工智能和实体经济深度融合，规划建设海南岛物联网应用创新基地、博鳌乐城智能网联汽车示范区。高质量发展洋浦经济开发区、美安科技新城，推进建设澄迈等油气勘探生产服务基地和地热综合利用实验基地，加快乙烯项目建设，积极延伸油气产业链；发展高端医药产品、医疗器材等低碳制造业。

（三）发展热带特色高效农业、海洋经济，统筹 12 个重点产业

深化农业供给侧结构性改革，引进和选育若干优质热带农产品种源，从源头上提高农产品竞争力。进行种植养殖结构调整，扩大热带水果、蔬菜、椰子等高效品种种植。以规模化种植支撑加工业发展。引导农业品牌资源整合，重点打造海南杧果、莲雾、火龙果、黑猪等 10 个省级公共品牌。推动琼海农业对外开放合作试验区建设。引进国际农产品检测认证机构，为农产品拓展国际市场创造条件。努力使海南省的农产品达到国际最高的安全标准。设立南海天然气水合物勘探开采先导试验区和海底矿物商业化开采示范区，培育海洋生物制药、海洋装备等新兴产业。

统筹发展 12 个重点产业。2018 年 6 月，海南省以壮士断腕的决心，开始全域全岛限购商品房。围绕旅游业、现代服务业、高新技术产业三大板块和 12 个重点产业，深化供给侧结构性改革，调整优化省级重点产业园区规划布局和产业定位，因市因县施策，突出各自优势和特点，促进产业分工协同、功能互补，形成集聚效应。

五、改善生态生活

人居环境改善。2018 年 5 月 18 日，中共海南省委办公厅 海南省人民政府办公厅印发《海南省农村人居环境整治三年行动方案（2018—2020 年）》。2018 年，海南省认真落实《海南省农村人居环境整治三年行动方案（2018—2020 年）》，全省完成 204 个行政村农村生活污水治理设施建设，166 个行政村正在建设中；农

村清扫保洁覆盖率95%以上。海南省琼海市沙美村、陵水县什坡村入选2018中国美丽休闲乡村名单。实施乡村振兴战略规划，13个特色产业小镇、566个美丽乡村基本建成（沈晓明，2019）。

生活方式绿色化。2019年2月16日，《中共海南省委办公厅 海南省人民政府办公厅关于印发〈海南省全面禁止生产、销售和使用一次性不可降解塑料制品实施方案〉的通知》要求，开始全省全面禁止生产、销售和使用一次性不可降解塑料制品的行动，大力推广环保可降解包装物。结合海南区域特点，分阶段、分层次逐步推进生产者责任延伸制度的构建与实施，明确推行“押金回收制度”，打破垃圾分类回收突破口，把生产者和消费者对生态环境保护承担的责任落到实处。2019年，全省实行小客车总量调控管理，出台《海南省清洁能源汽车发展规划》，将在2030年全面禁售燃油车。在发展新能源汽车、禁售燃油车的道路上，海南迈出了全国第一步。大力推进装配式建筑发展，促进以绿色建筑为主要内容的绿色城市建设。

六、培育生态文化

（一）不断加深对国家生态文明试验区（海南）的认识

国家生态文明试验区（海南）是中国（海南）自由贸易试验区的战略定位之一。国家生态文明试验区（海南）和中国（海南）自由贸易试验区相互依赖、相互支持。一方面，中国（海南）自由贸易试验区建设通过优化调整产业结构，发展绿色经济、低碳经济和循环经济，实现海南省高质量发展，促进生态文明建设和生态环境保护，从而促进国家生态文明试验区（海南）的建设。另一方面，国家生态文明试验区（海南）建设为中国（海南）自由贸易试验区建设提供生态环境、营商环境等生态文明方面的基础与条件，通过探索解决生态文明建设体制机制的疑难问题，深入推进海南生态文明建设，使海南生态环境质量达到国际领先水平，从而吸引更多的高质量国际投资者和旅游者来海南投资创业和旅游度假，促进中国（海南）自由贸易试验区又好又快发展。国家生态文明试验区（海南）建设重在探索试验，解决中国生态文明建设体制机制方面的疑难问题，为中国生态文明建设探索新经验。国家生态文明试验区（海南）建设的关键在于培育生态文化，树牢生态文明理念，使生态文明成为海南人民和游客的主流意识和自觉行动；进一步调整人与自然的关系，巩固与提升生态环境质量，使海南生态环境质量达到世界领先水平。

建设国家生态文明试验区伊始，海南省委省政府就十分重视树牢生态文明理念，不断端正发展方向。海南省要树牢的生态文明理念，就是生态优先，绿色发展。在海南省委七届六次全会上，刘赐贵表示，始终把良好的生态环境作为海南的最大本钱和最强优势，所有新上项目都不能对生态环境造成增量压力，以最严格的政策和措施确保生态环境只能更好、不能变差。时任海南省省长沈晓明强调：良好的生态环境是海南的“金饭碗”，要像珍惜我们生命一样保护好它。海南生态环境好不等于生态环保工作做得好，生态文明建设永远在路上。要从讲政治的高度提高思想认识。深入贯彻党中央、国务院决策部署，算好绿水青山就是金山银山的经济账，算好空气和水是最公平的公共产品的民生账，算好以人民为中心的政治账，自觉抓好生态文明建设和六大专项整治。

（二）深入开展生态文化宣传教育

2018 年全省共举办各类主题宣传活动 42 场，直接参加群众约 3 万人次；累计发放宣传资料约 10 万份，发送“六五环境日”主题手机公益短信近千万条次，播出电视公益广告 48 条次；开展“美丽中国，我是行动者”主题实践活动，发布《行动带来改变、改变延续美丽》主题倡议；联合《海南日报》推出《美丽海南，我是行动者——2018 年环境日特刊》。选定环保设施及城市污水垃圾处理设施开放单位 9 家，组织完成例行开放和集中开放 45 场，接待参观人员两千余人次；指导环保社团组织开展环境宣传教育进社区、进农村、进学校、进企业“四进”活动 15 场次，直接参与群众近 7 000 人次；举办海南省大学生环保社团组织骨干培训 1 期。同时，还举办了海南省首届大学生核安全知识演讲比赛、第四届核安全文化媒体行活动等核安全文化宣传活动（海南省生态环境厅，2019）。

第二节　国家生态文明试验区（海南）的主要成就

一、生态环境质量保持优良

2018 年，全省环境空气质量总体优良，优良天数比例为 98.4%。与 2017 年比较，全省环境空气质量稳中向好，其中优良天数比例上升 0.1%。在 2018 年全国 169 个城市环境空气质量综合指数评价中，海口市仍排名在全国首位，环境空气质量最好（中华人民共和国生态环境部，2019b）。2018 年，全省地表水环境质量总体为优，水质优良率为 94.4%。开展监测的 52 条主要河流 110 个断面、23 座主要湖库 32 个点位中，94.6%的河流断面、93.8%的湖库点位水质符合或优于Ⅲ类标准。全省 18 个市县（不含三沙市）县级及以上城市（镇）在用集中式饮用水水源地共 30 个。30 个水源地监测断面（点）全年均稳定达标，水质总体达标率为 100%。全省饮用水水源水质以Ⅱ类为主，水质总体优良，13.3%为Ⅰ类水质，73.4%为Ⅱ类水质，水质为优；13.3%为Ⅲ类水质，水质为良。2018 年，全省近岸海域水质总体为优，近岸海域 90 个环境质量监测点位（本年度监测 88 个点位）水质优良率（一、二类海水）为 96.6%。2018 年，海南省海洋生态环境质量总体保持优良，海南岛东海岸和西沙生态监控区生态系统处于健康状态。2018 年，全省土壤环境质量总体较好，对国家网 35 个土壤背景点位的 94 个监测对象开展了土壤环境质量监测，79.8%的监测结果未超过《土壤环境质量 农用地土壤污染风险管控标准（试行）》（GB 15618—2018）风险筛选值。2018 年海南省 18 个市县的生态环境状况指数在 71.44～93.55，平均为 81.42，生态环境状况等级为“优”，全省植被覆盖度高，生物多样性丰富，生态系统稳定（海南省生态环境厅，2019）。2018 年全国县域生态环境质量评价结果表明，海南省各市（县）生态环境质量等级均为优良以上，处于全国领先水平（中华人民共和国生态环境部，2019b）。

二、污染防治攻坚战成效斐然

全面落实海南省委关于加强生态文明建设 30 条措施。中央环境保护督察和国家海洋督察反馈问题整改有序推进。深化生态环境六大专项整治。2018 年，海南省二氧化硫和氮氧化物排放量分别为 2 万吨和 7.97 万吨，减排比例分别为 1.4% 和 6.0%，完成国家下达的减排任务，《大气污染防治行动计划》实施情况在国家考核中获优秀等级。2018 年海南省《水污染防治行动计划》实施情况在国家考核中获优秀等级，并获得 5 000 万元奖励。全省城镇内河（湖）污染水体整治累计完成投资 69.19 亿元，完成 29 个城市黑臭水体消除任务，海口市美舍河、鸭尾溪、大同沟黑臭水体治理效果良好，荣登生态环境部光荣榜。全省建成投运污水处理设施 16 座，新增污水处理规模 16.22 万吨/日，新增污水配套管网 395.2 千米，对敏感区域 10 座城镇污水处理厂进行提标改造，新开工建设乡镇污水处理设施 54 座。全省地级以上城市的 29 个黑臭水体已全部消除黑臭，超额完成国家考核任务。建成区主次干道机械清扫率达 80%。健全绿色矿山制度，完成矿山地质环境治理 309.51 公顷。全省建成生活垃圾转运站 253 座、无害化垃圾处理设施 23 座，全省城乡生活垃圾无害化处理率达 90%以上（海南省生态环境厅，2019）。

三、生态保护空间格局基本形成

进一步落实海南岛生态保护红线。其中，陆域生态保护红线区 11 535 平方千米，占陆域面积的 33.5%；近岸海域生态保护红线区 8 316.6 平方千米，占近岸海域面积的 35.1%。海南岛 1/7 面积为热带雨林，海南省森林覆盖率稳定在 62.1%以上。全省共有自然保护区、森林公园、湿地公园、风景名胜区、地质公园、海洋类保护区等各类自然保护地 117 处。成立海南热带雨林国家公园体制试点区。在空间上，基于海南的山形水系，以中部山区为核心，以重要湖库为节点，以自然山脊及河流为廊道，以生态岸段和海域为支撑，构建全域生态保育体系，总体形成“生态绿心+生态廊道+生态岸段+生态海域”的生态空间结构。推动生态文明示范创建。全省累计有 18 598 个文明生态村，占全省自然村总数 88.27%。三亚市荣获第二批国家生态文明建设示范市县称号。昌江县王下乡为国家生态环境部"绿水青山就是金山银山"实践创新基地。全面推进生态修复城市修补，全域创建卫生城市。装配式建筑推广应用取得突破，建成面积 82 万平方米。全省湿地保护修复进展顺利，海口市荣获全球首批国际湿地城市称号（海南省生态环境厅，2019）。

海南省生态旅游景区（点）情况见表 4-2。海南生态旅游景区已从原自然生态景区拓展到半自然景观景区和生态文化景区，建立了生态旅游目的地体系。海南省建设了一条环岛旅游公路把它们串联起来。

表 4-2　海南省生态旅游景区（点）情况

景区类型	总个数/个	面积/平方千米	国家级个数/个	省级个数/个	市县级或其他个数/个
自然保护区	50	27 066.81	10	23	17
海洋特别保护区及海洋公园	3	52.21	2	1	
森林公园	28	1 700	9	17	2
湿地公园	12	111.13	7	5	
地质公园	6	452.72	4	2	
风景名胜区	19		1	18	
湿地保护小区	46	113.32			46
A 级景区	58		5A 级景区 6 个，4A 级景区 19 个，3A 级景区 25 个，2A 级景区 8 个		
海南省椰级乡村旅游点	124			五椰级 20 个，四椰级 28 个，三椰级 37 个，二椰级 32 个，一椰级 7 个	

注：数据资料来源于文献（海南省生态环境厅，2019）和阳光海南网。海南乡村旅游点（区）被划分为五个等级，从低到高依次为一椰级、二椰级、三椰级、四椰级、五椰级。2019 年 3 月，海南省批准建立俄贤岭省级自然保护区。

海南省各市县生态旅游景区（点）情况如图 4-1 所示。A 级生态旅游景区都是生态旅游活动开展比较成熟的景区，三亚市、海口市、琼海市、陵水县、文昌市等市（县）发展情况较好，乐东县、昌江县、东方市、白沙县、临高县、三沙市 6 市（县）为空白。森林公园中，三亚市、东方市发展情况较好，临高县、澄迈县、定安县、屯昌县、三沙市 5 市（县）为空白，亚龙湾热带天堂森林公园、尖峰岭、七仙岭等生态旅游活动开展得较好。自然保护区中，万宁市、三亚市、儋州市、琼中县、东方市等发展较好，定安县、屯昌县为空白，东寨港、铜鼓岭、霸王岭、尖峰岭、吊罗山、五指山、鹦哥岭等国家自然保护区和白石岭省级自然保护区有少量的生态观光、度假旅游。风景名胜区中，三亚市、海口市、万宁市的生态旅游开展较好，乐东县、昌江县、白沙县、东方市、澄迈县、三沙市 6 市（县）没有省级及以上风景区，三亚热带海滨国家级风景名胜区、铜鼓岭、东郊椰林、东山岭、海口石山、万泉河、白石岭、临高角、七仙岭、百花岭、南丽湖、神州半岛、石梅湾等风景区有较好的生态旅游活动；省椰级乡村旅游点中，澄迈县、海口市、文昌市、保亭县、乐东县等走在前面，昌江县、东方市相对落后。

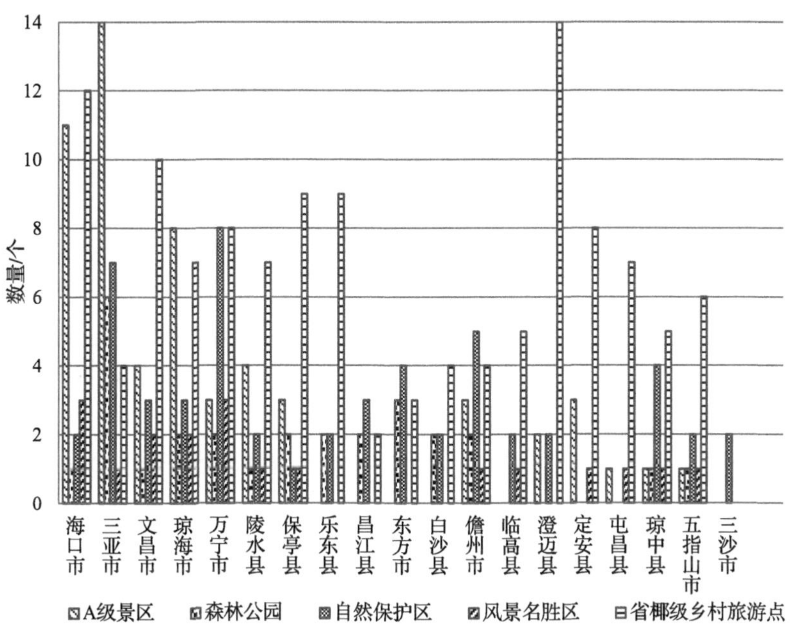

图 4-1　海南省各市（县）生态旅游景区（点）情况

（资料来源：海南阳光网和《海南省旅游发展总体规划（2017—2030）》）

四、产业结构进一步优化

新的经济增长点正在培育壮大。深化供给侧结构性改革，积极发展新产业、新业态，不断培育壮大新动能。互联网产业保持高速发展，全年营业收入增长 40%。医疗健康、会展、现代物流业实现较快发展。创新博鳌乐城国际医疗旅游先行区运营模式，“国九条”优惠政策逐步实质性落地；“超级医院”已有 17 个顶尖学科团队入驻，创造了多项全国第一；国际知名整形外科医院开业运营，一批国际知名医学机构签约入驻。依托海南省独特优势，重点培育南繁育种、深海科技、航天科技三大高新技术产业。全省高新技术企业增加到 381 家，增长 46.1%（沈晓明，2019）。

产业结构正在进一步优化。调优扶强12个重点产业，三次产业结构由2017年的22.0∶22.3∶55.7调整为2018年的20.7∶22.7∶56.6，第三产业比重提高0.9个百分点。服务业结构优化，实施全域限购等最严房地产调控措施，房屋销售面积和销售额持续下降，有效防止炒房、炒地和房价大起大落。旅游业发展提质增效，2018年，全省旅游业完成增加值392.82亿元，比2017年增长8.5%，全年接待游客总人数7 627.4万人次，增长11.8%，其中接待旅游过夜游客6 329.66万人次，增长11.7%，旅游总收入950.2亿元，增长14.5%，占地区生产总值的19.66%。（海南省统计局和国家统计局海南调查总队，2019）。高新技术、健康、战略性新兴服务业均实现较快发展。新型工业效益提升，医药、低碳制造业等产业发展良好。农业结构优化，扩大冬季瓜菜10万亩、热带水果7.6万亩，推广优质稻95万亩、特色稻2.8万亩，调减低效经济作物12万亩，恢复撂荒地生产10万亩（沈晓明，2019）。循环农业继续推进，渔民转产和渔业转型加快。

五、发展质量效益得到新提升

经济运行呈现稳中有进、结构优化、提质增效的良好态势。2018年实现地区生产总值4 832.1亿元，增长5.8%，剔除房地产业后增长7.6%；地方一般公共预算收入752.7亿元，增长11.7%；城镇和农村常住居民人均可支配收入分别达33 349元和13 989元，分别增长8.2%和8.4%。在房地产调控的大背景下，税收、财政收入、居民收入仍实现较快增长（海南省统计局和国家统计局海南调查总队，2019）。

区域协调发展格局正在形成。“海澄文”一体化综合经济圈、“大三亚”旅游经济圈建设取得重要进展。城乡一体化的“五网”基础设施加快建设。自然村光纤宽带网络覆盖率达81%，4G网络信号覆盖率达98%。电网改造成效明显，全省年户均停电时间降到23.5小时。新开通10个乡镇管道天然气。红岭灌区和南渡江引水主体工程基本完工。坚持陆海统筹发展，加快生态岛礁建设，岛礁服务设施与功能进一步完善。港口资源整合取得实质性进展。

脱贫攻坚质量水平有效提升。深入实施精准扶贫、精准脱贫，全省8.67万人脱贫、81个贫困村出列，保亭县、琼中县2个国定贫困县已脱贫摘帽（沈晓明，2019）。

六、生态文明建设体制机制进一步完善

完善以绿色发展为导向的生态文明体制机制。积极探索绿水青山转化为金山银山的实现路径。海南省制订实施了《海南省全面禁止生产、销售和使用一次性不可降解塑料制品实施方案》《海南省生态环境损害赔偿制度改革实施方案》《海南省清洁能源汽车发展规划》《海南省大气污染防治条例》《槟榔加工行业污染物排放标准》（DB 46/455—2018）等多项法规和政策。完善环境经济政策，改革省对市（县）经济社会发展目标考核办法，取消2/3市（县）的地区生产总值、固

定资产投资等考核。出台项目建设用地效益标准，提高投资项目的供地门槛。初步建立流域上下游生态保护横向补偿制度。

第三节　国家生态文明试验区（海南）的主要问题

虽然海南省在全国率先建设生态省，大气和水体环境质量保持国内领先水平，拥有较好的生态环境，但是对照新的目标和要求，生态文明试验区建设仍待加快推进。

一、经济发展相对欠发达，产业结构有待优化

海南建省30多年以来，经济社会发展取得了令人瞩目的成绩，但与新加坡、中国香港等国际自由贸易港，以及夏威夷、济州岛等国际旅游岛相比，仍处于相对欠发达的水平。2018年，海南省人均GDP为7 858美元，而新加坡、中国香港、夏威夷、济州岛分别为5.3万美元、4.2万美元、7.3万美元和2.5万美元（2015年），海南省与最高值相差9.29倍。从产业结构来看，海南省三次产业结构比例为20.7∶22.7∶56.6，而2015年新加坡、中国香港、夏威夷、济州岛的第三产业占比分别达74%、92%、91%、70%，可见海南省第三产业大大落后于新加坡、中国香港、夏威夷、济州岛（朱源，2018）。

目前，世界发达国家的先进城市在三大产业构成中，第三产业占50%～80%。海南省2018年第三产业在三次产业构成中的比重为56.6%，达到了发达国家先进城市的初级水平。同时，海南省第二产业的比重不高，仅为22.7%，高于第一产业2个百分点。海南省主导产业科技含量不高。重点建设投资中，高技术、高效益的项目偏少，经济外向度低，创新驱动不够，新动能培育壮大任务艰巨，支持和帮助企业的力度和举措不够。在加强房地产调控、严格依法依规管理土地、不断提高生态环保和亩均产出要求、固定资产投资高位运行的情况下，如何保持投资可持续增长，下的功夫还不够。旅游景区的国际化水平不高，精品景区不够多，以旅游业为龙头的现代服务业的服务质量与效益有待提高。有机农业、无公害农业和生态循环农业的数量和规模还需要扩大，农业农村基础依然薄弱，农民增收缺乏持久动力；高新科技的低碳、循环、生态工业有待进一步发展。

二、生态压力不断加大，环境质量难以提升

（1）生态压力不断加大。虽然海南省生态环境保护工作取得了巨大成绩，生态环境质量持续保持全国领先水平，但是与国家生态文明试验区（海南）的要求及世界一流生态环境质量相比，还有很大差距，维持和提高生态环境质量的压力

很大。一是海南省生态环境现状中仍然存在着一些突出问题，如中央环境保护督察工作发现，海南省存在对环境保护认识和推进不够、海域岸线自然生态和风貌破坏问题突出、部分自然保护区保护不力、环境保护基础设施建设滞后四个大方面的问题，需要着力解决。二是生态环境质量标准提高。按照国家生态文明试验区（海南）的建设目标，到 2025 年，生态环境质量继续保持全国领先水平；到 2035 年，生态环境质量和资源利用效率居于世界领先水平。为此，海南省一方面要继续保持和提高生态环境质量，另一方面要持续经济高质量发展，满足人民群众对美好生活的需要。

（2）环境质量难以提升。虽然海南省大气和水体环境质量在国内保持领先水平，但要提高到“世界领先水平”，难度不小。以 PM2.5 为例，海南省近年来保持在年均值 20 微克/米^{3}的水平，低于全国平均值（40～50 微克/米^3），但这也仅达到世界卫生组织规定的第二阶段过渡目标（25 微克/米^3），仍高于空气质量指导值（10 微克/米^3）。与夏威夷 PM2.5 年均值约 5 微克/米^{3}的水平相比，差距更大。此外，从 PM2.5 年内变化来看，每年 10～12 月，北部湾区域盛行东北气流，受珠三角地区影响，海南省大气污染水平加重。这一时期又是海南省冬季旅游度假的高峰时段，也就是说，海南省大气环境进一步改善，不仅需要本地加快环境治理工作，还需开展区域协作和联防联控。从资源利用效率来看，海南省也有不小的差距。以能源使用效率为例，2015 年，海南省为 3.3 吨标准煤/万美元 GDP，远高于新加坡（0.75 吨标准煤/万美元 GDP）、中国香港（0.32 吨标准煤/万美元 GDP）、夏威夷（1.43 吨标准煤/万美元 GDP）和济州岛（1.0 吨标准煤/万美元 GDP）等地的水平（朱源，2018）。

三、生态体制不够健全，监管能力有待提升

（1）生态体制不够健全。海南省生态环境保护中存在的突出问题，大多与体制不完善、机制不健全有关。例如，需要进一步落实环境保护“党政同责、一岗双责”制度，完善以绿色发展为导向的考核评价体系、环境保护生态补偿机制、自然资源资产产权制度、自然资源资产有偿使用制度等，探索在海南省建设自由贸易试验区的背景下利用市场化机制推进生态环境保护。

（2）环境监管能力有待提升。海南省级环保管理部门独立设置于 2014 年。与国际相比，海南省生态环境管理能力还有较大的提升空间。以美国夏威夷为例，夏威夷州健康部负责全州的健康和环境管理工作，其中负责环境事务的环境健康局内设有守法辅助办公室、环境规划办公室、环境资源办公室、有害物质评价和应急响应办公室、环境管理处、环境健康服务处、州实验室处等机构。环境管理处又设有清洁大气科、清洁水科、安全饮用水科、固体和有害废物科、废水科等科室。以负责全州大气环境管理的清洁大气科为例，其设有工程分析、监测和执

法3个组，分别负责大气污染许可证和大气污染源清单、大气环境监测和调查、违法处罚和听证等环境执法，统筹管理全州大气环境的各方面和全过程。与美国夏威夷相比，海南省环境管理部门不仅在机构和人员配备上不够，而且在机构组织形式及运作模式上，也有需借鉴国际经验之处（朱源，2018）。

四、生态文化相对落后，文明意识仍需提高

虽然海南省在生态环境宣传教育方面做了大量工作，也取得了一定成效，但是城乡居民生态环境意识和生态文明水平还普遍不够高。要在全社会形成自觉的生态环境保护意识，使生态环境保护成为各级政府、企业、公民在决策、生产经营和日常生活中的自觉行为，还需要做大量艰苦的努力。

海南生态文化存在的主要问题：生态文化意识不强，个别地方政府部门仍然偏重经济建设而忽视环境保护，作出不利于生态环境保护的决策，干部知识结构、能力水平与自贸试验区和自贸港建设要求还不适应，政府服务意识和服务能力还有待提高；一些企业追求自身经济效益，不顾外部环境保护，生产生活“三废”没有很好治理就排放；多年来的生态省和环境保护宣传教育，使广大公众对环境质量的要求越来越高，但公众自身的环境保护自觉性不高，全社会的生态文化意识有待提高，全社会生态文化氛围不够浓厚，需要普及全社会的生态文化教育和宣传。生态文化载体相对缺乏，旅游景区开发与建设重视旅游资源的利用，忽视景区文化内涵的挖掘，旅游与文化的融合发展需要进一步加强。

第四节 国家生态文明试验区（海南）的主要经验

一、坚持党的领导

国家生态文明试验区（海南）建设的首要经验是坚持党的领导。坚持党的领导，就是要做到“两个维护”，坚决维护习近平总书记的核心地位和坚决维护党中央权威和集中统一领导，增强“四个意识”，坚定“四个自信”，坚定不移地在思想上、政治上、行动上同以习近平同志为核心的党中央保持高度一致。海南省委省政府认真学习、深刻领会习近平生态文明思想，把习近平生态文明思想和习近平关于对海南的一系列指示作为海南生态文明建设的根本遵循，结合海南实际情况，全面贯彻落实习近平和党中央国务院关于生态文明建设和对海南生态文明试验区建设的一系列指示和文件要求，坚决贯彻落实中央环境保护督察组和中央海洋督察组的整改方案和整改反馈意见，坚持“党政同岗”“一岗双责”，充分发挥各级党组织在生态文明建设中的领导作用，不断推动海南生态文明建设走向上新

高度。

二、坚持生态优先

海南省的青山绿水、碧海蓝天是一笔既买不来也借不到的宝贵财富。海南省绝不能为眼前一时的经济利益而毁掉造福子孙后代的“绿水青山”。海南省坚持生态优先，坚持绿水青山就是金山银山的生态文明理念，以资源环境承载力为硬约束，在处理经济建设与生态保护关系时，优先考虑生态保护，对于破坏生态环境的项目，不管税收多高，也一律不上，始终守住绿水青山，建立和发展了一批自然保护区、森林公园、风景名胜区、湿地公园和 A 级景区。城市开展“双创”“双修”，农村开展文明生态村、美丽乡村建设，各行各业开展生态文明建设，打造生态产业。在市（县）发展综合评价考核和干部考核升迁时，环境保护可一票否决。因此，海南省长期以来生态环境质量一直保持全国领先水平。海南全域旅游示范省建设是海南生态省与海南国际旅游岛的有机融合和延伸。2017 年，海口市、琼海市荣获全国文明城市称号，三亚市“双修”成效显著。

三、坚持绿色发展

海南省长期保持经济高速增长，生态环境也得到很好的保护，海南省的经验就是坚持绿色发展，就是把生态环境保护纳入经济社会发展全过程，在保护生态环境的前提下发展经济，不断改善、提高生态环境质量。海南社会经济发展与生态旅游相互促进。海南社会经济发展促进了生态旅游的发展。海南全域旅游示范省建设要求打造“全岛大景区”，推动了海南全域生态旅游的发展。琼海市“百姓家园、市民公园、游客乐园”的全域旅游发展道路，为海南省和全国提供了琼海模式和琼海经验。海南生态旅游发展也促进了社会经济的发展，实现了生态旅游与文化创意产业、休闲农业、林业、海洋产业、健康养老产业等相关产业的融合与发展。“生态旅游+农业”催生了龙寿洋国家农业公园、桂林洋国家热带农业公园、海棠湾水稻国家公园；“生态旅游+健康”催生了博鳌乐城国际医疗旅游先行区；“生态旅游+体育”催生了骑行、高尔夫、帆板等以健康为目的的生态旅游产品；“生态旅游+林业”催生了一批热带森林观光、休闲康体、民族工艺品、民族风情展示的景区和产品，实现了生态保护、山区扶贫和生态旅游开发的有机结合。海南省调整干部考核制度，改变“以 GDP 论英雄”的倾向，坚持优化经济结构，转变发展方式，重点培育发展以旅游产业、热带特色高效农业等 12 个产业为重点的绿色产业，三次产业结构不断优化，服务业有效抑制了房地产业的畸形发展，旅游产业提质增效，生态循环农业持续推进，医药、低碳制造业等高新技术工业发展良好。转变发展方式，就是坚持“三不三控”原则发展经济。

四、坚持分区管控

根据各市（县）的自然环境与社会经济特点，海南省被分为东、西、南、北、中五大区域，即北部海澄文综合经济圈、南部大三亚旅游经济圈、东部经济圈、西部经济圈、中部生态核心保护区。根据五大区域的不同特点，提出了五大区域发展方向和定位，在产业发展、生态环境保护、资金扶持、发展综合考核评价等方面采取不同的政策与管控措施。2018 年 1 月 1 日起，正式实施新的《海南省市县发展综合考核评价暂行办法》，取消了 2/3 市（县）的地区生产总值、工业、固定资产投资的考核。从 2018 年起永久停止四个中部生态核心区市县开发新建外销房地产项目。

五、坚持环保督察

2018 年以来，海南生态文明建设不断取得新成就，重要经验之一就是坚持环境保护督察。中央环境保护督察组和中央海洋督察组进驻海南省以来，海南省各级党委、政府和有关部门对环境保护督察工作极为重视，成立整改工作领导机构和省级环境保护督察巡视组，把落实督察反馈意见的整改作为贯彻落实党的十九大精神的具体行动和一项重大政治任务、重大民生工程、重大发展问题来抓好落实，努力把督察转化为改进工作的强大动力、解决问题的有效对策、推动环境改善的实际成效，不折不扣抓好每一个问题的整改，切实解决当前突出环境问题，确保了查处的案件不反弹、整改的效果不回落，有力地推进了全省的生态文明建设。

六、坚持五位一体

2018 年以来，海南省按照“将生态文明建设融入经济建设、政治建设、文化建设、社会建设各方面和全过程”的要求，保障生态制度、生态环境、生态空间、生态经济、生态生活、生态文化六大体系协同发展。在生态制度方面，颁布实施《海南省党政领导干部生态环境损害责任追究实施细则（试行）》和出台《关于开展领导干部自然资源资产离任审计工作实施意见》等；在生态空间方面，坚持生态红线，全面实施“三线一单”等；在生态环境方面，实行最严格的生态环境保护制度，实行最严格水资源管理制度考核办法等；在生态经济方面，坚持建设生态循环农业示范省，发展生态旅游产业体系，建设生态产业园区等；在生态生活方面，实行生活垃圾分类，颁布《海南省清洁能源汽车发展规划》等；在生态文化方面，把生态文化注入旅游景区建设，对企业进行生态环境保护的教育和监管等，促进了生态文明建设全面协同发展，使海南社会经济发展进步率快速提升。

第五章　国家生态文明试验区（海南）比较优势①

海南省建设国家生态文明试验区，应该认识自身生态文明建设的水平、优势与短板。本章主要采用目前国内著名专家学者、权威机构关于中国省域生态文明建设评价报告的数据资料，结合海南省生态文明建设实际情况，开展海南省与其他省份、闽赣黔三省份的生态文明建设水平的比较分析，提出了海南省生态文明建设水平基本结论、优势和短板以及建设发展建议。

第一节　海南省与其他省份生态文明建设水平的比较

一、评价指标及评价方法

对中国省域生态文明建设进行综合性评价、分析的报告主要如下：2010年起，北京林业大学严耕等的《生态文明绿皮书：中国省域年度生态文明建设评价报告》；2016年起，中国生态文明研究与促进会发布的《中国省域生态文明状况评价报告》；2017年，国家统计局、国家发展改革委、环境保护部、中央组织部联合公布的各省（自治区、直辖市）生态文明建设年度评价结果。2019年，中国工程院发布了《中国生态文明发展水平评估报告》。为客观反映海南省生态文明建设水平情况，本章主要采用严耕团队、中国生态文明研究与促进会和国家统计局、国家发展改革委、环境保护部、中央组织部的数据和资料，对海南省生态文明建设水平、优势和短板进行归纳总结与分析。

（一）严耕团队的评价指标与方法

2010年，“生态文明绿皮书”作为学界最早对我国各省级行政区生态文明建设情况的综合性评价、分析报告，每年出版中国省域生态文明建设评价报告，到2020年已连续出版10年。

严耕团队采用生态文明指数（eco-civilization index，ECI）的评价方法，形成生态活力、环境质量、社会发展、协调程度4项二级指标，以及21项三级指标组成的三层评价指标体系（表5-1），分析我国和各省（自治区、直辖市）的生态文

---

① 本章经提炼整理后以论文《国家生态文明试验区（海南）比较优势与建议》发表在《生态经济》期刊2020年第7期。

明建设状况。

评价方法采用相对评价算法。采用统一 Z 分数（标准分数）的方式，进行三级指标无量纲化处理，赋予等级分；然后，对各指标等级分加权求和，完成对各省域生态文明建设状况的量化评价。具体包括数据的标准化，计算临界值，对三级指标赋予等级分，构建连续性随机变量，正逆指标的确定，特异值处理，计算 ECI 得分（严耕等，2010；严耕等，2017）。

表 5-1　中国省域生态文明建设评价指标体系（ECI 2016）

一级指标	二级指标	二级指标权重/%	三级指标	三级指标权重分	三级指标权重/%	指标解释	指标性质
生态文明指数（ECI 2016）	生态活力	30	森林覆盖率	4	8.57	辖区森林面积/辖区土地总面积	正
			森林质量	2	4.29	森林蓄积量/森林面积	正
			建成区绿化覆盖率	2	4.29	建成区中乔木、灌木、草坪等所有植被的垂直投影面积/建成区总面积	正
			自然保护区的有效保护	4	8.57	自然保护区面积/辖区总面积	正
			湿地面积占国土面积比重	2	4.29	湿地面积/国土总面积	正
	环境质量	25	地表水质量	4	6.67	Ⅰ～Ⅲ类水河长/评价总河长	正
			环境空气质量	5	8.33	环保重点城市空气质量达到及好于二级的平均天数/全年天数	正
			水土流失率	2	3.33	水土流失面积占土地调查面积	逆
			化肥施用超标量	2	3.33	化肥施用量/农作物总播种面积-国际公认安全使用上限值	逆
			农药施用强度	2	3.33	农药施用量/农作物总播种面积	逆
	社会发展	15	人均 GDP	5	4.69	地区生产总值/地区常住人口	正
			服务业产值占 GDP 比重	4	3.75	第三产业产值/地区生产总值	正
			城镇化率	2	1.85	城镇人口比重	正
			人均教育经费投入	2	1.88	地区教育经费/地区总人口	正
			每千人口医疗机构床位数	2	1.88	医疗机构床位总数/辖区常住人口总数	正
			农村改水率	1	0.94	使用自来水的农村人口/农村总人口	正

续表

一级指标	二级指标	二级指标权重/%	三级指标	三级指标权重分	三级指标权重/%	指标解释	指标性质
生态文明指数（ECI 2016）	协调程度	30	环境污染治理投资占 GDP 比重	3	4.29	环境污染治理投资/GDP	正
			工业固体废物综合利用率	4	5.71	工业固体废物综合利用量/工业固体废物产生量	正
			城市生活垃圾无害化率	2	2.86	城市生活垃圾无害化量/城市生活垃圾产生量	正
			水体污染物排放变化效应	6	8.57	（上年度化学需氧量排放量+上年度氨氮排放量-本年度化学需氧量-本年度氨氮排放量）/未达Ⅲ类水质河流长度	正
			大气污染物排放变化效应	6	8.57	[上年度二氧化硫排放总量+上年度氮氧化物排放总量+上年度粉尘排放总量-本年度二氧化硫排放总量-本年度氮氧化物排放总量-本年度粉尘排放总量]×空气质量达到及好于二级的天数占全年比例/辖区面积	正

资料来源：严耕等（2010，2017）。

注：正为正指标，逆为逆指标。

（二）中国生态文明研究与促进会的评价指标与方法

中国生态文明研究与促进会的评价方法及指数，构建生态空间、生态经济、生态环境、生态生活、生态文化、生态制度六大领域、23 项具体指标的评价体系（表 5-2）。对各项指标进行赋权和求和计算，对全国各省（自治区、直辖市）2014 年度、2015 年度、2016 年度的生态文明状况进行评价（中国生态文明研究与促进会，2016，2017，2018）。

表 5-2　中国省域生态文明状况评价指标体系

一级指标	二级指标（权重）/%	三级指标	三级指标单位	三级指标满分值	三级指标合格值
生态文明总指数	生态空间（10）	E1.植被覆盖指数	—	≥75	≥35
		E2.水网密度指数	—	≥75	≥35
		E3.自然保护区面积占辖区面积比重	%	≥15	≥4.9
		E4.划定生态红线的市县比例	%	—	—
	生态经济（25）	E5.能源节约： 单位 GDP 能耗 可供消费能源中非化石能源占比	 吨/万元 %	 ≤0.7 ≥11.4	 ≤1.8 ≥1.6

续表

一级指标	二级指标（权重）/%	三级指标	三级指标单位	三级指标满分值	三级指标合格值
生态文明总指数	生态经济（25）	E6.工业资源节约：			
		单位工业增加值新鲜水耗	吨/万元	东（50）、中（70）、西（80）	东（100）、中（140）、西（170）
		单位工业用地工业增加值	万元/亩	东（85）、中（70）、西（55）	≥区域前 80%
		工业固体废物综合利用率	%	≥90	≥50
		E7.节能环保产业增加值 GDP 比重	%	—	—
		E8.主要污染物排放强度：			
		化学需氧量	千克/万元	≤2.40	≤7.6
		氨氮	千克/万元	≤0.23	≤0.81
		二氧化硫	千克/万元	≤4.30	≤10.60
		氮氧化物	千克/万元	≤4.28	≤8.50
		E9.化肥、农药施用强度：			
		化肥施用强度	千克/公顷	<220	<630
		农药施用强度	千克/公顷	<2.5	<30
	生态环境（25）	E10.大气环境质量：			
		地级以上城市空气质量达到二级标准以上天数比例	%	—	—
		E11.水环境质量：			
		地表水国控断面劣Ⅴ类水质比例	%	≤10	≤30
		地表水国控断面水质好于Ⅲ类比例	%	≥70	≥35
		E12.水土流失及治理：			
		水土流失面积占辖区面积比例	%	≤10	≤30
		本年水土流失治理面积占水土流失面积比重	%	≥3	≥0.5
		矿山地质环境恢复治理率	%	≥35	≥全国前 80%
		E13.生态足迹/生物承载力	—	≤1	≤3
		E14.环境突发事件	—	—	—
		E15.公众对生态环境的满意度	%	—	—
	生态生活（20）	E16.城镇人居环境：			
		城市污水处理率	%	≥95	≥74
		城市生活垃圾无害化处理率	%	东（95）、中（90）、西（85）	东（70）、中（60）、西（50）
		建成区绿化覆盖率	%	≥45	≥34
		E17.农村人居环境：			
		农村无害化卫生厕所普及率	%	≥75	≥22
		农村饮用水安全人口占比	%	≥100	≥60
		秸秆禁烧监测火点	—	—	—

续表

一级指标	二级指标（权重）/%	三级指标	三级指标单位	三级指标满分值	三级指标合格值
生态文明总指数	生态生活（20）	E18.居民生活行为： 公众绿色出行情况（公共交通客运总量/人口数） 人均日生活用水量	次/年 升/人	≥68 次/年 ≥区域前 20%	≥30.5 次/年 ≥区域前 80%
	生态文化（10）	E19.公众生态文明知识知晓度	%	—	—
		E20.环境信息公开	—	—	—
		E21.生态文明建设县（市、区）相关创建比例（包含生态建设示范区、国家环境保护模范城市、中国人居环境奖城市、国家卫生城市、国家园林城市、国家节水型城市）	%	≥80	≥40
	生态制度（10）	E22.生态文明制度建设	—	≥70 分	≥30 分
		E23.生态保护与治理投资： 环境污染治理投资总额占 GDP 比重 林业生态建设与保护投资占林业产业总产值比重 地方财政环保支出占财政总支出比重	% % %	≥2 ≥1.5 ≥4	≥0.8 ≥0.25 ≥2.5

注：(1) 此表指标体系由中国生态文明研究与促进会（2016）制定。

(2) 指标满分值、合格值的设定依据，主要参考《生态环境状况评价技术规范（试行）》《国家生态文明建设示范县、市指标（试行）》《国民经济和社会发展第十二个五年规划纲要》《国家级生态乡镇建设指标（试行）》《国家生态园林城市标准》《全国农村饮用水安全工程“十二五”规划》《城市居民生活用水标准》等。

（三）国家统计局等四部委的评价指标与方法

国家统计局、国家发展改革委、环境保护部、中央组织部四部委的评价方法及指数（简称国家统计局等四部委指数）构建了资源利用、环境治理、环境质量、生态保护、增长质量、绿色生活六大领域 54 项具体指标的绿色发展指标体系（表 5-3），并于 2017 年 12 月 26 日公布了 2016 年全国各省（自治区、直辖市）生态文明建设年度评价结果。生态文明建设年度评价按照《绿色发展指标体系》实施，绿色发展指数采用综合指数法进行测算。其中，前 6 个方面的 55 项评价指标纳入绿色发展指数的计算；公众满意程度调查结果进行单独评价与分析。年度评价工作包括两个部分：一是计算绿色发展指数，计算各省（自治区、直辖市）绿色发展指数，全面客观地反映各省（自治区、直辖市）绿色发展成果；二是开展公众生态环境满意度调查，通过组织抽样调查来了解公众对生态环境的主观满意程度，突出反映公众在生态文明建设方面的“获得感”（国家统计局等，2017）。

表 5-3　绿色发展指标体系

一级指标	序号	二级指标	计量单位	指标类型	权数/%	数据来源
一、资源利用（权数 29.3%）	1	能源消费总量	万吨标准煤	◆	1.83	国家统计局、国家发展改革委
	2	单位 GDP 能耗降低	%	★	2.75	国家统计局、国家发展改革委
	3	单位 GDP 二氧化碳排放降低	%	★	2.75	国家发展改革委、国家统计局
	4	非化石能源占一次能源消费比重	%	★	2.75	国家统计局、国家能源局
	5	用水总量	亿立方米	◆	1.83	水利部
	6	万元 GDP 用水量下降	%	★	2.75	水利部、国家统计局
	7	单位工业增加值用水量下降	%	◆	1.83	水利部、国家统计局
	8	农田灌溉水有效利用系数	—	◆	1.83	水利部
	9	耕地保有量	亿亩	★	2.75	国土资源部
	10	新增建设用地规模	万亩	★	2.75	国土资源部
	11	单位 GDP 建设用地面积降低率	%	◆	1.83	国土资源部、国家统计局
	12	资源产出率	万元/吨	◆	1.83	国家统计局、国家发展改革委
	13	一般工业固体废物综合利用率	%	△	0.92	环境保护部、工业和信息化部
	14	农作物秸秆综合利用率	%	△	%	农业部
二、环境治理（权数 16.5%）	15	化学需氧量排放总量减少	%	★	2.75	环境保护部
	16	氨氮排放总量减少	%	★	2.75	环境保护部
	17	二氧化硫排放总量减少	%	★	2.75	环境保护部
	18	氮氧化物排放总量减少	%	★	2.75	环境保护部
	19	危险废物处置利用率	%	△	0.92	环境保护部
	20	生活垃圾无害化处理率	%	◆	1.83	住房和城乡建设部
	21	污水集中处理率	%	◆	1.83	住房和城乡建设部
	22	环境污染治理投资占 GDP 比重	%	△	0.92	住房和城乡建设部、环境保护部、国家统计局
三、环境质量（权数 19.3%）	23	地级及以上城市空气质量优良天数比率	%	★	2.75	环境保护部
	24	细颗粒物（PM）未达标地级及以上城市浓度下降	%	★	2.75	环境保护部
	25	地表水达到或好于Ⅲ类水体比例	%	★	2.75	环境保护部、水利部
	26	地表水劣Ⅴ类水体比例	%	★	2.75	环境保护部、水利部
	27	重要江河湖泊水功能区水质达标率	%	◆	1.83	水利部
	28	地级及以上城市集中式饮用水水源水质达到或优于Ⅲ类水体比例	%	◆	1.83	环境保护部、水利部
	29	近岸海域水质优良（一、二类）比例	%	◆	1.83	国家海洋局、环境保护部

续表

一级指标	序号	二级指标	计量单位	指标类型	权数/%	数据来源
三、环境质量（权数 19.3%）	30	受污染耕地安全利用率	%	△	0.92	农业部
	31	单位耕地面积化肥使用量	千克/公顷	△	0.92	国家统计局
	32	单位耕地面积农药使用量	千克/公顷	△	0.92	国家统计局
四、生态保护（权数 16.5%）	33	森林覆盖率	%	★	2.75	国家林业局
	34	森林蓄积量	亿立方米	★	2.75	国家林业局
	35	草原综合植被覆盖度	%	◆	1.83	农业部
	36	自然岸带保有率	%	◆	1.83	国家海洋局
	37	湿地保护率	%	◆	1.83	国家林业局、国家海洋局
	38	陆域自然保护区面积	万公顷	△	0.92	环境保护部、国家林业局
	39	海洋保护区面积	万公顷	△	0.92	国家海洋局
	40	新增水土流失治理面积	万公顷	△	0.92	水利部
	41	可治理沙化土地治理率	%	◆	1.83	国家林业局
	42	新增矿山恢复治理面积	公顷	△	0.92	国土资源部
五、增长质量（权数 9.2%）	43	人均 GDP 增长率	%	◆	1.83	国家统计局
	44	居民人均可支配收入	元/人	◆	1.83	国家统计局
	45	第三产业增加值占 GDP 比重	%	◆	1.83	国家统计局
	46	战略性新兴产业增加值占 GDP 比重	%	◆	1.83	国家统计局
	47	研究与试验发展经费支出占 GDP 比重	%	◆	1.83	国家统计局
六、绿色生活（权数 9.2%）	48	公共机构人均能耗降低率	%	△	0.92	国管局
	49	绿色产品市场占有率（高效节能产品市场占有率）	%	△	0.92	国家发展改革委、工业和信息化部、质检总局
	50	新能源汽车保有量增长率	%	◆	1.83	公安部
	51	绿色出行（城镇每万人口公共交通客运量）	万人次/万人	△	0.92	交通运输部、国家统计局
	52	城镇绿色建筑占新建建筑比重	%	△	0.92	住房和城乡建设部
	53	城市建成区绿地率	%	△	0.92	住房和城乡建设部
	54	农村自来水普及率	%	◆	1.83	水利部
	55	农村卫生厕所普及率	%	△	0.92	国家卫生计生委
七、公众满意程度	56	公众对生态环境质量满意程度	%	—	—	国家统计局

资料来源：国家统计局等（2017）。

注：（1）标★的为《中华人民共和国国民经济和社会发展第十三个五年规划纲要》确定的资源环境约束性指标；标◆的为《中华人民共和国国民经济和社会发展第十三个五年规划纲要》和《中共中央 国务院关于加快推进生态文明建设的意见》等提出的主要监测评价指标；标△的为其他绿色发展重要监测评价指标。根据其重要程度，按总权数为100%，三类指标的权数之比为3∶2∶1计算，标★的指标权数为2.75%，标◆的指标权数为1.83%，标△的指标权数为0.92%。6个一级指标的权数分别由其所包含的二级指标权数汇总生成。

（2）绿色发展指标体系采用综合指数法进行测算。

（3）公众满意度为主观调查指标，通过国家统计局组织的抽样调查来反映公众对生态环境的满意程度。

二、生态文明建设水平评价结果分析

（一）严耕团队的评价结果分析

根据《中国省域生态文明建设评价报告（ECI 2016）》，归纳整理了2016年海南省与各省域生态文明建设水平的比较结果（表5-4）、2014～2015年全国省域生态文明建设年度进步指数及排名（表5-5）、2016年海南省与各省域绿色生产、绿色生活比较结果（表5-6）。

表5-4 2016年海南省与各省域生态文明建设水平的比较结果

序号及比较指标	排名	地区	指标分值	等级	序号及比较指标	排名	地区	指标分值	等级
一、生态文明指数（ECI）	1	广东	81.23	1	四、社会发展指数	6	广东	13.98	2
	2	北京	81.22	1		7	山东	13.19	2
	3	西藏	79.38	1		8	辽宁	12.99	2
	4	重庆	78.21	1		9	福建	12.40	2
	5	浙江	76.27	1		9	内蒙古	12.40	2
	6	海南	75.87	2		11	重庆	12.21	2
二、生态活力指数	1	辽宁	27.90	1		12	海南	11.62	2
	2	西藏	27.00	1		12	宁夏	11.62	2
	3	福建	26.10	1	五、协调程度指数	1	北京	25.20	1
	3	海南	26.10	1		2	广东	22.80	1
	3	黑龙江	26.10	1		3	重庆	22.50	1
三、环境质量指数	1	西藏	25.55	1		4	湖南	20.40	1
	2	青海	23.80	1		5	云南	20.10	1
	3	云南	22.05	1		5	浙江	20.10	1
	4	广西	21.70	1		7	广西	19.50	2
	4	贵州	21.70	1		8	江西	18.60	2
	6	海南	21.35	2		9	福建	18.00	2
四、社会发展指数	1	北京	17.92	1		9	新疆	18.00	2
	1	上海	17.92	1		11	贵州	17.70	2
	3	天津	16.34	1		12	海南	16.80	2
	4	江苏	15.16	1		12	陕西	16.80	2
	5	浙江	14.57	1					

资料来源：严耕等著的《中国省域生态文明建设评价报告（ECI 2016）》。

表 5-5　2014～2015 年全国省域生态文明建设年度进步指数及排名

区域	生态活力	环境质量	社会发展	协调程度	总进步指数
全国	0.32	3.32	9.69	3.57	3.45
上海	12.82（2）	153.82（1）	6.54（26）	177.14（1）	96.42（1）
山西	−0.04（20）	47.02（3）	7.01（23）	46.11（2）	26.63（2）
河北	0.16（15）	52.56（2）	5.76（30）	41.34（4）	26.45（3）
天津	0.23（13）	36.81（4）	6.05（29）	41.72（3）	22.70（4）
山东	0.54（9）	36.12（5）	7.68（19）	25.18（6）	17.90（5）
四川	−2.50（30）	29.16（6）	10.68（6）	26.27（5）	16.02（6）
重庆	−0.57（26）	18.69（7）	11.39（2）	17.26（8）	11.39（7）
内蒙古	−0.76（28）	13.95（9）	7.68（20）	19.69（7）	10.32（8）
陕西	−0.77（29）	16.08（8）	9.23（10）	14.27（9）	9.46（9）
河南	0.34（12）	12.39（11）	12.48（1）	12.50（11）	8.82（10）
甘肃	5.97（3）	12.77（10）	9.81（8）	7.73（15）	8.78（11）
浙江	0.17（14）	11.33（12）	6.35（27）	13.55（10）	7.90（12）
江苏	0.04（18）	10.08（13）	8.08（16）	7.94（14）	6.12（13）
黑龙江	2.80（4）	10.06（14）	7.98（17）	4.67（18）	5.95（14）
贵州	0.09（16）	2.62（22）	11.35（3）	11.08（12）	5.71（15）
江西	0.88（7）	9.30（15）	9.03（14）	5.38（17）	5.55（16）
西藏	20.34（1）	−0.38（27）	10.82（4）	−8.86（30）	4.97（17）
湖北	−0.15（23）	5.13（20）	10.68（5）	6.19（16）	4.69（18）
湖南	0.95（6）	6.64（18）	10.50（7）	1.85（23）	4.07（19）
广东	0.05（17）	5.29（19）	7.73（18）	3.68（21）	3.60（20）
安徽	−3.32（31）	8.61（16）	9.12（13）	1.94（22）	3.11（21）
北京	0.62（8）	−4.49（30）	6.26（28）	10.27（13）	3.08（22）
青海	0.03（19）	7.53（17）	7.38（22）	−1.11（25）	2.67（23）
宁夏	−0.19（24）	1.12（24）	5.72（31）	3.91（19）	2.25（24）
吉林	2.26（5）	3.11（21）	6.77（25）	−1.31（26）	2.08（25）
新疆	0.50（10）	−4.84（31）	9.31（9）	3.69（20）	1.45（26）
云南	−0.10（22）	0.84（25）	8.88（15）	−0.83（24）	（27）
广西	−0.07（21）	−1.74（28）	9.14（12）	−4.45（27）	−0.42（28）
辽宁	−0.65（27）	2.35（23）	6.81（24）	−6.44（28）	−0.52（29）
海南	−0.56（25）	0.79（26）	9.17（11）	−7.85（29）	−0.95（30）
福建	0.35（11）	−3.90（29）	7.52（21）	−11.04（31）	−3.05（31）

资料来源：严耕等著的《中国省域生态文明建设评价报告（ECI 2016）》。

注：进步指数单位为%，括号内为全国排名。

表 5-6 2016 年海南省与各省域绿色生产、绿色生活比较结果

地区	绿色生产指数（GPI 2016）		地区	绿色生活指数（GLI 2016）	
	GPI 2016（排名）	GPI 2016 进步指数（排名）		GLI 2016（排名）	GLI 2016 进步指数（排名）
北京	78.97（1）	15.23（2）	天津	77.43（1）	-4.16（27）
上海	74.36（2）	1.87（25）	浙江	75.50（2）	0.64（18）
天津	73.95（3）	5.28（15）	江苏	74.87（3）	4.07（10）
广东	70.47（4）	0.46（28）	上海	74.77（4）	12.21（1）
山东	65.80（5）	4.39（17）	北京	72.59（5）	2.23（12）
江苏	65.13（6）	-3.51（29）	广东	69.75（6）	8.68（4）
浙江	62.20（7）	3.66（20）	山东	67.53（7）	1.03（16）
福建	59.05（8）	0.73（27）	宁夏	63.35（8）	-5.02（29）
重庆	58.59（9）	3.34（22）	福建	62.65（9）	9.37（3）
四川	53.33（10）	2.08（23）	河北	62.50（10）	-6.47（31）
辽宁	52.83（11）	3.81（19）	河南	60.68（11）	-1.11（21）
湖北	52.65（12）	7.82（8）	海南	59.73（12）	7.09（5）
安徽	50.57（13）	7.32（9）			
河南	50.36（14）	13.31（3）			
吉林	50.24（15）	6.30（12）			
陕西	49.00（16）	8.31（5）			
湖南	47.76（17）	6.38（11）			
西藏	45.47（18）	9.17（4）			
海南	45.41（19）	4.42（16）			

资料来源：严耕等著的《中国省域生态文明建设评价报告（ECI 2016）》。

注：进步指数单位为%。

从表 5-4 可知，2016 年海南省生态文明指数（ECI 2016）得分 75.87，在全国各省份中排名第 6，居于第二等级首位，仅次于第一等级的广东、北京、西藏、重庆和浙江等省（区、市），生态文明建设现状良好，具备良好的生态文明建设基础；海南生态活力指数与福建并列全国排名第 3，主要得益于海南省保育有面积较广的热带雨林和滨海湿地，全省整体森林覆盖率、湿地面积分布较广。在全国生态文明建设过程中，海南省整体生态优势比较明显。海南环境质量指数为 21.35，全国排名第 6，居于第二等级的首位，次于第一等级的西藏、青海、云南、广西、贵州等省份。这表明海南省整体环境质量优越，“绿水青山”是海南省生态文明试验区建设的一大亮点和优势。海南省社会发展指数和协调程度指数，得分分别为 11.62 和 16.80，全国排名均为第 12，都处于全国中等偏上水平，社会经济发展和生态环境保护基本能够实现协调发展，但仍然存在较大的提升空间。

从表 5-5 可知，2014～2015 年，海南省生态文明建设总进步指数为-0.95%，位于全国第 30 名，生态文明水平出现退步。二级指标中，生态活力进步指数为-0.56%，位于全国第 25 名，生态活力出现退步现象，表明海南省对生态绿地等保护力度下降，造成全省生态活力退步；环境质量进步指数为 0.79%，全国排第 26，表明海南省环境质量没有下降，其优越的生态环境质量基本得以维持；社会发展进步指数为 9.17%，全国排名第 11 位，表明海南省近年来经济持续增长，综合经济实力提升，注重民生改善，加大投入，提高教育、医疗、卫生等公共服务保障能力，各项社会事业全面发展；协调程度进步指数-7.85%，全国排名第 29 位，协调程度退步幅度较大，其主要原因为生态环境治理投入力度下降，污染物排放对生态环境的负面影响效应加大，生态保护建设后劲不足。总体而言，在 2014～2015 年全国生态文明水平总体提升的大背景下，海南省生态文明建设总进步指数出现退步，主要原因是协调程度下降幅度较大。因此，在未来全省生态文明建设过程中，海南省需要在保持环境质量优越性和生态经济持续增长的同时，增加环境治理投资，提升生态文明建设的协调程度，实现生态文明水平的稳步提升。

从表 5-6 可知，海南省绿色生产指数（GPI 2016）为 45.41，全国排名为第 19 位，属于全国中偏下水平，表明海南省绿色生产总体水平不高。绿色生产进步指数为 4.42%，全国排名 16 位，居于全国中等水平，表明海南省 2014～2015 年绿色生产在全国的进步幅度不够显著。海南省绿色生活指数（GLI 2016）为 59.73，全国排名 12 位，居于全国中等偏上水平。绿色生活进步指数为 7.09%，排名第 5 位，表明海南省 2014～2015 年绿色生活进步较快。

（二）中国生态文明研究与促进会的评价结果分析

根据中国生态文明研究与促进会 2016 年、2017 年、2018 年编制的中国省域生态文明状况评价报告，归纳整理了海南生态文明建设水平在全国的排名（表 5-7）。

表 5-7　海南生态文明建设水平在全国的排名

指标	2014 年	2015 年	2016 年
生态文明状况总指数	第 22 名，低于全国总体水平	10 名后，低于全国总体水平	第 10 名，处于全国前列，略低于全国总体水平
生态文明状况总指数进步率	10 名后	第 2 名，位于全国前列	第 7 名，处于全国前列，高于全国总体水平
生态空间	第 4 名，位于全国前列	第 1 名，处于领先水平	第 1 名，处于领先水平
生态空间进步率	10 名后	第 1 名，处于领先水平	10 名后
生态经济	10 名后，低于全国总体水平	10 名后，低于全国总体水平	10 名后，低于全国总体水平
生态经济进步率	10 名后	第 2 名，位于全国前列	10 名后
生态环境	第 2 名，处于全国前列	第 2 名，位于全国前列	第 2 名，处于全国前列

续表

指标	2014 年	2015 年	2016 年
生态环境进步率	10 名后，低于全国总体水平	第 6 名，高于全国总体水平	第 8 名，处于全国前列，高于全国总体水平
生态生活	10 名后	10 名后，低于全国总体水平	10 名后，低于全国总体水平
生态生活进步率	第 5 名，高于全国总体水平	10 名后	第 7 名，处于全国前列，高于全国总体水平
生态文化	10 名后	10 名后	10 名后
生态文化进步率	10 名后，低于全国总体水平	第 4 名，位于全国前列	第 2 名，处于全国前列
生态制度	10 名后	10 名后	10 名后
生态制度进步率	10 名后	第 3 名，位于全国前列	第 6 名，处于全国前列

注：（1）中国省域生态文明状况评价报告中，只有列出前 10 名的省份，10 名后的省份没有具体列出。

（2）进步率单位为%。

（3）2014 年进步率为 2010～2014 年的进步率。2015 年、2016 年的进步率为分别相对于上一年的进步率（中国生态文明研究与促进会，2016，2017，2018）。

从表 5-7 可知，2014 年，海南生态文明状况总指数全国排名第 22 名，低于全国总体水平，进步率在全国排 10 名后，表明海南生态文明总体水平落后于全国总体水平；生态空间全国排名第 4 名，但其进步率排在全国 10 名后，表明海南生态空间具有优越性，但进步不大；生态经济及其进步率在全国 10 名后，同时进步率低于全国总体水平，表明海南生态经济落后，须加快经济发展绿色转型步伐；生态环境处于全国前列（第 2 名），但其进步率在全国 10 名，也低于全国总体水平，表明海南生态环境质量良好，巩固和提升生态环境质量难度较大；生态生活在全国 10 名后，但其进步率排第 5 名，高于全国总体水平，表明海南生态生活领域相对落后，但政府和公众已加快人居环境整治力度，进步较快；生态文化及其进步率、生态制度及其进步率均排在全国 10 名后，且生态文化进步率低于全国总体水平，表明海南生态文化、生态制度相对落后，须加强生态文化、生态制度建设，提高全民生态文明意识，加快构建促进生态文明建设的法规政策与体制机制。2015 年，海南生态文明状况总指数排在全国 10 名后，且低于全国总体水平，但其进步率居于全国第 2 名，表明海南生态文明总体水平较低，但上升态势显著；生态空间、生态环境分领域分别居于全国第 1 名、第 2 名，其进步率分别为第 1 名、第 6 名，表明生态空间优化和生态环境质量优良，且进步速度突出，得益于海南省在全国率先进行“多规合一”改革和良好的生态系统服务功能及优化的空间开发格局；生态经济、生态生活、生态文化、生态制度分领域分别位于全国 10 名后，同时生态经济、生态生活均低于全国总体水平，生态经济、生态文化、生态制度进步率分别为全国第 2 名、第 4 名、第 3 名，生态生活进步率在全国 10 名后，表明海南生态经济、生态生活、生态文化、生态制度分领域都相对落后，但生态经济、生态文化、生态制度进步速度处于全国前列。除了生态生活变化不大，其他

5 个分领域都有显著的进步趋势，海南生态文明状况总指数进步率迅速提升。2016 年，海南省生态文明状况总指数在全国排名第 10 名，略低于全国总体水平，其进步率排名第 7 名，处于全国前列；生态空间、生态环境分别居全国第 1 名、第 2 名，其进步率分别为全国 10 名后和第 8 名；生态经济、生态生活、生态文化、生态制度指数都处于全国 10 名后，且生态经济、生态生活都低于全国总体水平，生态生活、生态文化、生态制度进步率分别为第 7 名、第 2 名、第 6 名，均处于全国前列，但生态经济进步率位于全国 10 名后。这表明海南生态文明状况总体处于全国 10 名后，但进步趋势明显，海南生态空间、生态环境持续保持全国领先水平，生态经济、生态生活、生态文化、生态制度状况在全国不具有明显优势，但生态生活、生态文化、生态制度进步速度加快，致使生态文明总体水平呈现迅速上升态势。

（三）国家统计局等四部委的评价结果分析

根据国家统计局、国家发展改革委、环境保护部、中央组织部 2017 年 12 月 26 日公布的各省（自治区、直辖市）生态文明建设年度评价结果，整理归纳出海南省与各省生态文明水平的比较结果（表 5-8）。

表 5-8　2016 年海南生态文明建设评价结果与全国排序

指数值及排序	指标							
	绿色发展指数	资源利用指数	环境治理指数	环境质量指数	生态保护指数	增长质量指数	绿色生活指数	公众满意程度/%
指数值	80.85	84.07	76.94	94.95	72.45	72.24	71.71	87.16
排序	6	14	20	1	14	16	15	3

从表 5-8 可知，2016 年海南绿色发展指数得分 80.85，居于全国第 6 位。环境质量指数为 94.95，位于第 1 名，环境治理指数 76.94，位于全国第 20 位，资源利用指数、生态保护指数、增长质量指数、绿色生活指数分别居于全国第 14、14、16、15 位，表明海南环境质量指数对绿色发展指数贡献最大，资源利用指数、生态保护指数、增长质量指数、绿色生活指数等对绿色发展指数也有所贡献。公众满意程度为 87.16%，居于全国第 3 位，表明人民群众对海南生态文明建设和生态环境保护工作有获得感。

第二节　海南省与闽赣黔三省份生态文明建设水平的比较

目前，我国有四个国家生态文明试验区省份：福建省、江西省、贵州省和海南省。故选取国家生态文明试验区省份——福建省、江西省、贵州省，与海南省生态文明建设情况进行横向对比分析。

一、比较对象建设情况

（一）国家生态文明试验区（福建）建设情况

2016年6月，党中央、国务院批准福建省建设全国首个国家生态文明试验区，开展生态文明体制改革综合试验。福建省委省政府坚持以习近平生态文明思想为指导，全面统筹推进试验区建设，试验区建设取得了积极进展和阶段性成效：38项重点改革任务中，有37个专项改革方案并组织实施；领导干部自然资源资产离任审计等22项改革任务在实践中已经转化为可操作、有效管用的制度成果；排污权交易、流域生态补偿、党政领导生态环保目标责任制等一批改革任务凝练形成可复制、可推广的改革经验，并向全国复制推广，其中重点生态区位商品林赎买等9条改革经验被中央全面深化改革委员会办公室的《改革情况交流》刊登推广。通过试验区建设，推动机制活、产业优、百姓富、生态美的新福建建设取得显著成效。2017年，在降水量同比减少39%、主要江河径流量同比减少47%的情况下，全省12条主要河流Ⅰ～Ⅲ类水质比例为95.8%；9市1区城市空气平均达标天数占比96%；森林覆盖率65.95%，连续39年保持全国首位；与此同时，全省生产总值3.23万亿元，增长8.1%，总量居全国第10位，人均地区生产总值8.3万元，居全国第6位（福建省发展和改革委员会，2018）。

（1）绿色空间布局进一步优化。一是优化国土空间布局。以省级空间规划试点等4项改革任务为抓手，构建形成沿海加快产业集聚、山区重点保护生态的省域国土空间开发保护总体格局。二是建立空间管控体系。统筹推进永久基本农田、生态保护红线和城市开发边界3条控制线划定工作，深入推进自然资源资产统一确权登记制度，出台全国首个省级自然资源统一确权登记办法，探索形成一套符合实际的确权登记制度。

（2）绿色惠民效应进一步显现。一是建立森林生态效益补偿机制。在全国率先开展重点生态区位商品林赎买等改革试点。二是建立人居环境治理机制。全省所有乡镇建成生活垃圾转运系统，75%的乡镇建成污水处理设施，80%的行政村建立生活垃圾治理常态化机制（福建省发展和改革委员会，2018）。三是建立多元化的生态保护补偿机制。完善重点流域生态补偿机制。与广东省共同推进汀江—韩江跨省流域生态保护补偿试点，采用“双指标考核”“双向补偿”方式，探索构建上下游成本共担、效益共享、合作共治的跨省流域保护长效机制。建立重点生态功能区财力支持机制，对限制和禁止开发区域县（市）加大转移支付力度。

（3）绿色发展动能进一步增强。一是探索生态产品价值实现的制度支撑。试点探索建立生态系统价值核算指标体系与框架，深入推动自然资源产权制度改革，创新自然资源全民所有权和集体所有权的实现形式。二是提升产业绿色化水平。2017 年，全省清洁能源装机比重提高到 54.5%，全省高新技术产业增加值增长 12.5%，服务业增加值占全省生产总值比重 43.6%（福建省发展和改革委员会，2018）。

（4）绿色管控能力进一步提升。一是完善流域综合管理制度。全面推行河长制，建立省、市、县、乡四级河长体系和村级河道专管员制度。二是完善环保监管体制。扎实推进省以下环保机构监测监察执法垂直管理制度改革，推行环境监管网格化管理，建成市、县、镇、村四级网格体系。三是完善生态司法保护机制。在全国率先实现省、市、县三级生态司法机构全覆盖，建立生态环境资源保护行政执法与刑事司法“两法”衔接工作机制。

（5）绿色金融作用进一步发挥。一是创新绿色金融机制。率先开展绿色信贷业绩评价。推行环境污染责任保险制度。林业金融创新走在全国前列，率先推出“福林贷”、中长期林权抵押按揭贷款、林业收储贷款等创新产品。二是建立环境权益交易体系。建立政府储备机制和重点排污行业调控机制，全面推行排污权交易，率先按照国家核算标准启动运行福建碳排放权交易市场，并将具有福建特色的林业碳汇纳入市场交易。三是完善市场主体培育机制。大力推行污染第三方治理、合同环境服务、区域综合服务等市场化治理模式，2017 年全省节能环保产业产值达 1 205 亿元（福建省发展和改革委员会，2018）。

（6）绿色发展导向进一步强化。一是建立绿色目标考核评价体系。取消包括扶贫开发工作重点县、重点生态功能区在内的 34 个县生产总值考核指标，出台生态文明建设目标评价考核办法，建立了以“一办法、两体系”为基础的全省生态文明建设目标评价考核体系。二是建立生态文明领导干部责任体系。推行“党政同责、一岗双责”制度，建立领导干部自然资源资产离任审计制度，开展自然资源资产负债表编制试点，制定党政领导干部生态环境损害责任追究实施细则。

（二）国家生态文明试验区（江西）建设情况

2017 年 10 月 2 日，《国家生态文明试验区（江西）实施方案》发布。2018 年，江西省在省委的领导下，认真落实中央关于建设国家生态文明试验区的部署要求，国家生态文明试验区“两年有变化”的目标基本实现。改革创新走在前列，中央确定的 38 项重点改革任务已出台 26 项，环保垂管改革进度位列非试点省第一，自然资源统一确权登记、自然生态空间用途管制、五级林长制等工作走在全国前列。靖安生态文明建设实践得到习近平总书记肯定，萍乡海绵城市建设、景德镇“城市双修”获得国务院通报表扬，赣州山水林田湖草保护修复、新余生态循环农业、鹰潭城乡生活垃圾第三方治理、抚河流域水环境综合治理等形成“江西经验”。2018 年，环境质量持续向好，空气质量优良天数比例为 88.3%。国家考核断面水质优良率达 92%，高于国家考核目标 9.3 个百分点；基本消除监测断面劣Ⅴ类水体。生态优势巩固提升，生态文明建设投入力度进一步加大，全省节能环保支出达 163.4 亿元，同比增长 14%。森林覆盖率、湿地保有量保持稳定，成为全国唯一“国家森林城市”设区市全覆盖的省份，森林、湿地生态系统综合效益达到 1.5 万亿元（张和平，2019）。

（1）始终坚持对标中央部署，努力健全生态文明制度体系。切实抓好《国家生态文明试验区（江西）实施方案》落地落实，统筹推进制度设计与成果转化。一是健全生态环境监管制度。组建自然资源与生态环境部门，省以下环保机构垂管改革基本到位。环境资源审判、生态检察、生态综合执法模式在全省推行。二是健全生态安全保障制度。完成自然资源统一确权登记试点、自然生态空间用途管制试点，启动编制自然资源产权主体权力清单。基本建立以河长制、湖长制、林长制为主体的全域监管责任体系。三是健全绿色发展引导机制。推进赣江新区绿色金融改革，完善绿色企业、绿色项目认定和环境信息披露等制度。用能权有偿使用和交易试点、排污权交易等市场化改革稳步推进。四是健全生态考评追责制度。全面开展自然资源资产负债表编制工作，落实环保“一票否决”制度，领导干部自然资源资产离任审计、党政领导干部生态环境损害责任追究制度全面施行，首次开展了全省生态文明建设目标考核（张和平，2019）。

（2）始终坚持聚焦突出问题，努力改善生态环境质量。一是强化系统治理。开展城市“四尘”“三烟”“三气”专项整治。推进生态鄱阳湖流域建设，全面建成覆盖规模以上入河排污口、水质监测站、重点排污企业的在线监测系统，所有开发区建成污水处理设施，运营开发区污水处理厂全部达到一级 B 排放标准。加快推进南昌市、宜春市垃圾分类试点，编制《全省生活垃圾焚烧发电设施布点规划》，全面推行城乡垃圾一体化处理和政府购买服务。二是突出沿江重点。坚持“三水共治”、水岸联动、系统整治，推进长江干流及重要支流、湖泊岸线综合治理。加快推进长江经济带九江绿色发展示范区建设。三是狠抓问题整改。落实中央生态环境保护督察要求，基本完成整改问题 36 个，实现省级环保督察全覆盖（张和平，2019）。

（3）始终坚持系统保护修复，努力构建山水林田湖草生命共同体。2018 年，一是实施森林质量提升工程。加快重点区域森林绿化、美化、彩化、珍贵化建设，将生态公益林补偿标准提高到 21.5 元/亩，居全国前列、中部地区第一。在 20 个县开展近自然森林经营试点。二是实施农田整治工程。启动新一轮高标准农田建设。实施农药化肥“减量化”行动。三是实施流域生态修复工程。启动鄱阳湖退耕还湿试点。四是实施生物多样性保护工程。开展自然保护区“绿盾 2018”、鄱阳湖区“雷霆 2018”联合执法督察。实施长江江豚、候鸟及水生生物资源保护工程。全省建立各类自然保护区 191 个，创建森林公园 182 个、湿地公园 93 个，数量均居全国前列（张和平，2019）。

（4）始终坚持绿水青山就是金山银山，努力提升绿色发展水平。2018 年，一是着力培育绿色产业。扎实推进新兴产业倍增计划，大力发展数字经济，光伏、锂电、新能源汽车等新兴产业主营业务收入实现两位数增长，5G 试点及“03 专项”[①]试点示范加快推进。全省国家级高新区数量达 9 个，居全国第 5 位。加快全域绿色有机农产品示范基地建设，发展“三品一标”农产品 5 335 个，创建绿色有机农产品示范县 25 个。促进农业一二三产融合，建设国家三产融合发展先导区等综合性农业发展平台 11 个。依托生态优势，大力发展生态旅游、休闲康养等产业。二是着力推动绿色改造。实施“工业企业技术改造三年行动计划”，工业技术改造投资增长 39.1%。新增国家级绿色园区 5 家。单位生产总值能耗、水耗同比分别下降 4.6%和 5.0%，秸秆综合利用率达 88.76%，畜禽废弃物资源化利用率达 87.5%。三是着力发展绿色金融。在赣江新区设立各类绿色基金 500 亿元，开展重点行业企业环境污染责任保险试点。四是着力推动绿色共享。修订完善江西省流域生态保护补偿办法，提高贫困县补偿系数（张和平，2019）。

（5）始终坚持全民参与共建共享，努力凝聚生态文明共识共为。一是打造支撑平台。成功举办第五届世界绿色发展投资贸易博览会、国家生态文明试验区建设（江西）论坛等重大活动。二是加强宣传教育。举办国家生态文明试验区建设系列专题培训班，全面开展绿色企业、绿色学校、绿色家庭等创建活动，成立首个鄱阳湖江豚自然学校，启动“河小青”护河志愿服务行动。三是倡导绿色生活。2018 年，大力推广绿色交通，全省新能源汽车保有量达到 5.34 万辆，建成充电站 470 座。四是强化示范引领。积极开展生态文明探索实践，婺源县被评为第二批国家“绿水青山就是金山银山”实践创新基地，井冈山市、崇义县、浮梁县获批第二批国家生态文明建设示范市县，上犹县、武宁县、龙虎山风景区等评为“中国天然氧吧”（张和平，2019）。

（三）国家生态文明试验区（贵州）建设情况

2017 年 10 月 2 日，《国家生态文明试验区（贵州）实施方案》公布实施，贵州省被赋予为全国生态文明体制改革探索经验的重任。

（1）制度改革探索成为亮点和特色。国家生态文明试验区的核心任务是为全国生态文明制度改革探索经验。贵州省通过积极探索实践，基本建立了多元参与、激励约束并重、较为系统完整的生态文明制度体系。一是有利于守住生态底线的制度。大力推动“多规合一”试点、自然资源资产负债表编制、自然资源统一确权登记等工作，在全国率先开展生态保护红线划定、领导干部自然资源资产离任审计、探索完善横向生态保护补偿制度、生态文明建设目标评价考核等工作；划

① 03 专项，即“新一代宽带无线移动通信网”国家科技重大专项。

定永久基本农田 5 257 万亩，建成省、市、县三级“三条红线”指标体系；实现所有河流、湖泊、水库河长制全覆盖；率先在全国实行全域取消网箱养鱼。二是培育激发绿色新动能的制度。下大力度调减玉米种植面积，促进农村发展和生态保护协同共进；建立培育发展环境治理和生态保护市场主体、加快节能环保产业发展等政策机制，改革矿业权出让收益由收缴制变为征收制；贵安新区获批为国家绿色金融改革创新试验区；基本建成生态文明大数据共享和应用平台；开展绿色经济统计试点，农村“三变改革”深入推进。三是大生态与大扶贫深度融合制度。探索建立易地扶贫搬迁“贵州模式”，对迁出地进行土地复垦或生态修复；率先在全国出台生态扶贫专项政策，实施生态扶贫十大工程，推动“大生态”与“大扶贫”相互融合、相互促进。四是与生态文明建设相适应的地方生态环境法规体系和环境资源司法保护制度。率先出台全国首部省级层面生态文明地方性法规《贵州省生态文明建设促进条例》，颁布实施 30 余部配套法规；率先设置环保法庭并成立公检法配套的生态环境保护专门机构；率先开展由检察机关提起环境行政公益诉讼的探索，全省环境资源司法机构达 108 个，实现全覆盖。五是以生态文明为主题的国际交流合作机制。连续成功举办 10 届生态文明贵阳国际会议和生态文明贵阳国际论坛；坚持论干结合，源源不断的一系列国际化丰硕成果，有力助推试验区建设高端切入、科学务实、渐入佳境（秦如培，2017）。

（2）推进国家生态文明试验区建设与高质量发展实现有机统一。贵州省坚持把发展生态利用型、循环高效型、低碳清洁型、环境治理型绿色经济“四型”产业作为守住发展和生态两条底线的最佳结合点，坚持生态产业化、产业生态化，加快生态要素向生产要素、生态财富向物质财富持续有效转变。一是狠抓产业规划布局。印发绿色经济“四型”产业发展指引目录，将“四型”15 大类产业细化为 400 个具体条目；编制实施旅游发展、大健康产业、水产业等相关“四型”产业专项规划。二是狠抓生态环保重大项目建设。2017 年，与大生态相关的生态环保产业完成投资 1 922.8 亿元，同比增长 42.3%。三是狠抓绿色改造提升。深入实施“千企改造”工程和“万企融合”大行动，运用大数据手段加快传统产业改造升级；贵阳经济技术开发区等 3 个开发区成为长江经济带国家级转型升级示范开发区。2017 年，贵州省完成“千企改造”工程企业 1 597 户、项目 1 643 个，完成技术改造投资近千亿元。四是狠抓绿色金融支撑。贵安新区获批国家绿色金融改革创新试验区，贵州银行、贵阳银行等成立绿色金融事业部；设立绿色债券项目库，推动设立大健康绿色产业基金和赤水河流域生态环境保护投资基金；在遵义市、黔南布依族苗族自治州、贵安新区开展环境污染强制责任保险试点（吴承坤，2018）。

通过国家生态文明试验区建设，贵州发展和生态两条底线越守越牢。2018 年一季度，全省经济增长 10.1%，连续 8 年、29 个季度居全国前 3 位。同时，生态环境持续向好，2017 年全省森林覆盖率达 55.3%，市（州）中心城市空气质量优良天数比例保持在 96%以上，集中式饮用水水源地水质达标率保持在 100%，主要河流水质保持优良，公众对贵州生态环境满意度居全国第二位（吴承坤，2018）。

二、生态文明建设水平评价结果分析

由于中国生态文明研究与促进会发布的中国省域生态文明状况评价报告没有具体的全国排名数据，故在此仅选用严耕团队和国家统计局等四部委的评价结果，对海南省与闽赣黔三省份的生态文明建设水平进行比较分析。

（一）严耕团队的评价结果分析

对严耕团队的评价结果，归纳整理出琼闽赣黔四省份生态文明建设水平评价结果（表 5-9 和表 5-10）。

表 5-9 2016 年琼闽赣黔四省份生态文明建设水平评价结果

指数		地区				
		海南	福建	江西	贵州	中国
生态文明指数（ECI）	指标分值	75.87	75.75	70.77	68.45	39.59
	全国排名	6（1）	7	13	16	
	等级	2	2	2	2	
生态活力指数	指标分值	26.10	26.10	24.30	19.80	16.32
	全国排名	3（并列第 1）	3	9	24	
	等级	1	1	2	3	
环境质量指数	指标分值	21.35	19.25	19.60	21.70	8.89
	全国排名	6（2）	13	11	4	
	等级	2	2	2	1	
社会发展指数	指标分值	11.62	12.40	8.27	9.25	5.10
	全国排名	12（2）	9	30	25	
	等级	2	2	4	3	
协调程度指数	指标分值	16.8	18.0	18.6	17.7	9.28
	全国排名	12（4）	9	8	11	
	等级	2	2	2	2	

注：括号内为海南在四省份中的排名。

表 5-10 2014～2015 年琼闽赣黔四省份生态文明建设年度进步指数及排名 单位：%

地区	生态活力进步指数	环境质量进步指数	社会发展进步指数	协调程度进步指数	生态文明建设进步指数
全国	0.32	3.32	9.69	3.57	3.45
海南	−0.56（25）	0.79（26）	9.17（11）	−7.85（29）	−0.95（30）
福建	0.35（11）	−3.90（29）	7.52（21）	−11.04（31）	−3.05（31）
江西	0.88（7）	9.30（15）	9.03（14）	5.38（17）	5.55（16）
贵州	0.09（16）	2.62（22）	11.35（3）	11.08（12）	5.71（15）

注：括号内数值为全国排名。

从表 5-9 可知，2016 年，海南省、福建省、江西省、贵州省生态文明指数分别为 75.87、75.75、70.77、68.45，都大大高于全国总体水平（39.59），全国排名分别为第 6、第 7、第 13、第 16，都处于全国第二等级，海南省位居四个国家生态文明试验区省份的首位。生态活力指数方面，四省份分别为 26.10、26.10、24.30、19.80，都高于全国总体水平（16.32），全国排名分别为第 3、第 3、第 9、第 24，分别处于全国第一、第一、第二、第三等级，海南省与福建省并列全国第 3 和四省份第 1，表明海南省现阶段具有较为丰富的绿地、湿地资源，全省整体富有生态活力。环境质量指数方面，四省份分别为 21.35、19.25、19.60、21.70，都大大高于全国总体水平（8.89），全国排名分别为第 6、第 13、第 11、第 4，贵州省处于全国第一等级，其他三省处于第二等级，海南省在四省份中排第 2；社会发展指数方面，四省份分别为 11.62、12.40、8.27、9.25，都高于全国总体水平（5.10），全国排名分别为第 12、第 9、第 30、第 25，分别处于全国第二、第二、第四、第三等级，海南省在四省份中排第 2。协调程度指数方面，四省份分别为 16.8、18.0、18.6、17.7，都高于全国总体水平（9.28），全国排名第 12、第 9、第 8、第 11 位，都处于全国第二等级，但海南省落后于其他三省份。

从表 5-10 可知，2014～2015 年海南省、福建省、江西省、贵州省生态活力进步指数分别为-0.56%、0.35%、0.88%、0.09%，分别位于全国第 25、第 11、第 7、第 16 位，海南省落后于福建省、江西省、贵州省三省份，也低于全国总体水平（0.32%）；四省份的环境质量进步指数分别为 0.79%、-3.90%、9.30%、2.62%，全国排名分别为第 26、第 29、第 15、第 22，海南省低于江西省、贵州省，高于福建省，海南省进步幅度不大，四省份中，只有江西省高于全国总体水平（3.32%），其他三省都低于全国总体水平；四省份的社会发展进步指数分别为 9.17%、7.52%、9.03%、11.35%，全国排名分别为第 11、第 21、第 14、第 3，海南省领先于福建省和江西省，落后于贵州省，海南省进步幅度较大，贵州处于全国前列，其他三省都落后于全国总体水平（9.69%）；四省份的协调程度进步指数分别为-7.85%、-11.04%、5.38%、11.08%，全国排名分别为第 29、第 31、第 17、第 12，海南省退步幅度较大，贵州省、江西省高于全国总体水平（3.57%），海南省、福建省低于全国总体水平；四省份的生态文明建设进步指数分别为-0.95%、-3.05%、5.55%、5.71%，全国排名分别为第 30、第 31、第 16、第 15，海南省和福建省分别为我国倒数第二和倒数第一，海南省在退步，江西省、贵州省略高于全国总体水平（3.45%）。

（二）国家统计局等四部委的评价结果分析

根据国家统计局等四部委 2016 年各省（自治区、直辖市）生态文明建设年度评价结果，归纳整理出 2016 年琼闽赣黔四省份生态文明评价结果（表 5-11）。

表 5-11　2016 年琼闽赣黔四省份生态文明建设评价结果

地区		绿色发展指数	资源利用指数	环境治理指数	环境质量指数	生态保护指数	增长质量指数	绿色生活指数	公众满意程度/%
海南	指数值	80.85	84.07	76.94	94.95	72.45	72.24	71.71	87.16
	排名	6（2）	14（2）	20（3）	1（1）	14（4）	16（3）	15（3）	3（2）
福建	指数值	83.58	90.32	80.12	92.84	74.78	74.55	73.65	87.14
	排名	2	1	14	3	5	11	9	4
江西	指数值	79.28	82.95	74.51	88.09	74.61	72.93	72.43	81.96
	排名	15	20	24	11	6	15	14	13
贵州	指数值	79.15	80.64	77.10	90.96	74.57	71.67	69.05	87.82
	排名	17	26	19	7	7	19	26	2

注：括号内数据为海南在四省份中的排名。

从表 5-11 可知，2016 年，海南省、福建省、江西省、贵州省绿色发展指数分别为 80.85、83.58、79.28、79.15，全国排名分别为第 6、第 2、第 15、第 17，福建省居于四省份领先地位，海南省为第 2 而高于江西省和贵州省；四省份的资源利用指数分别为 84.07、90.32、82.95、80.64，全国排名分别为第 14、第 1、第 20、第 26，福建省居全国第一，海南省全国排名第 14，属于全国中等水平，高于江西省和贵州省；四省份的环境治理指数分别为 76.94、80.12、74.51、77.10，全国排名分别为第 20、第 14、第 24、第 19，福建省位居四省份前位，海南省位居第三，海南省、江西省、贵州省三省份均处于全国相对落后水平；四省份的环境质量指数分别为 94.95、92.84、88.09、90.96，全国排名分别为第 1、第 3、第 11、第 7，表明海南省生态环境质量具有领先水平，福建省也位居前列，贵州省、江西省也处于全国先进水平；四省份的生态保护指数分别 72.45、74.78、74.61、74.57，全国排名分别为第 14、第 5、第 6、第 7，海南省落后于三省份，福建省、江西省、贵州省均处于全国前列；四省份的增长质量指数分别为 72.24、74.55、72.93、71.67，全国排名分别为第 16、第 11、第 15、第 19，海南省在四省份中排在第 3，仅优于贵州省；四省份的绿色生活指数分别为 71.71、73.65、72.43、69.05，全国排名分别为第 15、第 9、第 14、第 26，海南省在四省份中排在第 3 位，福建省属于全国先进水平，江西省、海南省属于中等水平，贵州省属于下等水平；四省份的公众满意程度指数分别为 87.16%、87.14%、81.96%、87.82%，全国排名分别为第 3、第 4、第 13、第 2，海南省在全国排名靠前，在四省份中排在第 2 位，贵州省居第 1 位，海南省、福建省都处于全国前列，江西省也位于中等偏上水平，表明四省份国家生态文明试验区建设有坚实的群众基础，人民群众对生态文明建设有获得感、幸福感。长期以来，海南省委省政府把生态文明建设摆在事关长远和全局的重要位置来抓，切实筑牢海南生态环境保护的一系列举措，生态文明建设方面的成就得到广大群众的高度认可。

第三节　海南生态文明建设水平比较分析的基本结论与建议

一、海南生态文明建设水平总体特征

（1）严耕团队评价结果比较的总体特征。海南省生态文明建设总体水平处于全国前列，但有退步；生态系统和生态环境质量也处于全国前列，环境质量得以巩固，但生态系统出现退步，社会发展和协调程度处于全国中等偏上水平，相对于一等级、二等级省份相对落后，协调程度退步幅度较大，反映了海南生态环境的优势和社会发展、环境治理的相对不足，经济发展、生态保护与建设后劲不足，绿色生活进步较快。

（2）中国生态文明研究与促进会评价结果比较的总体特征。海南生态文明水平六大领域发展不均衡。生态空间、生态环境处于全国前列，生态制度、生态生活、生态文化分领域处于全国总体水平上下，生态经济状况在全国比较靠后，生态文明状况总指数在全国排名第10名。生态环境、生态生活、生态文化、生态制度分领域和生态文明状况总指数的进步率上升较快，生态经济也呈进步发展态势。

（3）国家统计局等四部委评价结果比较的总体特征。2016年，海南绿色发展指数居于全国第6位，环境质量指数、资源利用指数、生态保护指数、增长质量指数、绿色生活指数分别排在全国第1、第14、第14、第16、第15位，环境治理指数排在第20位。这表明海南绿色发展走在全国前列，环境质量指数对绿色发展指数贡献最大，资源利用指数、生态保护指数、增长质量指数、绿色生活指数等均处于全国中等水平，对海南绿色发展指数也有所贡献，环境治理是海南省的短板。公众满意程度居于全国第3位，表明海南生态文明建设和环境保护工作得到广大人民的高度认可。

（4）海南生态文明建设水平总体特征。海南生态文明建设6个分领域发展不均衡，生态空间、生态环境居于全国领先地位，而生态经济则相对靠后，生态生活、生态文化、生态制度位于全国中等水平，6个分领域都有明显的上升态势，生态文明建设总体水平也呈现逐年上升趋势。由此表明，海南建设生态文明有良好的基础和条件，生态空间、生态环境是海南生态文明建设的最大优势，各级党委和政府高度重视生态文明建设，加大生态文明建设力度，公众生态文明意识明显提高，生态文明建设总体水平上升态势明显。

二、海南生态文明建设的比较优势与短板

（一）海南与全国的比较优势分析

海南生态空间、生态环境（或者说生态活力、环境质量）在全国都处于领先

水平，具有明显的优势，与我国生态环境是生态文明建设的突出短板有明显不同。生态文明建设总体水平、公众满意程度也有较好优势。主要原因：海南省是一个相对独立的热带岛屿生态单元，自然生态系统和资源环境有很好的基础，属于后发展地区，长期以来重视生态环境保护，建设生态省和全国生态文明建设示范区，创造了生态文明建设的海南模式、海南经验，引领其他省份建设生态省和生态文明，得到了国家和全国人民的积极肯定和鼓励。

生态经济是海南生态文明建设中的一个突出短板，生态文明建设发展不充分、不均衡也是短板之一。生态经济短板主要表现为生态经济基础薄弱、总量小、经济结构不够合理，创新驱动不够，能源节约、工业资源节约、新动能培育壮大任务艰巨。发展不充分主要表现在系统性保护和治理体系不够完善。必须重视与加强环境治理投资和污染防治，社会发展、资源生态保护、综合调控等职能协调亟待加强，生态文明体制改革落地落实仍需下大力气推进，各类涉及生态文明建设的规划、政策、制度还需进一步统筹衔接。发展不均衡表现为领域发展不均衡、地区发展不均衡和陆海发展不均衡。海南生态环境保护和治理的投入仍然不足，农村环境整治、农业面源污染治理、城乡饮用水源保护、城市内河污染治理等工作任重道远，破坏生态环境的违法行为仍时有发生。海南岛东部和西部，由于自然地理条件、气候、水资源、海岸带等资源的差异，社会经济发展和人的思想观念等方面也出现较大的差异，生态文明建设水平出现东西部的不平衡现象。海南省是海洋大省，海洋面积占全国海洋面积的 2/3，但 2017 年海南省海洋经济生产总值 1 250 亿元，占地区生产总值比例仅为 28%，占全国海洋产业的比重较小，出现海南省海洋生态经济发展不充分、陆海不平衡现象。

（二）海南省与闽赣黔三省份中的比较优势

严耕团队评价结果的比较优势。2016 年，海南生态文明建设总体水平居于四省份首位，生态活力处于领先水平，环境质量、社会发展处于第 2 位，协调程度落后于三省份。海南生态文明建设进步指数、环境质量进步指数、协调程度进步指数优于福建省，落后于贵州省、江西省，生态活力进步指数落后于三省份；社会发展进步指数低于贵州省，优于福建省、江西省。海南生态文明建设进步不明显，在四省份中不突出。

国家统计局等四部委评价结果的比较优势。2016 年，海南环境质量指数排名第 1，具有领先水平；绿色发展指数、公众满意程度指数、资源利用指数在四省份中都排名第 2；环境治理、增长质量、绿色生活等指数都列于第 3，生态保护指数落后于三省份。

（三）比较优势基本结论

本书引用严耕团队、中国生态文明研究与促进会、国家统计局等四部委关于国内各省域生态文明建设水平评价的数据资料，虽然 3 种评价指标、评价方法略有不同，评价结果也略有差异，但 3 种评价结果、结论都明确指出了海南省的优势和不足，总体上比较接近或相似，与海南省实际情况基本吻合。

海南生态空间、生态环境在全国都处于领先水平，具有明显的优势。生态文明建设总体水平、公众满意程度也有较好优势。生态经济是海南生态文明建设中的一个突出短板，生态文明建设发展不充分、不均衡也是短板之一。

海南生态文明建设总体水平、公众满意程度在四省份中都处于前列，生态系统、环境质量位居四省份领先水平，是一大优势；社会发展相对不足，协调程度落后于三省份，生态文明总体水平进步不大，生态经济、协调程度、环境治理相对不足，是海南省的短板。原因在于海南生态环境质量、生态文明建设处于较高水平，社会经济发展和环境治理投入相对不足，经济发展与环境保护的矛盾不断突出，巩固和提升环境质量和生态文明建设水平比较艰难。

三、海南生态文明建设发展建议

海南省应当按照《生态文明建设目标评价考核办法》要求，尽快制定和实施《海南省生态文明建设目标评价考核办法》。通过对各部门各地区生态文明建设的年度进展总体情况进行年度评价，发挥好“指示器”和“风向标”作用，扬长补短，积极引导各部门各地区加快推动绿色发展，落实生态文明建设相关工作。

保护好绿水青山，持续保持和发挥海南生态空间、生态环境的巨大优势。生态环境是海南省建设国家生态文明试验区的最大优势和基础条件。当前，海南省要按照习近平总书记的指示精神，处理好发展和保护的关系，着力在“增绿”“护蓝”上下功夫。“增绿”就是要保护好海南省的青山，增加森林植被面积、增强其质量和生态服务功能，增加森林碳汇；继续建设绿化宝岛工程，巩固和扩大天然林、海防林和其他生态公益林的建设成果；加快推进以天然林保护、重点生态区域绿化、沿海防护林建设和保护、“三边”防护林建设、自然保护区建设、水土保持与生物多样性保护、敏感区域生态修复等为重点的生态保护与修复工程建设，建设完善的热带雨林、红树林、珊瑚礁、湿地、海洋生态系统等自然保护区体系，建立健全海南省中部山区和海岸带生态安全屏障体系。“护蓝”就是要保护和建设好海南省蓝色的水体和蓝天白云。在污染防治方面，重点加强工业点源、农业面源污染、城镇生活污水、机动车辆和大气污染的防治；现有工业要推行清洁生产，实现全省主要工业污染物的总量控制达标和各类污染物排放浓度达标；新建项目要严格执行环境影响评价制度、“三同时”制度、污染物排放许可制度、总量控制制度；积极推进各类规划的环境影响评价工作，实施区域环境功能区划，从战略源头控制污染，保护环境；对于农业面源，要控制畜禽养殖污水、农田农药和化肥用量，严格控制高尔夫球场的农药和化肥用量；实施农村清洁工程，加强农村环境综合治理；建设、维护完好的全省所有市、县污水处理厂和垃圾处理设施；完善污水、垃圾处理费征收政策，建立健全治污设施正常运营保障机制；加强养殖业污染防治，推广生态养殖技术；着力治理城市内河污染、入海中小河流污染；加强船舶污染防治，建设港口污水和垃圾接收设施；控制污染物入海总量；加强海上污染事故应急能力建设，提高应急防备能力。例如，三沙市在开发建设中要始终坚持“保护优先、有序开发”的原则，每个项目都要严格执行国家和海南省有关环境与资源的法律法规，特别要做好建设工地垃圾、污水处理、生态保护等工作。

针对海南生态经济发展不足的问题，海南省需要解放思想，转型升级，从海南资源环境的实际出发，转变发展方式，调整产业结构。一是大力实施海洋强省战略，切实把海洋生态产业做大做强，使海洋生态产业成为国民经济的主导产业。依据海南海洋大省的独特资源优势，坚持海陆统筹原则，做好海洋生态产业发展规划，实施海洋生态保护的“三线一单”和海洋功能区划。发展多样化的海洋生态产业，推动渔业从捕捞向养殖、养殖从近海向外海、从传统池塘养殖向深水网箱和海洋牧场、渔民从传统捕鱼向休闲渔业转型。以科技创新为动力，推动形成海洋科技产业集群，加快培育海洋生物制药、海洋装备等新兴产业。积极推动海洋三次产业的联动和融合，使海洋渔业、工业和以旅游为龙头的服务业协调发展。沿海各个市县要建立海洋生态产业发展基地，以基地为依托，实现海洋生态产业的起步和发展。二是大力实施生态康养产业战略。依据海南省垄断的气候资源和生态环境，大力发展海岛生态康养产业，促进海南生态价值的实现。重点发展热带雨林生态康养、滨海生态康养、海岛生态康养、温泉生态康养等类型的项目建设，建设一批国际一流的生态康养基地。加大投入、加强监管，加快从业人员技术培训和企业认证体系建设，培育和建设一批热带海岛生态康养品牌。

针对海南经济社会发展与生态环境的协调不足问题，海南省需要引领从资源、环境、生态、增长质量、生产方式、生活方式、社会发展等全方位共同发力，着重社会发展、生产方式和生活方式的转变，实现协调发展。海南省必须尽快研究制定生态文明建设水平评价指标体系，并贯彻实施。巩固和提升优势领域，补齐绿色发展短板。在发展道路和发展模式上，要始终坚持生态立省、绿色崛起之路。要坚持把生态文明建设摆在突出地位，自觉把生态文明建设融入经济建设、政治建设、文化建设和社会建设中，把生态文明建设贯穿于生态省、国际旅游岛和中国自由贸易试验区、中国特色自由贸易港建设的各个方面和全过程。要通过生态环境优势优化经济结构和布局，转变生产方式和生活方式，加快绿色产业和基础设施建设，完善海陆空立体交通体系。坚持改革促进开放，开放促进发展。坚持把改革发展的根本目的落脚在提高人民生活水平上，最终目标是打造海南人民的幸福家园和中外游客的度假天堂，实现社会全面发展。

针对区域发展不均衡问题，海南省需要引领各地区齐头并进，加快缩小东西部差距，实现中部崛起，补齐区域性短板。加快西部地区开发建设。全面实施《海南西部地区开发建设规划纲要》，以特色资源为依托，以工业化和城镇化为主导，围绕建设新型工业基地、面向东南亚的航运枢纽和物流中心、能源和南海资源开发与服务基地，热带特色现代农业基地和山海互动特色旅游目的地“五大”战略定位，加快基础设施建设，加快优势特色产业发展，加强政策支持和改革开放力度，逐步使这一地区成为带动海南发展的重要增长极和我国北部湾地区发展的战略支点。扶持中部生态功能区建设。要坚持保护优先、适度开发、点状发展的基本思路，以生态建设和环境保护为首要任务，以建设海南热带雨林国家公园为抓手，进一步完善和实施生态补偿政策，加大财政转移支付力度，增强水源涵养、维护生物多样性的能力；积极发展生态旅游业、生态林业和生态农业及其他生态型产业，积极发展农林产品加工业，促进中部地区特色生态产业发展；加强重点城镇建设，着力打造生态城镇、风情小镇，提高人口受教育水平，引导山区生态敏感地区人口有序转移；使中部地区成为生态环境优美、特色产业发达、农民共同富裕的全国重要生态功能区。

第六章　国家生态文明试验区（海南）建设策略

建设国家生态文明试验区（海南）是海南省当前面临的重大理论和实践课题。本章阐述了国家生态文明试验区（海南）建设思路、主要目标和建设指标，依据生态文明建设六大内容体系，分别阐述了国家生态文明试验区（海南）的生态制度建设策略、生态环境保护策略、生态空间优化策略、生态经济发展策略、生态生活改善策略和生态文化培育策略，以期为国家生态文明试验区（海南）建设提供参考依据。

第一节　建 设 思 路

一、指导思想

以习近平新时代中国特色社会主义思想为指导，深入贯彻党的十九大和十九届二中、三中全会精神，全面贯彻习近平生态文明思想，紧紧围绕统筹推进“五位一体”总体布局和协调推进“四个全面”战略布局，按照党中央、国务院决策部署，坚持新发展理念，坚持改革创新、先行先试，坚持循序渐进、分类施策，以生态环境质量和资源利用效率居于世界领先水平为目标，着力在构建生态文明制度体系、优化国土空间布局、统筹陆海保护发展、提升生态环境质量和资源利用效率、实现生态产品价值、推行生态优先的投资消费模式、推动形成绿色生产生活方式等方面进行探索，坚定不移走生产发展、生活富裕、生态良好的文明发展道路，推动形成人与自然和谐共生的现代化建设新格局，谱写美丽中国海南篇章（中共中央办公厅和国务院办公厅，2019）。

二、战略定位

（1）生态文明体制改革样板区。健全生态环境资源监管体系，着力提升生态环境治理能力，构建起以巩固提升生态环境质量为重点、与自由贸易试验区和中国特色自由贸易港定位相适应的生态文明制度体系，为海南省持续巩固保持优良生态环境质量、努力向国际生态环境质量标杆地区看齐提供制度保障。

（2）陆海统筹保护发展实践区。坚持统筹陆海空间，重视以海定陆，协调匹配好陆海主体功能定位、空间格局划定和用途管控，建立陆海统筹的生态系统保护修复和污染防治区域联动机制，促进陆海一体化保护和发展。深化省域“多规合一”改革，构建高效统一的规划管理体系，健全国土空间开发保护制度。

（3）生态价值实现机制试验区。探索生态产品价值实现机制，增强自我造血功能和发展能力，实现生态文明建设、生态产业化、脱贫攻坚、乡村振兴协同推进，努力把绿水青山所蕴含的生态产品价值转化为金山银山。

（4）清洁能源优先发展示范区。建设“清洁能源岛”，大幅提高新能源比重，实行能源消费总量和强度双控，提高能源利用效率，优化调整能源结构，构建安全、绿色、集约、高效的清洁能源供应体系。实施碳排放控制，积极应对气候变化（中共中央办公厅和国务院办公厅，2019）。

第二节　主 要 目 标

一、总体目标

通过试验区建设，确保海南省生态环境质量只能更好、不能变差，人民群众对优良生态环境的获得感进一步增强。到 2020 年，试验区建设取得重大进展，以海定陆、陆海统筹的国土空间保护开发制度基本建立，国土空间开发格局进一步优化；突出生态环境问题得到基本解决，生态环境治理长效保障机制初步建立，生态环境质量持续保持全国一流水平；生态文明制度体系建设取得显著进展，在推进生态文明领域治理体系和治理能力现代化方面走在全国前列；优质生态产品供给、生态价值实现、绿色发展成果共享的生态经济模式初具雏形，经济发展质量和效益显著提高；绿色、环保、节约的文明消费模式和生活方式得到普遍推行。城镇空气质量优良天数比例保持在 98%以上，细颗粒物（PM2.5）年均浓度不高于 18 微克/米^{3}并力争进一步下降；基本消除劣Ⅴ类水体，主要河流湖库水质优良率在 95%以上，近岸海域水生态环境质量优良率在 98%以上；土壤生态环境质量总体保持稳定；水土流失率控制在 5%以内，森林覆盖率稳定在 62%以上，守住 909 万亩永久基本农田，湿地面积不低于 480 万亩，海南岛自然岸线保有率不低于 60%；单位国内生产总值能耗比 2015 年下降 10%，单位地区生产总值二氧化碳排放比 2015 年下降 12%，清洁能源装机比重提高到 50%以上。到 2025 年，生态文明制度更加完善，生态文明领域治理体系和治理能力现代化水平明显提高；生态环境质量继续保持全国领先水平。到 2035 年，生态环境质量和资源利用效率居于世界领先水平，海南成为展示美丽中国建设的靓丽名片（中共中央办公厅和国务院办公厅，2019）。

二、建设指标体系

建设指标体系包括基本条件和建设指标。基本条件确定的依据主要是《关于印发〈国家生态文明建设试点示范区指标（试行）〉的通知》（环发〔2013〕58 号），建设指标与目标值主要参考《国家生态文明建设示范县、市指标（修订）》、《海南省生态环境保护“十三五”规划》、《海南省国民经济和社会发展第十三个五年规划纲要》和《国家生态文明试验区（海南）实施方案》。结合海南省实际，国家生态文明试验区（海南）建设指标体系确定基本条件 5 项和建设指标 51 项。

（一）基本条件

基本条件一：建立国家生态文明试验区（海南）建设党委、政府领导工作机制，研究制定国家生态文明试验区（海南）建设规划，市（县）国家生态文明试验区建设规划，通过人大审议并颁布实施 4 年以上；国家和上级政府颁布的有关建设国家生态文明试验区（海南）、建设生态文明，加强生态环境保护，建设资源节约型、环境友好型社会等相关法律法规、政策制度得到有效贯彻落实。实施系列区域性行业生态文明管理制度和全社会共同遵循的生态文明行为规范，生态文明良好社会氛围基本形成。

基本条件二：达到国家生态文明示范区（市县、乡镇）建设标准并通过考核验收。所辖乡镇（涉农街道）全部获得国家级美丽乡镇命名。辖区内工业园区建成国家或省级生态工业示范园区；50%以上的国家级风景名胜区、国家级森林公园建成国家生态旅游示范区。

基本条件三：完成上级政府下达的节能减排任务，总量控制考核指标达到国家和地方总量控制要求。矿产、森林、草原等主要自然资源保护、水土保持、荒漠化防治、安全监管等达到相应考核要求。严守耕地红线、水资源红线、生态红线。

基本条件四：环境质量（水、大气、噪声、土壤）达到功能区标准并持续改善。当地存在的突出环境问题和环境信访得到有效解决，近 3 年辖区内未发生重大、特大突发环境事件，政府环境安全监管责任和企业环境安全主体责任得到有效落实。区域环境应急关键能力显著增强，辖区中具有环境风险的企事业单位有突发环境事件应急预案，并进行演练。危险废物的处理处置达到相关规定要求，实施生活垃圾分类，实现无害化处理。新建工业企业全部进入工业园区。生态灾害得到有效防范，无重大森林、草原、基本农田、湿地、水资源、矿产资源等人为破坏事件发生，无跨界重大污染和危险废物向其他地区非法转移、倾倒事件。生态环境质量保持稳定或持续好转。

基本条件五：实施主体功能区规划，划定生态红线并严格遵守。严格执行规划（战略）环评制度。区域空间开发和产业布局符合主体功能区规划、生态功能区划和环境功能区划要求，产业结构及技术符合国家相关政策。开展循环经济试点和推广工作，应当实施清洁生产审核的企业全部通过审核。

（二）建设指标

国家生态文明试验区（海南）建设指标包括生态制度、生态环境、生态空间、生态经济、生态生活、生态文化等六大类共 51 项指标，其中约束性指标 29 项，参考性指标 22 项（表 6-1）。

表 6-1　国家生态文明试验区（海南）建设指标

领域	任务	序号	指标名称	单位	指标值	指标属性	备注
生态制度	制度及保障机制完善	1	生态文明建设规划	—	制定实施	约束性指标	规划基准年不早于 2015 年；规划处于有效期内
		2	生态文明建设工作占党政实绩考核的比例	%	≥20	约束性指标	市县达到上级相关考核要求
		3	自然资源资产负债表	—	编制	参考性指标	
		4	自然资源资产离任审计	—	开展	参考性指标	
		5	生态环境损害责任追究	—	开展	参考性指标	
		6	河长制、湖长制	—	建立	约束性指标	
		7	湾长制	—	建立	约束性指标	
		8	林长制	—	建立	约束性指标	
		9	固定源排污许可证核发	—	开展	约束性指标	
		10	环境信息公开率	%	100	约束性指标	
生态环境	环境质量改善	11	环境空气质量： 优良天数比例提高幅度 细颗粒物（PM2.5）年均浓度 污染天数比例下降幅度	 % 微克/米^3 %	 98 ≤18 省级确定要求	约束性指标	
		12	地表水环境质量： 达到或优于Ⅲ类水质比例 劣Ⅴ类水体比例	 % %	 95 0	约束性指标	
		13	近岸海域水生态环境质量优良率	%	98	约束性指标	
		14	耕地土壤环境质量达到或优于二级标准比例	%	≥81	参考性指标	

续表

领域	任务	序号	指标名称	单位	指标值	指标属性	备注
生态环境	环境质量改善	15	主要污染物减排	万吨	达到考核要求	约束性指标	
	生态系统保护	16	水土流失率	%	<5	参考性指标	
		17	生态环境状况指数（EI）	—	≥85	约束性指标	
		18	森林覆盖率： 中部山区 沿海地区	 % %	 ≥75 ≥50	约束性指标	
		19	森林蓄积量	亿立方米	≥1.5	约束性指标	
		20	生物物种资源保护： 重点保护物种受到严格保护 外来物种入侵	 — —	 执行 不明显	参考性指标	
	环境风险防范	21	危险废物安全处置率	%	100	约束性指标	
		22	污染场地环境监管体系	—	建立	参考性指标	
		23	重、特大突发环境事件	—	未发生	约束性指标	
生态空间	空间格局优化	24	生态保护红线	—	划定	约束性指标	
		25	耕地红线、永久基本农田红线	—	遵守	约束性指标	
		26	受保护地区占国土面积比例： 中部山区 沿海地区	 % %	 ≥60 ≥25	约束性指标	
		27	海南岛自然岸线保有率	%	≥60	约束性指标	
		28	空间规划	—	编制	参考性指标	
		29	规划环评执行率	%	100	约束性指标	
生态经济	资源节约与利用	30	单位地区生产总值能耗比2015年下降	%	10	约束性指标	
		31	单位地区生产总值用水量	米^3/万元	省级确定要求	约束性指标	
		32	单位地区生产总值二氧化碳排放比2015年下降	%	12	参考性指标	
		33	清洁能源装机比重	%	≥50	参考性指标	
		34	应当实施强制性清洁生产企业通过审核的比例	%	100	参考性指标	
	产业循环发展	35	农业废弃物综合利用率： 秸秆综合利用率 畜禽养殖场粪便综合利用率	 % %	 ≥95 ≥95	参考性指标	
		36	一般工业固体废物处置利用率	%	≥90	参考性指标	
生态生活	人居环境改善	37	集中式饮用水水源地水质优良比例	%	100	约束性指标	
		38	村镇饮用水卫生合格率	%	100	约束性指标	

续表

领域	任务	序号	指标名称	单位	指标值	指标属性	备注
生态生活	人居环境改善	39	城镇污水处理率	%	>85	约束性指标	
		40	城镇生活垃圾无害化处理率	%	100	约束性指标	
		41	城镇人均公园绿地面积	米²/人	≥15	参考性指标	
		42	农村卫生厕所普及率	%	≥95	参考性指标	
		43	村庄环境综合整治率	%	省级确定要求	约束性指标	
		44	文明生态村占自然村比重	%	≥80	约束性指标	
	生活方式绿色化	45	城镇新建绿色建筑比例	%	省级确定要求	参考性指标	
		46	公众绿色出行率	%	≥50	参考性指标	
		47	节能、节水器具普及率	%	≥80	参考性指标	
		48	政府绿色采购比例	%	≥80	参考性指标	
生态文化	观念意识普及	49	党政领导干部参加生态文明培训的人数比例	%	100	参考性指标	
		50	公众对生态文明知识知晓度	%	≥90	参考性指标	
		51	公众对生态文明建设的满意度	%	≥90	参考性指标	

注：主要参考《国家生态文明建设示范县、市指标（修订）》，并参考《海南省“十三五”生态环境保护主要指标》等资料和海南省实际情况，整理成此表。

三、指标解释

（一）基本条件的指标解释

（1）基本条件一的指标解释：成立以省、市县、乡镇党委、政府主要负责人为组长，相关负责人为副组长，有关部门负责人为组员的生态文明试验区创建工作领导小组，下设办公室。组织编制生态文明试验区建设规划，通过上级生态环境部门组织的专家论证后，由当地政府提请同级人大审议通过后颁布实施。规划文本和批准实施的文件报上级环境保护部门备案。规划应实施3年以上，规划的重点工程项目80%以上得到落实。严格执行国家和地方有关生态环境保护、资源节约法律法规、政策制度，并根据当地的生态环境状况，制定本地区生态环境保护与建设的政策措施。制定实施该区各相关行业生态文明建设管理制度、居民生态文明行为规范。

数据来源：当地政府及各有关部门的文件、实施计划。

（2）基本条件二的指标解释：创建生态文明试点示范区的市（县），须首先按照环境保护部《关于进一步深化生态建设示范区工作的意见》（环发〔2010〕16号），达到国家生态县建设标准，并通过考核验收。所辖乡镇（涉农街道）100%获得国家级美丽乡镇命名。国家级工业园区全部建成国家生态工业示范园区。辖区国家级风景名胜区、国家级森林公园建成国家生态旅游示范区的比例不低于50%。县级市建成国家环保模范城市，相关标准参考《国家环境保护模范城市创建与管理工作办法》和《国家环境保护模范城市考核指标及其实施细则（第六阶段）》。

数据来源：生态环境、旅游与文化广电体育等部门。

（3）基本条件三的指标解释：有节能减排任务的地区，调整优化产业结构，按照国务院印发的《"十三五"节能减排综合工作方案》等文件，明确各部门实现节能减排的目标任务和总体要求，完成上级政府下达的能源消耗降低、主要污染物减排的指标任务。达到国家相关部委关于天然林资源保护工程、耕地保护目标责任、水源资源管理等相关考核要求。耕地保护参照年度与上级政府签订的耕地保护目标责任制；矿产资源开采总量控制参照国土资源部出台的《开采总量控制矿种指标管理暂行办法》；水资源利用参照国务院发布的《国务院关于实行最严格水资源管理制度的意见》（国发〔2012〕3 号）和《海南省实行最严格水资源管理制度考核办法》；能源消耗总量控制参照国家能源局印发的能源消费总量控制相关文件；主要污染物总量控制参照生态环境部印发的相关文件。

数据来源：发展和改革、生态环境、工业与信息化、自然资源与规划、水务、农业农村、林业等部门。

（4）基本条件四的指标解释：水环境、大气环境、噪声环境、土壤环境质量达到相应的功能区标准，辖区内无劣Ⅴ类水体，无劣Ⅳ类海域。群众投诉反映的各类生态环境问题的办结率应达到 90%以上。3 年内无在环保决策中违反法律法规和国务院、生态环境部、海南省人民政府等发布的规范性文件，越权审批，擅自决策，法律手续不完备等造成重大环境不利影响的行为。危险废物得到妥善处置，实施了生活垃圾分类收集、处理，制定实施了相关管理办法。辖区内具有环境风险的企事业单位（如石油、化工、冶金、医疗、重金属污染防控重点行业等）应具有突发环境事件应急预案并定期进行演练。泥石流、滑坡、洪涝、蝗灾等生态灾害得到有效防范，编制实施生态灾害防治办法。3 年内无国家或相关部委认定的重大森林、草原、湿地、基本农田、水资源、矿产资源等重大破坏事件发生。无重大跨界污染和危险废物非法转移、倾倒事件。生态环境质量保持稳定或呈现逐年好转趋势。较大突发环境事件判别标准参照 2006 年国务院颁布《国家突发公共事件总体应急预案》及相关部委颁布的关于突发性事件的分级规定。

数据来源：生态环境、林业、自然资源与规划、水务、农业农村、住房与城乡建设等部门。

（5）基本条件五的指标解释：实施主体功能区规划。划定生态红线，并严格遵守，制定实施相关管理办法。区域人类活动符合优化开发、重点开发、限制开发和禁止开发四类主体功能区规划，以及环境保护部、中国科学院联合印发的《全国生态功能区划》中相关经济发展与生态环境保护的要求。严格执行规划（战略）环评制度，在规划（战略）环评完成前，相关区域项目环评不予受理；在审查环节，发挥环评的准入作用，详细论证项目是否符合规划环评的总体要求。制定优化产业布局的中长期战略。根据区域内资源禀赋、基础条件、产业现状、环境容量、发展潜力和经济安全等因素，规划不同区域的主体功能及宏观产业布局，确定其鼓励、限制、调整和淘汰发展的产业结构和空间布局。产业结构符合国务院《促进产业结构调整暂行规定》及《产业结构调整指导目录》要求。在区域、园区、企业等层次上，开展循环经济试点工作。应该实施清洁生产的企业全部通过清洁生产审核。

数据来源：发展和改革、工业与信息化、生态环境等部门。

（二）建设指标

1. 生态文明建设规划

指标解释：对某一区域生态文明建设的定位、目标、任务和保障措施做出时空安排。

数据来源：生态环境、统计、发展和改革委等部门。

2. 生态文明建设工作占党政实绩考核的比例

指标解释：地方政府党政干部实绩考核评分标准中生态文明建设工作所占的比例。

数据来源：组织、生态环境等部门。

3. 自然资源资产负债表

指标解释：用于自然资源资产管理的统计管理报表体系，它反映被评估区域或部门在某时点所占有的可测量、可报告、可核查的自然资源资产状况，以及某时点被评估区域所应承担的自然资源负债状况。

数据来源：组织、生态环境等部门。

4. 自然资源资产离任审计

指标解释：主要领导干部在某一地区领导岗位离任时，对其进行自然资源资产管理情况的审计，考核其所管理的自然资源是否被保护。

数据来源：组织、生态环境等部门。

5. 生态环境损害责任追究

指标解释：地方各级党委和政府对本地区生态环境和资源保护负总责，党委和政府主要领导成员承担主要责任，其他有关领导成员在职责范围内承担相应责任。中央和国家机关有关工作部门、地方各级党委和政府的有关工作部门及其有关机构领导人员按照职责分别承担相应责任。某一地方出现生态环境损害事故，将追究当地领导或相关部门领导的责任，坚持依法依规、客观公正、科学认定、权责一致、终身追究的原则。

数据来源：组织、生态环境等部门。

6. 河长制、湖长制

河长制是指由中国各级党政主要负责人担任“河长”，负责组织领导相应河流的管理和保护工作。全面推行河长制，以保护水资源、防治水污染、改善水环境、修复水生态为主要任务，全面建立省、市、县、乡镇四级河长体系，构建责任明确、协调有序、监管严格、保护有力的河流管理保护机制，为维护河流健康生命、实现河流功能永续利用提供制度保障。

湖长制是指由湖泊最高层级的湖长担任第一责任人，对湖泊的管理保护负总责，其他各级湖长对湖泊在本辖区内的管理保护负直接责任，按职责分工组织实施湖泊管理保护工作。

数据来源：组织、生态环境、自然资源与规划等部门。

7. 湾长制

湾长制是指以主体功能区规划为基础，以逐级压实地方党委政府海洋生态环境保护主体责任为核心，以构建长效管理机制为主线，以改善海洋生态环境质量、维护海洋生态安全为目标，加快建立健全陆海统筹、河海兼顾、上下联动、协同共治的治理新模式。

数据来源：组织、生态环境、自然资源与规划等部门。

8. 林长制

林长制是指以林业发展规划为基础，以地方党委政府林业生态环境保护主体责任为核心，以构建林业生态环境保护长效管理机制为主线，建立省、市县、乡镇、村多级林长制体系。

数据来源：组织、生态环境、林业等部门。

9. 固定源排污许可证核发

指标解释：生态环境主管部门对区域内固定污染源进行核查，发放排污许可证的工作。

数据来源：生态环境、工业与信息化等部门。

10. 环境信息公开率

指标解释：政府主动信息公开和企业强制性信息公开的比例。

环境信息包括政府环境信息和企业环境信息。政府环境信息是指环保部门在履行环境保护职责中制作或者获取的，以一定形式记录、保存的信息。环保部门应当遵循公正、公平、便民、客观的原则，及时、准确地公开政府环境信息。

企业环境信息是指企业以一定形式记录、保存的，与企业经营活动产生的环境影响和企业环境行为有关的信息。企业应当按照自愿公开与强制性公开相结合的原则，及时、准确地公开企业环境信息。

环境信息公开标准参照生态环境部颁发的环境信息公开有关管理规定执行。

数据来源：统计、生态环境等部门。

11. 环境空气质量

指标解释：环境空气质量依据空气中污染物浓度的高低判断的环境空气质量的状况。优良天数比例（%）是指市（县）城市建成区或县政府所在镇的空气质量为优和良的天数占全年天数的百分比。细颗粒物（PM2.5）年均浓度，是指城镇建成区的空气细颗粒物（PM2.5）的浓度。污染天数比例下降幅度是指一个地区环境空气污染天数占全年天数的百分比相对于某一年份的下降幅度，由省级部门确定。

数据来源：统计、生态环境等部门。

12. 地表水环境质量

指标解释：地表水环境质量达到或优于III类水质比例，是指行政区域内地表水监测河段和水库断面水质符合或优于国家地表水III类标准数量占总监测河段和水库断面数量的百分比。

消灭劣V类水体是指辖区内河流湖泊没有劣V类水体。

数据来源：统计、生态环境等部门。

13. 近岸海域水生态环境质量优良率

指标解释：近岸海域监测断面水质达到或优于二类标准的数量占总监测断面

数量的百分比。

数据来源：自然资源与规划、生态环境、统计等部门。

14. 耕地土壤环境质量达到或优于二级标准比例

指标解释：耕地土壤监测点位达到或优于二级标准数量占总监测点位数量的百分比。

数据来源：生态环境、自然资源与规划、统计等部门。

15. 主要污染物减排

指标解释：上级规定的主要污染物排放相对于某一年的减少量。

数据来源：生态环境、统计等部门。

16. 水土流失率

指标解释：行政区内水土流失面积占国土面积的比重。

数据来源：自然资源与规划、生态环境、统计等部门。

17. 生态环境状况指数（EI）

指标解释：反映被评价区域生态环境质量状况的一系列指数的综合。

数据来源：统计、生态环境等部门。

18. 森林覆盖率

指标解释：森林面积占全部行政区域陆域土地面积的百分比。中部山区、沿海地区分别执行不同覆盖率指标。

数据来源：统计、生态环境等部门。

19. 森林蓄积量

指标解释：一定面积的森林中生长着的林木树干部分的总材积。

数据来源：林业、生态环境、统计等部门。

20. 生物物种资源保护

指标解释：生物物种资源保护是指对辖区内生物物种资源开展保护的工作；重点保护物种受到严格保护，是指对国家或省级规定重点保护物种进行保护的工作；外来物种入侵，是指外来物种入侵某一地区，造成对本地物种和生态系统损害的现象。

数据来源：统计、生态环境等部门。

21. 危险废物安全处置率

指标解释：对辖区内危险废物安全处置数量占危险废物总量的比例。
数据来源：统计、生态环境、工业与信息化等部门。

22. 污染场地环境监管体系

指标解释：行政区建立了污染场地环境全过程监管体系，因地制宜出台了污染场地环境风险防范的调查、监测、评估、修复等相关管理制度和政策措施，形成了污染场地多部门联合监管工作机制，且没有污染场地风险事故发生。
数据来源：统计、生态环境等部门。

23. 重、特大突发环境事件

指标解释：突发环境事件分级标准中的特别重大突发环境事件和重大突发环境事件。
数据来源：统计、生态环境、工业与信息化等部门。

24. 生态保护红线

指标解释：在自然生态服务功能、环境质量安全、自然资源利用等方面，需要实行严格保护的空间边界与管理限值，以维护国家和区域生态安全及经济社会可持续发展，保障人民群众健康。
数据来源：统计、生态环境、自然资源与规划等部门。

25. 耕地红线、永久基本农田红线

指标解释：耕地红线指经常进行耕种的土地面积的最低值。它是一个具有低限含义的数字，有国家耕地红线和地方耕地红线。永久基本农田红线指划定的永久基本农田的面积。
数据来源：统计、生态环境、农业农村等部门。

26. 受保护地区占国土面积比例

指标解释：辖区内各类（级）自然保护区、风景名胜区、森林公园、地质公园、生态功能保护区、水源保护区、封山育林地、基本农田等面积占全部陆地（湿地）面积的百分比，上述区域面积不得重复计算。
数据来源：统计、生态环境、住房与城乡建设、林业、自然资源与规划、农业农村等部门。

27. 海南岛自然岸线保有率

指标解释：海南岛保有的自然岸线长度占全岛岸线的比重。
数据来源：统计、生态环境、林业、自然资源与规划等部门。

28. 空间规划

指标解释：空间规划主要是指由公共部门使用的影响未来活动空间分布的方法，它的目的是创造一个更合理的土地利用和功能关系的领土组织，平衡保护环境和发展两个需求，以达成社会和经济发展总的目标。
数据来源：统计、自然资源与规划、生态环境等部门。

29. 规划环评执行率

指标解释：规划环境影响评价的数量占应进行规划环境影响评价总数的比重。
数据来源：生态环境、统计等部门。

30. 单位地区生产总值能耗比2015年下降

指标解释：辖区内地区生产总值所消耗的能源，是反映能源消费水平和节能降耗状况的主要指标。
数据来源：统计、工业与信息化、生态环境等部门。

31. 单位地区生产总值用水量

指标解释：辖区内地区生产总值所消耗的水资源量，是反映水资源消费水平和节水状况的主要指标。
数据来源：统计、发展和改革、水务、生态环境等部门。

32. 单位地区生产总值二氧化碳排放比2015年下降

指标解释：单位地区生产总值二氧化碳排放量比2015年的排放量下降的幅度。
数据来源：统计、发展和改革、工业与信息化、生态环境等部门。

33. 清洁能源装机比重

指标解释：清洁能源装机数量占装机总量的比重。
数据来源：统计、发展和改革、工业与信息化、生态环境等部门。

34. 应当实施强制性清洁生产企业通过审核的比例

指标解释：实施强制性清洁生产企业通过审核的数量占全部强制性清洁生产

企业总数的比例。

数据来源：统计、生态环境、工业与信息化等部门。

35. 农业废弃物综合利用率

秸秆综合利用率的指标解释：行政区内综合利用的秸秆量占秸秆产生总量的比例。

数据来源：自然资源与规划、生态环境、农业农村等部门。

畜禽养殖场粪便综合利用率的指标解释：行政区内畜禽养殖场通过还田、沼气、堆肥、培养料等方式，综合利用的畜禽粪便量占畜禽粪便产生总量的比例。有关标准参照《畜禽规模养殖污染防治条例》、《畜禽养殖业污染物排放标准》（GB 18596—2001）和《畜禽养殖污染防治管理办法》等执行。

数据来源：自然资源与规划、生态环境、农业农村等部门。

36. 一般工业固体废物处置利用率

指标解释：行政区内一般工业固体废物处置及综合利用量占一般工业固体废物产生总量（当年一般工业固废产生量、处置往年储存量和综合利用往年储存量之和）的比值。

数据来源：生态环境、工业与信息化、统计等部门。

37. 集中式饮用水水源地水质优良比例

指标解释：城镇集中饮用水水源地，其地表水水源水质达到《地表水环境质量标准》（GB 3838—2002）Ⅲ类标准和地下水水源水质达到《地下水质量标准》（GB/T 14848—2017）Ⅲ类标准的水量占取水总量的百分比。

数据来源：住房与城乡建设、卫生健康、自然资源与规划、生态环境等部门。

38. 村镇饮用水卫生合格率

指标解释：以自来水厂或手压井形式取得饮用水的农村人口占农村总人口的百分率，雨水收集系统和其他饮水形式的合格与否需经检测确定。饮用水水质符合国家生活饮用水卫生标准的规定，且连续3年未发生饮用水污染事故。

数据来源：自然资源与规划、生态环境、卫生健康等部门。

39. 城镇污水处理率

指标解释：行政区域内城市建成区或县政府所在镇生活污水处理的量占排放总量的百分比。

数据来源：生态环境、住房与城乡建设、统计等部门。

40. 城镇生活垃圾无害化处理率

指标解释：行政区域内城市建成区或县政府所在镇镇区的生活垃圾无害化处理的量占垃圾产生总量的百分比。

数据来源：生态环境、住房与城乡建设、统计等部门。

41. 城镇人均公园绿地面积

指标解释：城镇公园绿地面积的人均占有量，以米^2/人表示，园林城市、园林县城和园林城镇达标值均为≥9 米^2/人，生态市达标值为≥11 米^2/人。具体计算时，根据《城市绿地分类标准》（CJJ/T 85—2017）进行。

数据来源：生态环境、自然资源与规划、统计等部门。

42. 农村卫生厕所普及率

指标解释：使用卫生厕所的农户数占农户总户数的比例。卫生厕所标准执行《农村户厕卫生标准》（GB 19379—2012）。

数据来源：生态环境、文明办等部门。

43. 村庄环境综合整治率

指标解释：辖区内开展农村环境综合整治的行政村占辖区所有行政村的比例。

农村环境综合整治是指按照“生产发展，生活宽裕，乡风文明，村容整洁，管理民主”的社会主义新农村建设目标，以建设适宜人居环境为宗旨，妥善处理农村环境保护与农村经济社会发展的关系、城市环境保护与农村环境保护的关系、主动预防和被动治理的关系三大关系，着力做好全力保障农村饮用水安全、严格控制农村地区工业污染、加强畜禽养殖污染防治监管、积极防治农村土壤污染、加快推进农村生活污染治理、深化农村生态示范创建活动、强化农村环境监管体系建设、加大农村环保宣传教育力度八大工作。

数据来源：生态环境、农业农村、统计等部门。

44. 文明生态村占自然村比重

指标解释：按照《海南省文明生态村建设标准（试行）》创建合格的村庄数量占全县自然村总数的百分比。

数据来源：生态环境、统计、文明办等部门。

45. 城镇新建绿色建筑比例

指标解释：达到建设部颁发的《绿色建筑评价标准》（GB/T 50378—2019），

并获有关部门认证的新建绿色建筑占新建总建筑面积的比例。绿色建筑：在建筑的全寿命周期内，最大限度地节约资源（节能、节地、节水、节材）、保护环境和减少污染，为人们提供健康、适用和高效的使用空间，与自然和谐共生的建筑。相关评价标准参考《绿色建筑评价标准》（GB/T 50378—2019）和《绿色建筑评价技术细则（试行）》（建科〔2007〕205 号）。

数据来源：住房与城乡建设、生态环境等部门。

46. 公众绿色出行率

指标解释：绿色出行就是采用对环境影响较小的出行方式，如乘坐公共汽车、地铁等公共交通工具，合作乘车，环保驾车，或者步行、骑自行车等。只要是能降低自己出行中的能耗和污染，就叫作绿色出行、低碳出行、文明出行等。公众绿色出行率是指符合绿色出行的人数占出行人数总数的比例。

数据来源：交通运输、统计、发展和改革、生态环境等部门。

47. 节能、节水器具普及率

（1）节能电器普及率的指标解释：辖区范围内销售的具有节能认证（能效标识为一、二级，或具有“中国节能认证”标志）的电器数量与同类电器销售总数量的比例。节能认证由中国质量认证中心负责组织实施，并接受国家质检总局的监督和指导，经确认并通过颁布认证证书和节能标志。节能产品判别标准参照《能源效率标识管理办法》相关规定执行。

数据来源：发展和改革、工业与信息化、统计、生态环境等部门。

（2）节水器具普及率的指标解释：辖区范围内销售的具有“节水产品认证”标志的用水器具数量与同类用水器具销售总数量的比例。节水产品认证参考《中国节水产品认证规则》（SL 476—2010）。节水产品认证属于强制认证，凡列入《实施节水认证的产品目录》的产品必须获得认证才能进入市场。节水产品判别标准参照国务院办公厅下发的《国务院办公厅关于开展资源节约活动的通知》（国办发〔2004〕30 号）和《实施节水认证的产品目录》（中标节能认证中心公布，目前共两批，62 类产品）等相关规定执行。

数据来源：工业与信息化、水务、发展和改革、统计、生态环境等部门。

48. 政府绿色采购比例

指标解释：按照财政部和环境保护部最新联合发布的关于调整环境标志产品政府采购清单的通知，辖区内政府采购清单中有“中国环境标志”的产品数量占总政府采购产品数量的比例。

数据来源：财政、审计、生态环境等部门。

49. 党政领导干部参加生态文明培训的人数比例

指标解释：创建过程中参加生态文明专题培训的党政干部人数与总人数的比例。

数据来源：生态环境、文明办等。

50. 公众对生态文明知识知晓度

指标解释：公众对生态环境保护、生态伦理道德、生态经济、生态文化、生态制度等生态文明相关知识的了解掌握情况。由国家生态文明考核组依据相关统计方法组织人员通过问卷调查或委托独立的权威民意调查机构获取的指标值，以知晓人员数量占调查总人数的比例表示。抽查总人数不少于辖区人口的千分之一。

数据来源：问卷调查。

51. 公众对生态文明建设的满意度

指标解释：公众对生态文明建设的满意程度。该指标值的获取采用国家生态文明考核组现场随机发放问卷与委托独立的权威民意调查机构抽样调查相结合的方法，以现场调查与独立调查机构所获指标值的平均值为考核依据，现场抽查总人数不少于辖区人口的千分之一。参加问卷调查人员应包括不同年龄、不同学历、不同职业等情况，充分考虑代表性。通过生态文明建设使人民群众有幸福感、获得感、安全感。

数据来源：问卷调查、独立机构抽样调查。

第三节　生态制度建设策略

一、总体思路

围绕实现国家生态文明体制改革样板区的战略定位，依据中共中央的《生态文明体制改革总体方案》和海南实际情况，先行先试，改革创新，继续完善和颁布实施一系列生态文明法规和规章，建立和实施生态文明保障机制，构建起与中国（海南）自由贸易试验区、自由贸易港相适应的系统完整的生态文明制度体系，为建成国家生态文明试验区（海南）提供生态制度保障。

二、主要目标

到 2020 年，全省、市（县）全面启动和初步建立起生态文明建设规划编制、生态文明建设工作占党政实绩考核、自然资源资产负债表编制、自然资源资产离任审计、生态环境损害责任追究、河长制、湖长制、湾长制、林长制、固定源排污许可证核发、环境信息公开等工作和制度。

到 2025 年，基本建立与中国（海南）自由贸易试验区、自由贸易港相适应的生态文明体制机制。

到 2035 年，把海南建设成为国家生态文明体制改革样板区。

三、重点任务

（一）健全生态文明建设法规和规章体系

海南省需要颁布和健全的生态文明建设法规和规章，主要包括健全自然资源资产产权制度、建立国土空间开发保护制度、建立空间规划体系、完善资源总量管理和全面节约制度、健全资源有偿使用和生态补偿制度、建立健全环境治理体系、健全环境治理和生态保护市场体系、完善生态文明绩效评价考核和责任追究等八大领域的法规和规章以及促进生态产业化、产业生态化、环境保护地方标准体系、生态文明信息公开等法规和规章。

（二）改革完善生态制度

海南省生态制度改革主要任务包括八大生态制度领域，36 项生态制度，127 项生态制度内容（制度点）（表 6-2）。当前，生态文明体制改革的主攻方向和着力点是积极落实生态文明体制改革“1+6”方案；全面推进八项任务落实；积极做好中央环保督察巡视；推进省以下环保机构监测监察执法垂直管理；建立企业排放许可制，通过政府和社会资本合作、环境污染第三方治理等方式，鼓励各类投资进入环保市场；健全环保法律法规体系；严格环境执法监管，重点打击恶意违法排污和造假行为，督促工业污染源达标排放，让环境守法成为新常态，推动形成公平竞争的市场环境等。建议强化高层协调，成立专门权威的生态文明建设领导机构。落实各级政府生态文明建设领导小组，进一步强化顶层设计，修改和完善指标体系、标准和管理规程，抓好相关部门间协调，研究建立推进生态文明建设工作机制。

表 6-2　海南省生态制度改革主要任务

生态制度领域	生态制度	序号	生态制度内容（制度点）
健全自然资源资产产权制度	建立统一的确权登记系统	1	坚持资源公有、物权法定、清晰界定全部国土空间各类自然资源资产的产权主体
		2	对水流、森林、山岭、荒地、滩涂等所有自然空间统一进行确权登记，逐步划清全民所有和集体所有之间的边界，划清全民所有、不同层次政府行使所有权的边界，划清不同集体所有者的边界，选择海口市、三亚市、文昌市、保亭县、昌江县作为省级试点
		3	推进确权登记法治化，2020 年年底前完成自然资源统一确权登记试点工作
	建立权责明确的自然资源产权体系	4	确定权力清单，明确各类自然资源资产权主体权利
		5	明确国有农场、林场和牧场土地所有者与使用者权能
		6	除生态功能重要的外，可推动所有权和使用权相分离
		7	建立不动产统一登记制度，完善不动产登记平台建设，实现不动产信息跨部门互通共享
建立国土空间开发保护制度	完善主体功能区制度	8	深入落实主体功能区战略，完善主体功能区配套制度和政策。健全基于主体功能区的区域政策，调整完善适应主体功能区建设的财政、产业、投资、人口流动、建设用地、资源开发、环境保护、应对气候变化、绩效考核评价等政策。实行重点生态功能区产业准入负面清单制度
	健全国土空间用途管制制度	9	严格土地用途管制，改革土地计划管理制度，优化生产、生活、生态空间，实施差别化的国土资源配置，严格控制城镇和产业园区边界，严禁生产、生活空间挤占生态空间
		10	将开发强度指标分解到各市（县）作为约束性指标，控制建设用地总量。划定并严守生态红线，严禁任意改变用途。设定土地资源消耗上限、耕地保护红线、生态环境底线
		11	制定国土空间用途管制管理办法，建立健全监管平台，防止不合理开发建设活动对生态红线的破坏
		12	推动建设覆盖全省国土空间的监测系统，深化国土资源“一张图”系统建设与应用，动态监测国土空间变化
	建立以国家公园为主体的自然保护地体系	13	加强自然保护区监督管理，扩大、完善和新建一批国家级、省级自然保护区。2020 年年底前完成自然保护区勘界立标等工作。逐步建立空天地一体化、智能化的自然保护地监测和预警体系
		14	海南热带雨林国家公园体制试点。制订实施海南热带雨林国家公园体制试点方案，组建海南热带雨林国家公园统一管理机构。研究制定有关国家公园的法律法规，明确国家公园的功能定位、保护目标、管理原则和管理主体。研究制定国家公园特许经营等配套法规，做好现行法律法规的衔接修订工作。尽快制定国家公园的整体规划、功能分区、基础设施建设、社区协调、生态保护补偿、访客管理等相关标准规范和自然资源调查评估、巡护管理、生物多样性监测等技术规程，确保国家公园的建设和运营质量

续表

生态制度领域	生态制度	序号	生态制度内容（制度点）
建立国土空间开发保护制度	建立以国家公园为主体的自然保护地体系	15	探索通过“生态赎买”方式，逐步将经济林退出中部生态核心区，逐步恢复扩大热带雨林面积；加大对海南国家公园范围内生态转移支付力度，安排林业、环保等发展改革专项资金用于国家公园建设、移民搬迁及生态修复等工作
		16	天然林地保护。完善天然林保护制度。将所有天然林纳入保护范围，逐步扩大省级以上生态公益林范围。重点在国有林场范围内开展国家储备林基地建设。加快推进国有林场改革，完善国有林场管理体制和空间布局，逐步推进国有林场事企分开。强化国有林场公益性质，完善以购买服务为主的国有林场公益林管护机制。完善集体林权制度，稳定承包权，拓展经营权能，鼓励林地经营权流转
		17	湿地保护。建立湿地保护制度。将所有湿地纳入保护范围，将面积 8 公顷以上（含 8 公顷）的湿地列入湿地保护名录，建立管理档案，明确湿地保护名录和湿地四至界限，落实保护责任，实行分级分类保护和管理，确保湿地功能不减退。制定湿地保护规划，将湿地保护红线斑块落实到市（县）行政区，禁止擅自征用占用湿地。建立健全国际重要湿地、国家重要湿地、省级重要湿地、湿地自然保护区、湿地保护小区和湿地公园管理体系。严格实施《海南省湿地保护条例》，开展重要湿地生态系统保护与恢复工程
		18	整合组建海洋自然保护地。加强海洋类型各类保护地建设和规范管理，探索海洋类型国家公园建设试点
		19	实施生态移民搬迁。力争 5 年内对生态环境脆弱的核心区：南渡江、万泉河、昌化江三大流域源头、水源保护地、公益林保护区、热带雨林保护区、海岸带生态敏感区、地质灾害易发区范围内的居民有计划、分步骤实施生态移民搬迁，促进迁出区生态恢复修复、生态环境质量明显改善。建立跨行政区域生态移民搬迁安置机制
建立空间规划体系	编制空间规划	20	整合各部门分头编制的各类空间性规划，编制全省空间规划，明确海南省事权管控的空间区域及管制要求，划定城市开发边界、陆域生态保护红线、永久基本农田等主要控制线和跨区域性工程基础设施廊道，明确市（县）空间规划主要控制指标。研究建立统一规范的空间规划编制机制。建立全省空间规划信息平台
	深化“多规合一”改革	21	完善《海南省总体规划（空间类 2015—2030）》和各市（县）总体规划，依法划定城镇建设区、产业园区、农村居民点等的开发边界，以及耕地、林地、河流、湖泊、湿地等的保护边界。建立健全规划调整硬约束机制，坚持一张蓝图干到底。划定海洋生物资源保护线和围填海控制线，严格自然生态空间用途管制
	创新市县空间规划编制方法	22	探索建立规范化的市县空间规划编制程序，扩大社会参与。规划编制前，应当进行资源环境承载能力评价和建设用地适宜性评价，以评价结果作为规划的基本依据。规划编制过程中，应当广泛征求各方面意见，并在网络和其他本地媒体公布。鼓励当地居民对规划执行进行监督，对违反规划的开发建设行为进行举报。市（县）人民代表大会及其常务委员会定期听取空间规划执行情况报告，对当地政府违反规划行为进行问责

续表

<table>
<tr><th>生态制度领域</th><th>生态制度</th><th>序号</th><th>生态制度内容（制度点）</th></tr>
<tr><td rowspan="11">完善资源总量管理和全面节约制度</td><td rowspan="4">完善最严格的耕地保护制度和土地节约集约利用制度</td><td>23</td><td>完善基本农田保护制度，建立健全生态环境和基本农田保护补偿制度，设定土地资源消耗上限、耕地保护红线、生态环境底线。划定永久基本农田红线，建立基本农田数据库，实行严格保护和动态监管。基本农田一经划定，实行永久保护，任何单位和个人不得擅自占用或改变用途</td></tr>
<tr><td>24</td><td>完善和落实全省各级政府耕地保护责任目标考核机制。完善耕地占补平衡制度，严格落实耕地占一补一、先补后占、占优补优</td></tr>
<tr><td>25</td><td>实行建设用地总量和强度双控制度。建立低效工业用地退出及存量用地集约利用和增量用地挂钩机制。推进城镇建设和产业园区节约集约用地。严格控制农村集体建设用地规模。强化土地利用全生命周期管理，以土地利用方式转变促进经济转型升级，实现土地资源利用效益的最大化。严格土地准入，提出建立土地出让的控制标准，将土地投资强度、产值和税收等，纳入土地出让的前置条件，把好土地的准入门槛；严格土地用途管制，严禁其他各类用途的土地改变为商品住宅用地</td></tr>
<tr><td>26</td><td>严格土地规范管理，禁止各类招商项目中配套商品住宅，禁止商品住宅和其他产业项目捆绑搭配供应；严格土地交易管理，要求所有招标、拍卖、挂牌公开供应的土地纳入省级统一的土地市场进行交易，否则不得办理土地登记</td></tr>
<tr><td rowspan="4">完善最严格的水资源管理制度</td><td>27</td><td>实行水资源消耗总量和强度双控制，完善海南省实行最严格水资源管理制度考核办法。逐步完善规划和建设项目水资源论证制度</td></tr>
<tr><td>28</td><td>完善水功能区监督管理制度，强化饮用水水源地安全保障，推进城市备用水源建设。加强水功能区、入河排污口和地下水监测，建立水资源承载能力监测预警机制</td></tr>
<tr><td>29</td><td>加强水产品产地保护和环境修复，合理控制水产养殖，构建水生动植物保护机制</td></tr>
<tr><td>30</td><td>加强水资源监控计量，严格水资源用途管制</td></tr>
<tr><td rowspan="3">建立能源消费总量管理和节约制度</td><td>31</td><td>实施能源消费总量和强度双控行动。降低能耗、物耗，提高资源利用效率。逐步提高水耗、能耗和物耗等标准</td></tr>
<tr><td>32</td><td>制定碳排放达峰路线图，提升各流域各行业节能标准要求</td></tr>
<tr><td>33</td><td>大力推行园区集中供热、特定区域集中供冷、超低能耗建筑、高效节能家电等，推广合同能源管理，完善市场化节能机制</td></tr>
</table>

续表

生态制度领域	生态制度	序号	生态制度内容（制度点）
完善资源总量管理和全面节约制度	建立能源消费总量管理和节约制度	34	建设清洁能源岛。加快构建安全、绿色、集约、高效的清洁能源供应体系。禁止新增煤电，大力推行“削煤减油”，逐步加快燃煤机组清洁能源替代，到2020年淘汰达不到超低排放要求的企业自备燃煤机组。编制出台海南省清洁能源汽车发展规划，加快充电桩等基础设施建设，加快推广新能源汽车和节能环保汽车，在海南岛逐步禁止销售燃油汽车。在切实落实气源的前提下全面推广农村用气。加快推进昌江核电二期，有序发展光伏、风电等新能源，推进海洋能发电示范。推行清洁低碳能源优先上网，拓宽清洁能源消纳渠道
	健全海洋资源开发保护制度	35	实施海洋主体功能区制度，确定近海海域海岛主体功能，引导、控制和规范各类用海用岛行为。实施差别化海域供应政策。加强海域使用论证和海洋环境影响评价，严把项目准入关。科学划定海洋生态红线。建立海洋生态红线制度
		36	建立自然岸线保有率控制制度
		37	完善海洋渔业资源总量管理制度，严格执行休渔禁渔制度，推行近海捕捞限额管理，控制近海和滩涂养殖规模
		38	健全海洋督察制度
	完善资源循环利用制度	39	建立健全资源产出率统计体系。实行生产者责任延伸制度，推动生产者落实废弃产品回收处理等责任
		40	建立养殖业废弃物资源化利用制度，实现养殖业有机结合、循环发展
		41	加快建立垃圾强制分类制度
		42	制定再生资源回收目录，对复合包装物、电池、农膜等低值废弃物实行强制回收。
		43	完善限制一次性用品使用制度
		44	落实并完善资源综合利用和促进循环经济发展的税收政策
		45	制定循环经济技术目录，实行政府优先采购、贷款贴息等政策
健全资源有偿使用和生态补偿制度	加快自然资源及其产品价格改革	46	按照成本、收益相统一的原则，充分考虑社会可承受能力，建立自然资源开发使用成本评估机制，将资源所有者权益和生态环境损害等纳入自然资源及其产品价格形成机制
		47	加强对自然垄断环节的价格监管，建立定价成本监审制度和价格调整机制，完善价格决策程序和信息公开制度
		48	开展国有自然资源资产所有权委托代理机制试点。出台海南省全民所有制自然资源资产有偿使用制度实施方法
	完善土地有偿使用制度	49	对公共服务领域采取政府与社会资本合作的项目，鼓励以出让、出租或作价出资等方式有偿使用国有建设用地使用权。对改制国有事业单位使用的原划拨建设用地及国有农场、林场、牧场改革中涉及的国有划拨建设用地，可参照国有企业改制中国有土地资产处置办法处置

续表

生态制度领域	生态制度	序号	生态制度内容（制度点）
健全资源有偿使用和生态补偿制度	完善土地有偿使用制度	50	探索设立国有农用地使用权，明确国有农用地和国有农场、林场、牧场改革中涉及的国有划拨农用地使用权实行划拨、出让、租赁、作价出资、授权经营的范围、期限、条件、程序和方式。通过有偿方式取得的国有建设用地使用权和国有农用地使用权，可以实行转让、出租、作价出资、抵押等
		51	推动将集体土地、林地等自然资源资产折算转变为企业、合作社的股权，资源变资产、农民变股东，让农民长期分享产权收益
	完善水资源有偿使用制度	52	以深化实施最严格水资源管理制度、落实水资源管理“三条红线”、强化水资源节约与保护为前提，明确水资源有偿使用的范围、条件、程序、方式和权利体系
		53	健全水资源费征收制度，合理调整水资源费征收标准，制定和实施不同地区、不同行业、不同水资源类型的水资源收费标准，对取用污水处理回用水的免征水资源费，鼓励水资源回收利用
		54	严格水资源费征收管理，落实超计划或超定额取水累进征收水资源费政策
		55	鼓励通过水权交易平台开展水权交易，充分发挥市场配置水资源作用
		56	探索建立水权制度，在赤田水库流域开展水权试点
	完善海域有偿使用制度	57	建立体现生态价值和代际补偿的海域有偿使用分级、分类管理制度，到2020年底前，编制完成海南省海洋自然资源资产负债表
		58	创新海域所有权实现形式，适应海洋经济社会发展多元化需求，完善海域使用权权能，海域使用权可以依法出让、转让、出租、抵押、作价入股
		59	坚持多种有偿出让方式并举，逐步提高经营性用海市场化出让比例，明确海域市场化出让范围、方式和程序，规范海域市场化出让方案编制，建立完善海域使用权价格评估制度和技术标准，健全海域使用权招标、拍卖、挂牌等市场化出让机制
		60	修订海域使用金征收标准，完善海域等级、海域使用金征收范围和方式，建立海域使用金征收标准动态调整机制
		61	深入开展海域、无居民海岛有偿使用实践，开展无居民海岛使用权市场化出让试点。规范海域使用权出让程序，强化海域使用动态监视监测管理
	完善国有森林资源有偿使用制度	62	严格执行国家森林资源保护政策，充分发挥国有森林资源在国家生态建设中的主体作用。对可经营利用的森林资源，确定有偿使用的范围、期限、条件、程序和方式。规范国有用材林、薪炭林、经济林流转。国有森林经营单位的国有林地使用权，原则上保留划拨用地方式。国家公园、自然保护区、国家森林公园、国有天然林和公益林的国有林地使用权和林木所有权不得出让
		63	研究制定国有林区、林场改革涉及的划拨国有林地使用权按照国有农用地政策进行有偿使用的具体办法。支持国有森林经营单位依托森林资源发展林下经济和森林旅游等。研究制定森林资源资产评估定价标准。国有森林资源有偿使用必须经过资产评估，并由批准机关对其资产评估结果进行核准或备案
		64	选取典型区域试点研究国有森林资产有偿使用制度

续表

生态制度领域	生态制度	序号	生态制度内容（制度点）
健全资源有偿使用和生态补偿制度	加快资源环境税费改革	65	理顺自然资源及其产品税费关系，明确各自功能，合理确定税收调控范围
		66	加快推进资源税从价计征改革，逐步将资源税扩展到占用自然生态空间
		67	加快推进环境保护税地方立法
	完善生态补偿机制	68	健全生态保护补偿机制的顶层设计，2020年底前出台《海南省生态保护补偿条例》。明确生态保护补偿的流域区域、补偿标准、补偿渠道、补偿方式及监督考核等内容。按照“谁受益，谁补偿”的原则，明确生态受益者、社会投资者对生态保护者的补偿，除了政府，还需要企业、社会组织和公众的共同参与。探索市场化的生态保护补偿方式
		69	进一步完善生态保护财力转移支付制度，建立稳定投入机制，综合考虑不同主体功能区生态功能因素和支出成本差异，切实加大对限制开发区域、禁止开发区域特别是重点生态功能区的财力支持力度，引导各地按照主体功能定位发展。积极争取扩大海南省中部山区相关市县调整纳入国家重点生态功能区，享受中央财政转移支付政策。制定完善相关领域、区域生态保护补偿政策，加大对红线管控区域的生态保护补偿投入。将生态保护补偿作为海南热带雨林国家公园体制试点的重要内容
		70	完善流域生态保护补偿机制。探索南渡江、昌化江、万泉河上下游之间生态保护补偿机制，以改善流域水环境质量和促进上游欠发达地区绿色发展为导向，改进补偿资金分配，规范补偿资金使用，探索构建上下游成本共担、效益共享、合作共治的跨市县流域保护长效机制，全面建立统一规范的全流域生态保护补偿机制
		71	完善生态公益林保护补偿机制。实行省级公益林和国家级公益林补偿联动、分类补偿和分档补助相结合的森林生态效益补偿机制，补偿标准根据国家政策调整及省级财力情况逐步提高，形成稳步增长机制。健全自然保护区和国家森林公园等禁止开发区域的生态公益林林权所有者补偿机制。探索建立以森林植被碳储量为切入点的市场化生态保护补偿机制
		72	健全海洋生态保护补偿机制。按照谁使用谁补偿的原则，对使用海域从事开发建设等活动造成海洋生态损失的，探索采取工程性补偿或缴纳生态补偿金的方式实施海洋生态补偿，对海洋生态环境进行修复和保护，加快研究出台海洋生态补偿管理办法。完善捕捞渔民转产转业补助政策，提高转产转业补助标准。研究建立国家级海洋自然保护区、海洋特别保护区生态保护补偿制度
		73	健全耕地生态保护补偿机制。完善基本农田保护补偿制度，根据各地实际承担的基本农田保护面积，安排基本农田保护补贴，补贴资金支付给具体管护基本农田的农村集体经济组织或农户，用于基本农田管护。建立耕地保护激励机制，对耕地保护和高标准农田建设工作开展较好的市县，在分配新增建设用地土地有偿使用费时给予倾斜，高标准农田建设项目向优先保护类耕地集中的地区倾斜。探索建立以绿色生态为导向的农业生态治理补贴制度。研究制定鼓励引导农民施用有机肥料的补助政策

续表

生态制度领域	生态制度	序号	生态制度内容（制度点）
健全资源有偿使用和生态补偿制度	完善生态补偿机制	74	探索建立湿地生态保护补偿机制。组织开展湿地生态效益价值评价研究，探索确定湿地生态保护补偿对象的条件和标准，先选择若干重要湿地开展补偿试点。在试点基础上，研究制定湿地生态保护补偿管理办法，形成覆盖全省湿地的生态保护补偿机制
建立健全环境治理体系	完善排污许可证制	75	深入推进排污许可制度改革，出台排污许可证管理地方性法规，对排污单位实行从环境准入、排污控制到执法监管的“一证式”全过程管理
		76	基于资源环境无退化原则，制定相应的环境质量标准，严格执行排污许可证制度，制定反映全成本的环境价格标准，完善排污收费制度
	建立农村环境治理体制机制	77	建立以绿色发展为导向的农业补贴制度，加快制定和完善相关技术标准和规范，加快推进化肥、农药、农膜减量化以及畜禽养殖废弃物资源化和无害化，鼓励生产使用可降解农膜
		78	完善农作物秸秆综合利用制度
		79	健全化肥、农药包装物、农膜回收储运加工网络
		80	采取政府购买服务等多种扶持措施，培育发展各种形式的农业面源污染治理、农村污水垃圾处理市场主体
		81	财政支农资金的使用要统筹考虑增强农业综合生产能力和防治农村污染
	健全环境信息公开制度	82	全面推进大气和水等环境信息公开，排污单位环境信息公开、监管部门环境信息公开，健全建设项目环境影响评价信息公开机制
		83	健全环境新闻发言人制度
		84	引导人民群众树立环保意识，完善公众参与制度，保障人民群众依法有序行驶环境监督权
		85	建立环境保护网络举报平台和举报制度，健全举报、听证、舆论监督等制度
		86	健全环保信用评价、信息强制性披露、严惩重罚等制度。建立环境污染“黑名单”制度，使环保失信企业处处受限。逐步构建完善环保信用评价等级与市场准入、金融服务的关联机制，实行跨部门联合奖惩，强化环保信用的经济约束。建立省内重点污染源名录单位环境信息强制性披露机制，出台相关实施办法，构建统一的信息披露平台
	改革完善生态环境资源监管体系	87	科学配置机构职责和机构编制资源，加快设立海南省各级国有自然资源资产管理和自然生态监管机构。实行省以下生态环境机构监测监察执法垂直管理。整合生态环境保护行政执法职责、队伍，统一实行生态环境保护行政执法
		88	加强对有关部门和地方政府执行国家环境法律法规和政策的监督，纠正其执行不到位的行为，特别是纠正地方政府对环境保护的不当干预行为。严厉打击企业违法排污行为
		89	健全流域海域生态环境管理机制。建立省级生态环境资源常态化督察制度。试点探索环境保护警察执法机制。建立健全基层生态环境保护管理体制，乡镇（街道）明确承担生态环境保护责任的机构和专门人员；落实行政村生态环境保护责任，解决农村生态环境保护监管“最后一公里”问题

续表

生态制度领域	生态制度	序号	生态制度内容（制度点）
建立健全环境治理体系	改革完善生态环境资源监管体系	90	改革完善生态环境监管模式。严守生态保护红线、生态环境质量底线、资源利用上线，建立生态环境准入清单。以改善生态环境质量和提高管理效能为目标，建立健全以污染物排放许可制为重点、各项制度有机衔接顺畅的环境管理基础制度体系
		91	建立健全生态安全管控机制。实行最严格的进出境环境安全准入管理机制，禁止“洋垃圾”输入。加强南繁育种基地外来物种环境风险管控和基因安全管理，建立生态安全和基因安全监测、评估及预警体系。完善区域环境安全预警网络和突发环境事件应急救援能力建设
	严格实行生态环境损害赔偿制度	92	强化生产者环境保护法律责任，大幅度提高违法成本
		93	健全环境损害赔偿方面的法律制度、评估方法和实施机制，对违反环境保护法规的，依法严惩重罚；对造成生态环境损害的，以损害程度等因素依法确定赔偿额度；对造成严重后果的，依法追究刑事责任
	完善生态环境资源司法体系	94	完善司法机关环境资源司法职能和机构配置，探索以流域、自然保护地等生态功能区为单位的跨行政区划集中管辖机制，推行环境资源刑事、行政、民事案件“三合一”归口审理模式。健全生态环境行政执法与刑事司法的衔接机制
		95	推进构建科学、公平、中立的环境资源鉴定评估制度，加强生态环境损害司法鉴定机构和鉴定人的管理，依法发挥技术专家的作用
		96	严格行政执法，对各类生态环境违法行为依法严惩重罚。强化生态环境司法保护，深化环境资源审判改革，推进环境资源审判专门化建设。坚持发展与保护并重，打击犯罪和修复生态并举，全面推行生态恢复性司法机制。在天然林、海防林保护、红树林珊瑚礁保护修复、海上溢油污染赔偿治理等方面充分发挥司法手段的作用
		97	完善环境和资源保护公益诉讼制度，探索生态环境损害赔偿诉讼审理规则。建立健全统一规范的环境和资源保护公益诉讼、生态环境损害赔偿诉讼专项基金的管理、使用、审计监督以及责任追究等制度，推动生态环境恢复机制建设
健全环境治理和生态保护市场体系	推行用能权和碳排放权交易制度	98	结合重点用能单位节能行动和新建项目节能评估审查，开展项目节能量交易，并逐步改为基于能源消费总量管理下的用能权交易
		99	建立用能权交易系统、测量与核准体系
		100	推广合同能源管理
		101	开展碳排放权交易试点，逐步建立碳排放权交易市场。开展海洋生态系统碳汇试点。调查研究海南省蓝碳生态系统的发布状况以及增汇的路径和潜力，在部分区域开展不同类型的碳汇试点。结合海洋生态牧场建设，试点研究生态渔业的固碳机制和增汇模式。开展蓝碳标准体系和交易机制研究，依法合规探索建立国际碳排放权交易场所
		102	完善碳交易注册登记系统，建立碳排放权交易市场监管体系

续表

生态制度领域	生态制度	序号	生态制度内容（制度点）
健全环境治理和生态保护市场体系	推行排污权交易制度	103	在企业排污总量控制制度基础上，尽快完善初始排污权核定，扩大涵盖的污染物覆盖面
		104	逐步强化以企业为单元进行总量控制、通过排污权交易获得减排收益的机制
		105	加强排污权交易平台建设，参与全国碳排放权交易市场，强化全国碳排放权交易基础支撑能力
		106	制定排污权核定、使用费收取使用和交易价格等规定
	推行水权交易制度	107	结合水生态补偿机制的建立健全，合理界定和分配水权，探索地区间、流域间、流域上下游、行业间、用水户间等水权交易方式
		108	研究制定水权交易管理办法，明确可交易水权的范围和类型、交易主体和期限、交易价格形成机制、交易平台运作规则等
		109	开展水权交易平台建设
	建立绿色金融体系	110	开展绿色金融改革创新试点。设立绿色金融部门，加快绿色金融产品的设计和推广，积极发展绿色金融，科学配置金融资源，推动经济向绿色化转型。坚决贯彻谁污染谁买单的环保原则，充分调动企业降低污染物排放的主动性，强化对排污企业行为的正确引导
		111	构建完善的绿色评价标准和评价体系。明确绿色项目和绿色金融的界定标准。构建较为完善的绿色认证制度，包括建立权威的绿色认证机构，明确绿色认证标准，保证绿色认证的公正性和统一性，为那些促进绿色金融发展的优惠政策找到判断条件，如绿色信贷的财政补贴条件、绿色债券的优惠发行条件及绿色企业的优惠上市条件等，增加相关政策的有效性和公信度
		112	开展绿色信贷改革试点。发展绿色信贷，建立符合绿色产业和项目特点的信贷管理与监管考核制度，支持银行业金融机构加大对绿色企业和项目的信贷支持。制定绿色信贷目录、各类企业和产品的环保要求，并对内容不断完善，为财务公司的绿色信贷业务提供操作依据，使用鼓励性信贷政策激励环保工作好的集团企业，使用信贷制裁措施限制高污染的集团企业发展
		113	建立林权抵押、绿色保险及基金制度。鼓励开展集体林权抵押、环保技术知识产权质押融资业务，探索开展排污权和节能环保、清洁生产、清洁能源企业的收费权质押创新业务，如排污权抵押贷款、知识产权质押、绿色融资租赁、绿色信用卡、绿色汽车贷款等。推动绿色资产证券化。鼓励社会资本设立各类绿色发展产业基金，参与节能减排降碳、污染治理、生态修复和其他绿色项目。发展绿色保险，探索在环境高风险、高危险行业和重点防控区域依法推行环境污染强制责任保险制度
	建立统一的绿色产品体系	114	将目前分头设立的环保、节能、节水、循环、低碳、再生、有机等产品统一整合为绿色产品，建立统一的绿色产品标准、认证、标识等体系
		115	完善对绿色产品研发生产、运输配送、购买使用的财税金融支持和政府采购等政策

续表

生态制度领域	生态制度	序号	生态制度内容（制度点）
完善生态文明绩效评价考核和责任追究制度	建立生态文明目标体系	116	研究制定可操作、可视化的绿色发展指标体系
		117	出台海南省生态文明建设目标评价考核实施细则（试行），把资源消耗、环境损害、生态效益纳入经济社会发展评价体系
		118	根据不同区域主体功能定位，试行差异化绩效评价考核
	建立资源环境承载力监测预警机制	119	研究制定资源环境承载力监测预警指标体系和技术方法，建立资源环境监测预警数据库和信息技术平台，定期编制资源环境承载力监测预警报告，完善公示、预警提醒、限制性措施、考核监督等配套制度。对资源消耗和环境容量超过或接近承载能力的地区，实行预警提醒和限制性措施
	编制自然资源资产负债表	120	制定自然资源资产负债表编制指南，构建水资源、土地资源、森林资源、海洋资源等的资产和负债核算方法，建立实物量核算账户，明确分类标准和统计规范，定期评估自然资源资产变化情况
		121	在市县层面开展自然资源资产负债表编制试点，核算主要自然资源实物量账户并公布核算结果
	对领导干部实行自然资源资产离任审计	122	积极探索领导干部实行自然资源资产离任审计的目标、内容、方法和评价指标体系
		123	以领导干部任期内自然资源资产变化情况为基础，通过审计，客观评价领导干部履行自然资源资产管理责任情况，依法界定领导干部应当承担的责任，加强审计结果运用
	建立生态环境损害责任终身追究制	124	实行地方党委和政府领导成员生态文明建设一岗双责制
		125	以自然资源资产离任审计结果和生态环境损害情况为依据，明确对地方党委和政府领导班子主要负责人、有关领导人员、部门负责人的追责情形和认定程序
		126	区分情节轻重，对造成生态环境损害的，予以诫勉、责令公开道歉、组织处理或党纪政纪处分，构成犯罪的，依法追究刑事责任
		127	对领导干部离任后出现重大生态环境损害并认定其需要承担责任的，实行终身追责

第四节　生态环境保护策略

一、总体思路

围绕生态价值实现机制试验区的战略定位，牢固树立“绿水青山就是金山银山”的强烈意识，坚持生态立省和绿色崛起，以同步建成小康社会、基本建成国际旅游岛、中国（海南）自由贸易试验区（试验港）和建设美丽海南为目标，以巩固和提高环境质量为核心，加快补齐生态环境短板，着力打好水污染防治、大气污染防治、土壤环境保护和生态修复攻坚战，完善生态环境保护制度，不断提高生态环境保护管理系统化、科学化、法治化、精细化和信息化水平，继续保持“蓝天常在、青山常在、绿水常在”的全国一流生态环境质量，为建成国家生态文明试验区（海南）提供生态环境保障。

二、主要目标

到 2020 年，生态环境方面的突出问题得到有效治理，生态环境质量持续保持全国领先水平，生态安全屏障得到全面巩固，环境风险防范体系基本形成。森林覆盖率稳定在 62%以上，城镇空气质量优良天数比例保持在 98%以上，主要河流湖库水质优良率不低于 95%，近岸海域水环境质量优良率不低于 95%，土壤环境质量总体保持优良水平。

到 2025 年，生态环境质量继续保持全国领先水平，生态系统保护和环境风险防范体系建设取得重大进展，在推进生态文明领域治理体系和治理能力现代化上走在全国前列。

到 2035 年，生态环境质量和资源利用效率居于世界领先水平。

三、重点任务

（一）持续保持优良空气质量

加强对机动车辆的管控。科学合理控制全省机动车保有量，开展柴油车污染专项整治，加快淘汰国Ⅲ及以下排放标准的柴油货车，采用稀薄燃烧技术或“油改气”的老旧燃气车辆。实施非道路移动机械第四阶段排放标准，划定并公布禁止使用高排放非道路移动机械的区域。

加强对港口和船舶的管控。港口新增和更换的作业机械、车辆主要使用新能源或清洁能源。鼓励淘汰高排放老旧运输船舶，加强渔业船舶环境监管。船舶进入沿海控制区海南水域应严格执行相关船舶控制要求。大力推进船舶靠港使用岸电，免收需量（容量）电费，降低岸电使用成本。鼓励液化天然气动力船舶发展。沿海港口新增、更换拖船优先使用清洁能源。

强化面源管控。建立完善城市（镇）扬尘污染防治精细化管理机制。加强餐饮油烟、烟花爆竹燃放等面源污染防控，全面禁止秸秆露天焚烧、土法熏烤槟榔。严禁在城区露天烧烤，严禁寺庙道观燃烧高香，严禁在城区街道祭祀烧纸焚香。

实施跨省域大气污染联防联控，构建区域重大建设项目管理会商机制。对标世界领先水平，研究制订环境空气质量分阶段逐步提升计划。建立环境空气质量会商机制，研究解决改善提高环境空气质量面临的重大问题。建立大气环境质量责任机制。

（二）完善水资源生态环境保护制度

全面推行河长制湖长制，出台海南省河长制、湖长制管理规定，完善配套机制。强化河湖专项整治。加强围垦河湖、非法采砂、河道垃圾和固体废物堆放、乱占滥用岸线等专项整治，严格河湖执法，加强南渡江、松涛水库等水质优良湖库的保护，严格规范饮用水水源地管理。

加强河湖水域岸线保护与生态修复，科学规划，严格管控滩涂和近海养殖，推行减船转产和近海捕捞限额管理，推动渔业生产由近岸向外海转移、由粗放型向生态型转变。

按照确有需要、生态安全、可以持续的原则，完善海岛型水利设施网络，形成海岛型供水体系，为海南省实现高质量发展提供水安全保障。在重点岛礁、沿海缺水城镇建设海水淡化工程。全面禁止新建小水电项目，对现有小水电有序实施生态化改造或关停退出，保护修复河流水生态。严控地下水、地热温泉开采。

（三）健全土壤生态环境保护制度

实施农用地分类管理，制定海南省耕地土壤生态环境质量类别划定分类清单，强化用途管制，严格防控农产品超标风险，控制农用地土壤酸化，强化农产品质量检测。建立建设用地土壤污染风险管控和修复名录，严防矿产资源开发利用污染土壤，尤其加强对金矿、铁矿等矿区的监管，完善部门间污染地块信息沟通机制，实现联动监管，严格用地准入，严格控制土壤新增污染，严格审批涉重金属新增项目，禁止新建落后产能或产能严重过剩行业的建设项目，将建设用地土壤生态环境管理要求纳入国土空间规划和供地管理。

优化土壤环境质量国控监测点位布设，实现土壤环境质量监测点位市县全覆盖。强化环境执法和风险预警。实施土壤污染治理与修复，以影响农产品质量和人居环境安全的突出土壤污染问题为重点，制定土壤污染治理与修复规划并建立项目库，推进土壤污染治理与修复技术应用试点项目。

全面实行规模养殖场划分管理，依法关闭禁养区内规模养殖场，做好搬迁或转产工作，鼓励养殖废弃物集中资源化利用。推进病虫害绿色防控替代化学防治，实施化肥和农药减施行动，严格控制农药、化肥、农膜等农业投入品和污水、污泥等对农用土壤的污染。到 2020 年，全省耕地土壤环境质量保持现状水平不降低，受污染耕地安全利用率不低于 95%，污染地块安全利用率不低于 95%。

（四）实施重要生态系统保护修复

实施重要生态系统保护修复重大工程。实施天然林保护，南渡江、昌化江、万泉河三大流域综合治理和生态修复，水土流失综合防治，沿海防护林体系建设，湿地保护修复等重要生态系统保护和修复重大工程。全面实施林长制，落实森林资源保护管理主体、责任、内容和经费保障。按照生态区位重要程度和商品林类型分类施策，严格保护天然林、生态公益林，封禁保护原始森林群落，鼓励在重点生态区位推行商品林赎买试点，探索通过租赁、置换、地役权合同等方式规范流转集体土地和经济林，逐步恢复和扩大热带雨林等自然生态空间。加强东寨港、清澜港等红树林的保护与修复。到 2020 年，全省森林覆盖率稳定在 62%以上，天然林面积稳定在 822 万亩以上，全省林地保有量稳定在 3 165 万亩，森林蓄积量保持在 1.5 亿立方米以上。实施国家储备林质量精准提升工程，建设海南黄花梨、土沉香、坡垒等乡土珍稀树种木材储备基地。

实施生物多样性保护战略行动计划，构建生态廊道和生物多样性保护网络，加强对极小种群野生植物、珍稀濒危野生动物和原生动植物种质资源拯救保护，海南黑冠长臂猿数量明显上升，加强外来林业有害生物预防和治理，提升生态系统质量和稳定性。

（五）加强环境基础设施建设

加强城镇生活污染治理。加快城镇污水处理设施配套管网建设，因地制宜实施老旧城区雨污管网分流改造，着力解决污水处理厂进水浓度低和系统效能不高问题。到 2020 年，全省县城以上城镇污水处理率达到 85%以上，污泥基本实现无害化处置。合理调整污水处理费征收标准。对已建成污水处理厂的建制镇全面建立污水处理收费制度。加强城镇生活垃圾无害化处理。到 2020 年，城镇生活垃圾无害化处理率达到 100%。

加快推进农村生活处理设施建设，到 2020 年实现行政村（含农林场场队）处理设施覆盖率显著提升。到 2020 年，基本实现全省生活垃圾转运体系全覆盖，生活垃圾无害化处理率达到 95%以上，统筹布局，高标准建设生活垃圾焚烧发电项目，大幅提升焚烧处置比例。

着力提升危险废物处置利用能力，加快推进医疗废物处置设施扩能增容。

第五节　生态空间优化策略

一、总体思路

围绕实现陆海统筹保护发展实践区的战略定位，全面实施《海南省总体规划（空间类）（2016—2030）》，优化生态空间、生产空间、生活空间，坚持统筹陆海空间，促进陆海一体化保护和发展，为建成国家生态文明试验区（海南）提供生态空间保障。

二、主要目标

到2020年，以海定陆、陆海统筹的国土空间保护开发制度基本建立，国土空间开发格局进一步优化，全省生态保护红线面积保持稳定，重点生态功能区、重要生态系统及物种资源得到有效保护，生态服务功能得到提升，生态安全屏障得到全面巩固。

到2025年，生态系统服务功能明显提高，生态环境质量继续保持全国领先水平。

到2035年，生态空间、生态系统服务功能、生态环境质量达到世界领先水平。

三、重点任务

（一）优化国土空间布局

全面落实海南省生态制度改革任务中的建立国土空间开发保护制度和建立空间规划体系，主要包括落实完善主体功能区制度，健全国土空间用途管制制度，建立以国家公园为主体的自然保护地体系，编制空间规划，深化“多规合一”改革和创新市县空间规划编制方法等。

落实《海南省主体功能区规划》，严格按照优化开发区域、重点开发区域、限制开发区域和禁止开发区域四类区域的社会经济发展和环境保护要求，进行区域空间布局、生态保护与经济建设。进一步优化生态空间、生产空间和生活空间。实行最严格的节约用地制度。土地供应必须符合规划和产业政策要求以及土地权属清晰、土地征收补偿安置落实到位等条件，并进入统一的土地交易市场实施公开交易。探索实行土地弹性出让年期制，通过价格杠杆和供地政策约束土地粗放利用，激励节约集约用地。严格执行建设用地控制标准。制定项目用地标准。建立土地退出机制，对达不到约定投入要求或建设要求的，可依法或者依约定由政府收回土地使用权。实施建设用地总量和强度双控行动，确保全省建设用地总量在现有基础上不增加，人均城镇工矿用地和单位地区生产总值建设用地使用面积稳步下降。实行城市土地开发整理新模式，推进城市更新改造，对低效、零散用地进行统筹整合，统一开发。继续深化全省闲置建设用地清理处置，着力盘活存量建设用地，严格执行“依法收回闲置土地或征收土地闲置费”的规定，加快闲置土地的认定、公示和处置，推动低效土地再开发利用。针对不同产业类别、不同区域，将单位土地投资强度、产值等作为经营类建设用地出让控制指标，实施产业项目用地准入协议制度，建立履约评价和土地退出机制，提高土地利用效益。

实施“三线一单”，守住生态保护红线。严格落实国家重点生态功能区县（市）

产业准入标准。严守资源利用上限、环境质量底线、生态保护红线，坚持节约优先、保护优先、自然恢复为主的方针，形成节约资源和保护环境的空间格局、产业结构、生产方式、生活方式，还自然以宁静、和谐、美丽。

（二）形成陆海统筹保护格局

1. 加强海岸带保护

贯彻落实全国海洋功能区划，修改完善《海南省海洋功能区划（2011—2020年）》。严格按照主体功能定位要求，实施与陆地国土主体功能区相协调的海洋主体功能区战略。坚持以海定陆、以水定产、海陆统筹的原则，沿海地区经济社会规模要与海洋环境承载力相适应，实施海岸带分类分段精细化管控，推动形成海岸带生态、生产、生活空间的合理布局。全面恢复修复受损海岸带生态系统，严守海岸带生态保护红线，全面实施海岸带开发规划管控。实施最严格的围填海管控和岸线开发管控制度，除国家重大战略项目外，严禁围填海。加强处理围填海历史遗留问题。到2020年，全省海岛保持现有砂质岸线长度不变，大陆自然岸线保有率不低于60%。构建“湾长制”分级管理体系和运行机制。

2. 保护海洋生态环境

（1）健全海洋资源开发保护制度。认真落实海洋主体功能区制度，依据近海海域海岛主体功能，引导、控制和规范各类用海用岛行为，实施差别化海域供应政策。加强海域使用论证和海洋环境影响评价，坚持生态优先，严把项目准入关。科学划定海洋生态红线，在海洋生态保护红线区域内，严格执行分区分类管控措施，严守生态保护红线。严控无居民海岛自然岸线开发利用。

（2）控制海水养殖污染与海洋油气资源开发污染。合理控制海水养殖的区域及面积，开展生态养殖的研究及推广，调整和优化海水养殖产业结构，发展优质、高产、高效益无污染的养殖业。规范海水养殖行为，严格控制海水养殖的投饵和用药。完善海上石油勘探开发含油污水的处理系统及应急响应系统，加强石油勘探开发区的监督监测；推进海上船舶溢油应急计划和海上石油平台溢油应急计划的实施，加强海上倾废区的监督管理和执法监察，对海上倾倒活动实施跟踪监测；对海上倾倒区实施监测和可利用程度的评估。

（3）加强海洋生态保护修复。加快实施海洋生态修复示范工程，推进受损海岸线、海岛、海域，特别是典型海洋生态系统的整治和修复；进一步完善海洋保护区网络，加强海洋保护区建设管理和珍稀濒危海洋生物繁育。加强海岛特殊地貌、特殊自然景观、海岛沙滩等海洋生态系统和海洋生物多样性保护，开展海洋生物多样性调查与观测，恢复修复红树林、海草床、珊瑚礁等典型生态系统，加大重要海洋生物资源及其栖息地保护力度。进一步完善海洋伏季休渔制度和渔业资源管理制度，推行总量调控配额制，严格控制渔船数量和捕捞能力。开展渔业资源增殖放流和人工鱼礁建设。加强渔政执法队伍建设，完善执法监察制度。在三沙市开展岛礁生态环境综合整治专项行动，实施岛礁生态保护修复工程。

（4）维护海洋生态环境安全。加强环境风险管理和监视监测，加大重点入海污染源、重点港湾和生态脆弱区的在线监测，实施重大海岸工程对海域生态环境影响的跟踪监测。不断提高海洋生态环境监测的整体水平，实现信息资源共享和监测资料综合集成。

3. 建立陆海统筹的生态环境治理机制

结合第二次全国污染源普查，全面查清所有入海（河）排污口，实行清单管理，强化对主要入海河流污染物和重点排污口的监测。实施基于生态系统的管理，以海定陆、分区控制管制陆源污染物排海。完善陆源污染物排海总量控制和溯源追究制度，在海口市开展入海污染物质量控制试点。

建立海域资源环境承载能力监测预警机制，构建海洋生态灾害和突发生态环境事件应急体系，建立海湾保护责任体系。建立高效的海洋生态环境监测、预警预报和防御体系，确保环境安全。要在现有海洋环境监测网络的基础上，完善和健全海洋生态环境动态监测网络和应急监测体系。

出台海南省蓝色海湾综合整治实施方案，在全省各主要港口全面建立和推行船舶污染物接受、转运、处置监管联单制度，港口所在地政府统筹规划建设船舶污染物接收转运处置设施，着力加强船舶油污水、化学品洗舱水转运处置能力建设，确保港口和船舶污染物接收设施与城市转运、处置设施的有效衔接，强化船舶、港口和海水养殖等海上污染源防控。加快建立“海上环卫”制度，有效治理岸滩和近岸海洋垃圾。

第六节　生态经济发展策略

一、总体思路

围绕生态价值实现机制试验区的战略定位，坚持发展绿色经济、低碳经济和循环经济，实现生态文明建设、产业生态化、生态产业化、脱贫攻坚、乡村振兴协同推进，为建成国家生态文明试验区（海南）提供生态经济保障。

二、主要目标

到 2020 年，优质生态产品供给、生态价值实现、绿色发展成果共享的生态经济模式初具雏形，经济发展质量和效益显著提高。

到 2025 年，基本实现产业生态化和生态产业化。

到 2035 年，产业生态化和生态产业化明显提升，成为全国的样板。

三、重点任务

（一）培育生态产品生产产业

一是将生态资源资产纳入国民经济统计核算体系中，建立生态资源资产统计核算业务方法体系，构建综合衡量区域经济发展和生态资源资产状况的区域发展指数，实现国内生产总值与生态系统生产总值双核算。二是加大对生态资源资产的投资，实施一批生态资源资产培育工程和生态系统修复工程，培育生态产品生产，使之成为新兴产业形态和经济发展引擎，实现生态资源资产的绿色储蓄，藏富于绿水青山。三是建立生态资源资产市场作用机制。建设碳排放权、排污权、水权、林权等交易平台；实现生态资本产业化经营，如合同外包和特许经营等；推行生态购买，如政府与市场主体确定合同或协议后，由后者生产某方面的生态产品，由政府负责监督合同的履行，并向后者支付费用。四是创新基于生态资源资产的金融信贷政策，实现生态资源资产的资本化，使其获得稳定收益。五是扩大生态产品市场产业就业。

（二）大力发展生态健康产业

生态和健康具有相似的属性：都是为人民群众的身心健康服务。海南省生态环境质量居于全国领先水平，气候宜人，是中华民族的四季花园。海南省应该充分发挥这方面的优势，大力发展生态健康产业，促进海南生态经济的发展。发展生态健康产业的内容主要包括：生产丰富多样的生态健康产品，如度假健康、保养健康、森林健康、滨海健康、温泉健康等产品，加快推进康体、养生、养老发展模式，满足人民群众日益增长的生态健康需求；把生态健康与其他产业相融合，与美丽乡村建设、全域旅游、扶贫攻坚等相结合，创新发展生态健康新业态，构建“三生融合”（三生融合，即生产、生活、生态融合）大生态健康产业圈；把生态健康与互联网相结合，创新生态健康产业营销新模式。在全省范围开展生态健康创建系列活动，打造中国生态健康示范省。

（三）推动生态农业提质增效

发展生态循环农业，促进农业可持续发展。把发展生态循环农业作为转变农业发展方式的重要方向，按照“一控两减三基本”的总体要求，在全省开展“两减、三增、三结合”行动，即减施化肥和化学农药、增施有机肥和生物菌肥、增加废弃物的回收利用、增加秸秆综合利用，推进水肥结合、种养结合、地力改善与病虫害防控相结合，适度推进轮作休耕试点，实施畜禽废弃物综合利用、地力改良提升与重金属污染修复、农业废弃物回收利用、重大病虫害防治、秸秆综合利用等重点工程，实施“无疫区”建设，构建全省生态循环农业模式。全面建设生态循环农业示范省，加快创建农业绿色发展先行区，推进投入品减量化、生产清洁化、产品品牌化、废弃物资源化、产业模式生态化的发展模式。围绕实施乡村振兴战略，做强做优热带特色高效农业，打造国家热带现代农业基地，培育推广绿色优质安全、具有鲜明特色的海南农产品品牌，加强农业投入品和农产品质量安全追溯体系建设，形成“一村一品”“一乡一业”。加强国家南繁科研育种基地（海南）建设，打造国家热带农业科学中心。

加快发展“三品一标”产业。以无公害农产品、绿色食品、有机农产品和农产品地理标志产业为突破口，推进海南省生态农业提质增效。加强标准体系和“三品”认证体系建设。尽快成立农业标准化技术委员会，建立农业标准化技术专家库、“三品一标”专业师资库和培训基地。从发展优势产业、特色产业、优质专用产品的市场需要出发，建立产前、产中、产后配套的地方标准，编制农业标准的制定规划。大力推广 GAP 良好农业规范、GMP 良好生产规范，实现基地生产、质量管理、科技推广、农业投入品控制等全过程标准化管理，不断提高农产品的内在品质。突出抓好五大体系建设：企业基地组织管理体系、无公害标准化技术体系、全程质量控制体系、质量追溯体系和企业自检自律体系，推进“三品一标”产地认定与产品认证一体化。

建设现代化海洋牧场。研究解决海洋牧场生产力演变，生物过程及生态互作机制，海洋牧场生态系统对全球气候变化的响应机制，海洋牧场经济动物行为控制原理与机制，海洋牧场与清洁能源、休闲渔业的融合发展机制等海洋牧场的重大科学问题。以关键技术突破创新启动现代化海洋牧场建设。开展岛礁资源养护与增殖型海洋牧场、岛礁休闲旅游型海洋牧场、热带海域海岸带生态农牧场建设，以点带面推进海南省海洋牧场现代化建设。

实施农产品加工业提升行动。支持槟榔、咖啡、南药、茶叶等就地加工转化增值，完善现代仓储、物流、电子商务服务体系。

（四）促进生态旅游科学发展

1. 促进生态旅游转型升级

海南省发展生态旅游，要坚持生态旅游可持续发展理念，按照国家生态文明试验区（海南）战略定位，以建设海南热带雨林国家公园为契机，将生态文明理念贯穿于生态旅游发展全过程，以创建国家生态旅游示范省为抓手，以建立生态旅游可持续发展长效机制为主线，将海南生态旅游打造成生态保护的有效途径、环境教育的实用手段、乡村振兴的有效策略，从而真正成为生态文明建设的重要抓手，绿水青山转换为金山银山的中国样板。

（1）把海南旅游业做成生态旅游业。这是建设国家生态文明试验区（海南）的战略要求和海南旅游业的优势所在。要通过立法，颁布《海南省生态旅游条例》，建立海南省生态旅游法治保障体系，探索建立资源权属清晰、产业融合发展、利益合理共享的生态旅游发展机制，加快生态旅游业与热带高效农业、海洋渔业、互联网产业、文化体育业、医疗健康业、金融业等产业融合，延长产业链条，形成较为完备的生态旅游产业体系，结合自然资源资产产权确权、有偿使用和生态保护补偿体制机制改革成果，推进生态旅游资源向生态旅游产品转变，实现生态环境价值；要成立海南省生态旅游协会，负责全省生态旅游事宜；要对标国际和国家生态旅游标准，尽快建立健全海南省地方生态旅游标准体系；要高质量制定全省、市县、行业、景区的生态旅游发展规划，建立生态旅游规划实施保障制度；要开展生态旅游认证，对各种生态旅游进行对标评价和考核，对旅游企业、旅游景区、旅游产品、生态导游和业界人士等进行生态旅游认证，鼓励企业参与国际生态旅游认证，实行生态旅游分级分类管理和规范化管理；要对旅游业界人士、政府相关人员、景区社区居民进行生态旅游教育培训，制定生态旅游者行为准则，对旅游者进行生态伦理教育；要建立海南生态旅游信息系统，创新生态旅游营销和教育方法，对市县和具体生态旅游项目（生态旅游景区、生态旅游住所、生态旅游餐饮、生态旅游交通、生态旅游者）进行监测与统计，及时真实公布海南生态旅游信息；建设一批世界一流的设备完善、功能多样的休闲观光农业园区、森林人家、渔村渔家、康养基地，构建以观光旅游为基础、休闲度假旅游为重点，以文体旅游和健康旅游为特色的生态旅游产业体系，把海南旅游业做成生态旅游业，使海南生态旅游发展成世界的典范。

（2）把海南做成一个生态旅游景区。海南被誉为中国的生态岛、阳光岛，本身就是一个生态景区。要把海南作为一个整体进行规划和建设，尤其强化对重点景区、景点资源、以热带雨林国家公园为核心的自然保护地、海岸带和海岛旅游资源的规划和管控。加快建设全域旅游示范省，推动生态型景区和生态型旅游新业态新产品开发建设。按照《海南省总体规划》的要求，深入推进“蓝绿互补”，积极推动“东西均衡”，认真做好“陆海统筹”，着力打造生态旅游六大组团：①以海口市为核心包括文昌市、澄迈县、定安县的北部生态休闲旅游组团；②以三亚市为核心，包括陵水县、保亭县、乐东县的南部生态度假旅游组团；③以琼海市、万宁市组成的东部生态康养旅游组团；④以儋州市、临高县、昌江县、东方市四市县和洋浦经济开发区组成的西部山海生态旅游组团；⑤以五指山市、琼中县、屯昌县、白沙县四市县组成的中部热带雨林旅游组团；⑥三沙市海洋生态旅游组团。乐东县、昌江县、东方市、白沙县、临高县、澄迈县、定安县、屯昌县、三沙市等市县要针对自身短板，有针对性地规划建设体现本地特色的A级景区、风景名胜区、森林公园等景区（点）。每一个生态旅游景区都要严格按照《国家生态旅游示范区建设与运营规范》（GB/T 26362—2010）进行规划、建设和管理。生态旅游开发坚持三大战略：特色化战略，要突出海南的热带气候、海岸海洋、热带森林和生态特色，重点开发滨海度假、森林度假、避寒度假、保健康体、海上旅游等生态产品，塑造海南省和本市县的地方化、民族化和差异化；国际化战略，要瞄准国际生态旅游标准，实现生态旅游要素的国际化，加快高A级景区建设步伐，开发一大批世界一流的国际生态旅游品牌产品；生态化战略，要贯彻生态学和可持续发展的原则，采取资源生态保护型开发模式，实行景区游客总量控制制度。深入持续加强生态环境保护和生态文明建设，建立完善生态旅游解说系统体系，建设完善生态景区基础设施系统，加快建设全域旅游示范省和创建国家生态旅游示范省，逐步把海南建设成为生态旅游业发达、生态环境优美、生态文化独特的美丽之岛、绿色之岛、生态之岛、文明之岛，让游客一踏上海南的土地或是在海南的任何一个地方，都能够沉浸在海南大生态景区的浓郁氛围中，感受、体验和学习到海南的生态美。

（3）海南未来生态旅游发展的重点。①发展以海南热带雨林国家公园为核心的自然保护地生态旅游。这是国家生态文明试验区（海南）建设的重要内容。要以建设海南热带雨林国家公园为核心和抓手，颁布《海南热带雨林国家公园条例》和《海南热带雨林国家公园特许经营管理办法》等地方性法规，建立健全海南热带雨林国家公园法治保障体系。编制和实施《海南热带雨林国家公园总体规划》，维护和增强国家公园生态系统保护、科普宣教、游憩利用和社区发展等功能，确认土地、森林等资源权属，探索完善生态资源、生态产品有偿使用和生态补偿机制，构建生态产品交易平台，建立有效实现保护与发展的体制机制，促使绿水青山转换为金山银山，打造世界一流的热带雨林国家公园。把海南当作一个大的森林公园和森林生态系统整体规划建设，加快发展森林公园、自然保护地、湿地公园等生态旅游，带动社区经济社会发展和群众脱贫致富。②发展海洋生态旅游。这是打造海洋强省、海洋强国和现代“海上丝绸之路”的组成部分和重要举措。海南滨海旅游已经成熟，但远洋旅游、三沙旅游还未完全起步。应当把海南岛及其三沙市进行整体统一规划，进行海洋生态旅游资源调查与生态旅游功能区划，在三沙市设立海洋国家公园，建设海口市、万宁市、昌江县、陵水县等多个海洋主题公园并形成海洋公园集群，加强旅游基础设施建设和海洋生态环境保护；创新“海洋旅游+休闲渔业”产业融合发展模式，积极培育海洋旅游新业态，创建海洋旅游特色小镇与一批特色“共享渔庄”，大力开发滨海、海岛休闲度假、海洋观光、海上运动、海洋探奇、休闲渔业、海洋生态牧场示范等生态旅游产品，开发环南海、东南亚及海上丝绸之路邮轮游线。③发展海南乡村生态旅游，应融入全域旅游和文明生态村建设，深入推进“美丽海南百镇千村”建设，加强乡村旅游规划和人才培训，加强乡村旅游设施建设和生态环境综合整治，连片整合和开发乡村旅游资源，建设乡村旅游景区（点）集群，充分挖掘乡村特色文化，打造“一村一品”，增加乡村生态旅游产品的多样化，提高生态旅游产品品质，创建一批特色乡村生态旅游示范村镇、黎苗文化特色村寨精品旅游线路，让游客在体验乡村生态美的同时，提高生态保护、生态旅游的意识。

2. 促进生态旅游融合发展

（1）促进生态旅游与休闲农业的融合发展。完善休闲农业发展规划，形成布局合理、特色鲜明、功能多元的乡村旅游新业态，加大休闲农业基础设施建设力度，大力开发特色产品和精品线路，加快发展休闲农业和休闲渔业，做好星级企业培育和示范点创建。以“共享农庄”为抓手，探索发展田园综合体，建立现代农业产业园。鼓励发展以特色渔村和渔港为载体，渔业体验、海鲜美食、渔村度假等多元复合业态为重点的现代休闲渔业产品体系。挖掘和开发农耕文化，加强对海口市、五指山市、白沙县等市（县）重要农业文化遗产的挖掘、保护、传承和利用，实现生态旅游与休闲农业的深度融合。鼓励对农村宅基地、闲置房屋进行改造利用，发展度假民宿等新型住宿业态。

（2）促进生态旅游与电子商务的融合发展。加快发展生态旅游电子商务，促进生态旅游景区、旅行社等旅游企业与各大旅游电商平台合作，推动生态旅游产品移动支付电子化进程。强化“生态旅游+互联网”试点示范，鼓励有条件的市（县）建设“生态旅游+互联网”产业园区，大力推进“生态旅游+互联网+”发展，重点打造“生态旅游+互联网+金融”“生态旅游+互联网+农业”“生态旅游+互联网+购物”等新业态。加强“生态旅游+互联网”人才队伍建设。

（3）促进生态旅游与健康产业的融合发展。加大健康产业政策领域对外开放的范围。建设一批满足中高端消费需求、产品主题多元化的医疗健康旅游基地，形成为游客提供体检、健康管理、医疗服务、康复、养生等完整的医疗健康生态旅游产品。建立完善的现代医疗体系和生态旅游服务配套体系，探索“互联网+医疗旅游”服务，创新发展养老保险和健康保险。

（4）促进生态旅游与林业的融合发展。加快建设林业生态旅游景区，推动自然保护区、森林公园、湿地公园、野生动植物观赏基地等建设，发展一批主题鲜明的森林特色小镇，培育林业生态旅游示范典型，推动林业与生态旅游业深度融合，积极发展森林休闲康养旅游、森林科普教育旅游。

（5）促进生态旅游与文化产业的融合发展。打造以海洋海岛文化、生态健康文化、民族民俗文化、热带雨林文化、休闲度假文化、红色文化等为主题的生态旅游核心品牌，丰富和提升海南生态旅游的文化内涵。引进国内外战略投资主体，联合挖掘海南传统文化艺术和制作技艺等，开发一批具有海南特色的文化演出项目和文创商品，促进生态旅游业与传统文化艺术、工艺深度融合。加快对历史文化景区（景点）的升级改造和古村落、古建筑、古遗址的修复，打造一批具有海南文化特色的生态旅游景区（景点）、生态旅游小镇和美丽村庄。大力发展新型海上休闲运动，加强海上体育生态旅游开发。

（6）促进生态旅游与工业的融合发展。引导对现有工业园区、高新园区、特色工矿业企业及废旧工厂等进行生态化、旅游化改造，修建或完善旅游服务设施，增加观光、购物、餐饮、体验等旅游功能，形成一批产业特色鲜明、具有较强品牌影响力的生态工业旅游景点。

（五）开展生态建设乡村振兴

（1）建立生态搬迁与生态修复保障机制。①按区位就近、适宜就业、便利生活为原则规划建设集中安置点，确保搬迁居民的基本公共服务保障水平、收入水平和生活水平有明显提升。移民实施整村搬迁后，先行封禁，土地由所在移民迁出市（县）收归国有，进行确权登记统一管理，通过划归周边自然保护区、林场管理或设管理站等形式，有效加强对移民迁出区退出土地的管理。利用城乡建设用地增减挂脱钩政策等，建立健全生态搬迁后续保障机制，实现生态建设乡村振兴达到“搬得出，稳得住，能致富”的目标，除了通盘考虑如何优化搬迁户土地分配机制，引导当地农户因地制宜发展产业，还要在建设美丽乡村的过程中，始终坚持乡村振兴和扶志、扶智相结合，引导群众树立乡村振兴信心，改善农村教育教学条件，鼓励基层党员干部对群众做好“智志双扶”、教育振兴等工作。②在居民迁出区实施生态恢复修复工程。依托国家重点生态治理工程，整合林业、农牧、水利等相关生态建设项目，在移民迁出区逐步实施房屋拆迁及废弃物填埋、林业生态修复、草地恢复、水土保持四大工程。迁出区生态修复应坚持以封育自然修复为主，对耕地和宅基地辅以必要的人工修复措施，并根据坡度、降雨量等地形地貌和气候条件，宜林则林、宜草则草，以增强迁出区水源涵养、水土保持和防风固沙的生态功能。

（2）建立合作社购买式造林护林、生态振兴新机制。合作社购买式造林护林，就是由 80%以上的建档立卡农户组建的振兴攻坚造林护林专业合作社进行营林、造林、护林，让农户从中获得收益的一种新的生态振兴方式。在购买式造林护林过程中，要严把政策制定关，根据国家和海南省有关生态修复建设和植树造林的相关文件规定，研究出台海南省购买式造林护林实施办法，健全完善购买式造林护林机制；严把规划设计关，根据不同的立地条件规划设计树种和栽植模式，确保规划设计的科学性、可操作性；严把合作社准入关，政府各职能部门分工协作，共同把好合作社准入关；严把造林主体审查关，通过严把合作社主体准入关和科学安排任务，确保造林振兴的精准性；严把造林质量安全关，市县和乡镇两级领导组进行经常性的监督检查，及时了解掌握实施动态和进展，研究解决一些困难和问题，确保造林进度和质量。完成造林后，乡镇组织初步验收，市县级实行第三方验收并对工程做出评价，不合格的不予回购。

（3）大力推进林下经济发展。充分利用海南森林资源和生态环境优势，大力发展林下种植业、养殖业、采集业和森林旅游业，因地制宜地引导农民利用天然林下空地和天然林的荫蔽条件，种植灵芝、肉豆蔻、益智等南药或经济作物，发展蜜蜂、蚕、七彩山鸡等不破坏天然林资源的养殖业。①加强林下经济管理机构建设。各级政府和林业主管部门要全面实施《全国林权管理服务体系建设规划（2015—2020）》。从机构、编制、政策、经费等方面支持省级和市县级林权管理服务中心建设，为农民在发展林下经济过程中需要的林权管理、争议调处、资产评估、资源流转（林权交易）、林业贷款、森林保险、科技法律服务、信息发布、林业专业合作社和林下经济建设指导等需求提供全方位、系统化、一站式服务，真正为农民办实事、办好事。②加大财政支持力度。设立林下经济发展专项资金，有效促进林下经济发展，辐射带动农民增收。③制定有关政策。认真解决企业和林农贷款抵押难、贴息难、融资难，公益林变现难，公益林补偿直补到户难等问题。在国家级、省级自然保护区依法合规探索开展森林经营先行先试，依法稳定集体林地承包权、放活经营权、保障收益权，拓展经营权能，推行林权抵押贷款，有效盘活林木林地资源，惠及广大林农和林区职工。成立各种林下产业专业合作社，实现集种植、养殖、采购、加工于一体的林下经济模式，实现生态、经济效益双赢。

（4）扩宽生态就业渠道。优化发展生态旅游服务业，不断增加旅游服务项目。大力推进生态产业园区、生态农业观光园区建设，积极发展休闲农庄、农（渔）家乐等休闲观光农业，从根本上解决农民就业问题，增加农民收入。根据生态红线管理需求，开展生态红线巡查，合理增加护林员、护景员、巡查员等生态保育人员数量。在生态旅游区等公共服务单位加快完善环境保洁制度，配置一定数量的专职保洁人员。在生态环保和保洁人员任用方面，优先照顾当地失地农户和失业人员。拓宽失地、失业农户和人员就业和增收渠道。

（六）加快推进产业绿色发展

海南发展绿色产业，必须立足海南良好的生态环境，始终坚持保护和发展并举。任何影响生态环境的项目，即使再多税收也坚决不上，防止急功近利，做到生态产业化，产业生态化。培育壮大节能环保产业、清洁生产产业、清洁能源产业。重点培育发展旅游产业、热带特色高效农业等12个产业为重点的绿色产业。以推动供给侧结构性改革为主线，加快发展以旅游产业为龙头的现代绿色服务业，以旅游产业为龙头，全面推进软件与信息服务、文化创意、科技研发、医疗健康服务、商务会展、现代物流、金融保险等现代服务业发展，加快提升海南旅游产业生态化、国际化水平。依托海南独特的生态环境优势和博鳌乐城国际医疗旅游先行区先行先试优势，重点发展特许医疗、中医药健康服务、健康养生、互联网医疗健康等产业，打造国际一流的养生健康岛。尽快出台扩大旅游文化体育健康养老教育培训等领域消费的实施方案，促进旅游产业对其他行业消费带动作用。集约化园区化发展低碳制造业和高新技术产业，加强园区项目准入的产业效益和低碳排放指标控制，分区分类集约发展医药、油气、低碳制造等新型工业。打造一批优质特色产业小镇。制定实施产业结构调整负面清单和落后产能淘汰政策，开展“散乱污”企业综合整治，全面禁止高能耗、高污染、高排放产业和低端制造业发展，推动现有制造业向智能化、绿色化和服务型转变。以产业园区和重点工程建设为依托，广泛推行环境污染第三方治理和合同环境服务。推动低碳循环、治污减排、监测监控等核心环保技术工艺、成套产品、材料药剂研发与产业化。

制定实施“限塑令”，建立协同推进的禁塑工作机制。修改《海南经济特区限制生产运输销售储存使用一次性塑料制品规定》，制定并动态更新禁塑制品名录，制定颁布并动态更新《海南省禁止生产销售使用一次性 不可降解塑料制品名录（试行）》。建立健全全省禁止生产、销售和使用一次性不可降解塑料制品的地方性法规及标准体系，完善监管和执法体系，形成替代产品供给能力。积极落实国家鼓励循环利用资源、绿色制造、绿色金融、绿色消费、绿色采购等优惠政策，对从事一次性全生物降解塑料制品生产、使用及再生资源回收的企业给予政策倾斜。研究制定针对一次性全生物降解塑料制品差异化产业政策，采用补贴、产业引导基金等经济手段。推行生产者责任伸延制度，探索在全岛范围内采取押金制等方式回收一次性塑料标准包装物、铅酸蓄电池、锂电池、农药包装物等。鼓励生产企业加快建立动力电池回收体系。实施重点行业禁塑工作，分种类逐步推进全面禁塑。2020年底前，在全省范围内全面禁止生产、销售和使用一次性不可降解塑料袋、塑料餐具等。推行快递绿色包装产品使用，2020年基本实现省内同城快递业务绿色包装应用全覆盖。

第七节 生态生活改善策略

一、总体思路

坚持以人民为中心，以改善民生为导向，改善生态人居，构建全民绿色生活体系，不断增强群众的获得感和幸福感，更好满足人民群众对美好生活的向往。为建成国家生态文明试验区（海南）提供生态生活保障。

二、主要目标

到 2020 年，绿色、环保、节约的文明消费模式和生活方式得到普遍推行。

到 2025 年，绿色、环保、节约的文明消费模式和生活方式成为人民的自觉行动。

到 2035 年，实现海南人民的幸福家园、中华民族的四季花园、中外游客的度假天堂“三大愿景”。

三、重点任务

（一）改善生态人居

（1）推进绿色城镇化建设。①建设特色城镇。完善海南省城镇建设规划，对 19 个市（县）、首府和较大的集镇，加强城市特色风貌和城市设计，合理控制建筑体量、高度和规模，保护自然景观和历史文化风貌，打造一批体现海南特色热带风情的绿色精品城镇，让居民望得见山、看得见水、记得住乡愁。重点发展海口市、三亚市、儋州市、琼海市及各个市县级城镇，形成各具地方特色风貌的城市（镇）协调发展格局。发展小城镇要坚持因地制宜、分类指导原则，探索各具特色的城镇化发展模式，构建宜居的小城镇体系。②建设海绵城市。加强城市基础设施建设，加快补齐短板，实施现代化环境基础设施提质全覆盖工程，形成绿色基础设施体系。统筹规划城市地下空间，加快推进地下综合管廊建设，提高城市空间复合开发水平。在海口市、三亚市、儋州市、琼海市、文昌市、陵水县、东方市、昌江县等重点城区大力推行海绵城市建设、垃圾分类处理、地下空间开发利用和新型节能环保低碳技术应用。③全面开展“生态修复、城市修补”工程。实施城市更新计划，加强山体、自然水系保护与生态修复，开发利用好地下空间，妥善解决城镇防洪和排水防涝安全、雨水收集利用、供水安全、污水处理、河湖治理等问题。④推行绿色城镇化模式。坚持推广“不砍树、不占田、不大拆大建，就地城镇化”模式，发展海南绿色城镇化。

（2）建设绿色建筑示范省。根据海南省气候、资源特点，大力发展低成本被动式绿色建筑技术，做好建筑遮阳、通风、绿化工作。完善绿色建筑的发展体系，建立完整的绿色建筑标准体系，积极推进绿色建筑的评价标识工作，通过星级示范带动省内绿色建筑的全面发展。有计划、分阶段、分区域地推进装配式建筑发展，提高新建绿色建筑比例。积极发展绿色生态城区。积极研究开发、引介适合海南的生态低碳城市规划和管理的技术手段，促进从绿色建筑单体设计到绿色城区的生态运营，建立起一套生态城市指标体系，从规划源头促进绿色建筑发展。大力学习借鉴先进经验，建立绿色建筑全寿命周期管理制度。建立高星级绿色建筑财政政策激励机制，建立高星级绿色建筑奖励审核、备案及公示制度。对高星级绿色建筑给予财政奖励。

（3）大力推进美丽乡村建设。①实施乡村振兴战略，以“美丽海南百镇千村”为抓手，把美丽乡村与文明生态村建设结合起来，大力推动有产业支撑、有文化底蕴、文明程度较高、生态环境优美的特色产业小镇建设，按照先基础设施、后环境整治、再提升田园景观等建设时序，扎实有效推进宜居宜业宜游的美丽乡村、文明生态村建设，到 2020 年实现文明生态村达到 80%以上，2025 年实现文明生态村全覆盖。②建立完善村镇规划编制机制，强化村庄国土空间管控，按“一村一品、一村一景、一村一韵”的要求，保护好村庄特色风貌和历史文脉。③大力开展农村人居环境综合整治，补齐农村环保基础设施建设、农村河湖水系系统治理保护短板。到 2020 年“美丽海南百镇千村”建设取得明显成效。

（二）构建全民绿色行动体系

（1）推行绿色生活方式。提倡绿色出行，优先发展公共交通，提高公共交通机动化出行分担率，促进小微型客车租赁和自行车互联网租赁规范健康发展。倡导绿色低碳环保出行，尽量乘坐公共交通出行，少开车。短途出行，可以采用自行车或者步行。倡导绿色居住。鼓励绿色家庭，购买节能、节水、节电的绿色家庭用具。倡导绿色建筑。提倡低碳、环保、健康、简单的装修。倡导绿色饮食。增加绿色产品的供给。拒绝食用珍稀野生动物，对于发现食用野生动物的行为，及时举报。推行光盘行动、26 摄氏度空调节能倡导行动等活动，限制一次性用具的使用，鼓励餐厅使用可降解的打包盒。禁止乱扔厨余垃圾，对其分类处理，采用微生物分解技术，变废为宝。倡导绿色服装。抵制购买野生动物皮毛制成的衣服，保护生物多样性，禁止使用含有有毒物质的化学染料和面料。购买简单、舒适、健康的衣服，旧衣“零抛弃”等。倡导绿色祭祀。改变传统的祭祀方式，树立“文明祭扫，低碳文明”的新风，破除焚烧纸钱、香烛、燃放鞭炮等陋习。

（2）广泛开展绿色创建系列活动。加快推进生活垃圾分类制度，选取海口市等具备条件的城市先行实施。出台《海南省生活垃圾分类管理条例》和海南省垃圾分类收集处理标准体系。挖掘海南本土生态文化资源，积极打造热带休闲农业、精品生态旅游、海洋休闲渔业等生态文化品牌，擦亮红树林、热带雨林等海南生态名片。积极创建节约型机关、绿色家庭、绿色学校、绿色社区、绿色出行、绿色商场、绿色建筑等。全面开展生态文明示范创建。以生态文明建设示范区创建、文明市县创建、卫生（健康）市县创建为抓手，建立生态文明建设正向激励机制，推动形成绿色生活方式。扎实推进文明城市、文明村镇创建，全面提升文明素养。

全面开展卫生（健康）城市、卫生（健康）村镇创建。鼓励市县创建国家森林城市、园林城市和湿地城市。用 5 年左右时间，争取全省所有市（县）达到国家或省级生态文明建设示范市县、文明城市、卫生（健康）城市标准。建立生态文明公众参与机制。支持引导社会组织、志愿者在生态环境监管、环保政策制定、监督企业履行环保责任等方面发挥积极作用，健全举报、听证、舆论监督等公众参与机制，构建全民参与的社会行动体系。

（3）完善形成绿色生活方式的约束与激励机制。①健全形成绿色生活方式的法律法规体系。加大消费税的环境保护力度，完善“绿色税收”体系。扩大绿色征税范围，实施差别税率。将煤炭、电池和一次性塑料用品等破坏环境、不可再生的产品和浪费资源的一次性消费用品纳入绿色税收的范围内，并对汽车排放量实行差别税率，同时增加汽油、柴油的燃油费。探索提高部分应税消费品的税率。对一次性消费品的使用采取奖罚措施。②完善形成绿色生活方式的激励政策和扶持措施。实施财税金融补贴激励制度。健全绿色产品认证和市场准入制度，从供给侧推动绿色消费转型。发挥政府机关和企事业单位绿色节能的引领示范作用。实施绿色采购和绿色认证。建立一整套完善的认证标准和认证体系，引导公民和企业自愿加入产品的认证行列中来，及时公布信息，提高公众的产品认证能力和产品的认证标识度。扩大绿色采购的范围，调整绿色采购的清单，引导企业自觉生产绿色产品，养成环保节能的习惯。及时发布绿色采购的信息，让人们可以随时随地了解资讯，实时监督。

第八节　生态文化培育策略

一、总体思路

牢固树立“生态兴则文明兴”的生态文明观，营造生态文明的社会氛围，充分发挥社团组织的桥梁纽带作用，加大理论研究力度，为建成国家生态文明试验区（海南）提供生态文化保障。

二、主要目标

到 2020 年，使尊重自然、顺应自然、保护自然的生态文明理念深入人心。

到 2025 年，尊重自然、顺应自然、保护自然成为全社会的自觉行动。

到 2035 年，海南生态文化达到世界领先水平。

三、重点任务

（一）树立生态文化理念

（1）建立健全系统化的宣传教育机制。将生态文明教育纳入国民教育、农村夜校、干部培训和企业培训体系，融入社区规范、村规民约、景区守则。将生态文明教育摆上中小学、大学素质教育的突出位置，完善课程体系，将绿色生活理念渗透到各类学校的思想政治教育课堂、社团活动中，丰富教育实践，使尊重自然、顺应自然、保护自然的生态文明理念深入人心。加强家庭的环境教育，将绿色价值观融入人们的日常生活中，引导全社会树立生态价值观，形成自觉保护环境的责任感和参与感。

（2）注重宣传教育手段的多样化。要充分发挥新闻媒体的作用，积极宣传绿色产业、绿色消费、绿色出行和绿色产品等有关生态文明建设的相关知识。树立理性、积极的舆论导向，曝光奢侈浪费等反面事例，宣传典型人物和精神。充分发挥互联网技术广泛且便捷传播信息的优势，及时宣传并分享形成绿色生活方式的好办法、经验、案例等，让破坏生态环境的行为无所遁形，形成网络监督。

（3）转变政府职能，充分发挥社团组织的桥梁纽带作用。建议构建上下左右、横向纵向协同联动的工作格局，形成推进生态文明建设的强大合力，同时进一步发挥社团组织和志愿者的桥梁纽带作用，包括积极开展多种形式的国内外学术技术合作交流，广泛宣传生态文明建设的意义和成效；抓好不同行业、不同领域的专题培育和技术指导；在广大群众中广泛开展科学的资源观、消费观和发展观、生态伦理道德观教育，提高全社会的生态文明意识。

（二）发展生态文化产业

（1）强化生态文化资源保护。一是保护好自然资源、生态系统和生物多样性。二是保护好人文资源，对古树名木、名胜古迹、遗址石刻、名人墓葬、文化作品加以保护利用；开展生态文化资源普查工作，建立生态文化资源信息库。

（2）加快生态文化产业发展。一是将生态文化理念植入传统产业，统筹考虑生态建设与生态文化产业、生态文化遗产保护与生态文化资源利用等方面的关系。二是进一步激活生态文化市场，加快培育文化市场主体，扶持重大生态文化产业项目，增强生态文化产品生产能力，打造生态文化产业品牌。三是着力打造文化、生态和科技深度融合的生态文化产品，创造出一批大家喜闻乐见的融入绿色文化的文艺作品，宣传绿色文化，增强生态文化产业的活力。

（3）加快建设完善省级和各市县文化馆、博物馆、图书馆、自然生态课堂，各乡镇文化站实施标准化建设，创建一批具有影响力的生态文明教育基地。以海南热带雨林国家公园建设为契机，打造一批国际领先水平的热带雨林自然博物馆、科普馆等生态文化教育基地。

（三）形成海南特色生态文化

"五位一体"如何落实到位？节约资源、保护环境的生产生活方式如何构建？产业生态化和生态产业化如何推进？第三方治理和服务模式如何构建？这些问题都是海南生态文明建设实践和理论急需解决的重要问题。因此，建议加大跨领域的综合研究力度，有关主管和业务部门积极引领，鼓励科研人员投身生态文明建设工作，深入开展海南生态文明建设模式、政策措施、技术手段的研究，不断提高生态文明建设理论水平。充分挖掘海南本土生态文化资源，积极打造海南热带休闲农业、精品生态旅游、海洋休闲渔业、黎族苗族文化、热带海岛社会风情文化等生态文化品牌，擦亮红树林、热带雨林、热带海岛等海南生态名片。

参 考 文 献

阿格尔 B，1991．西方马克思主义概论[M]．慎之，等译．北京：中国人民大学出版社．

奥康纳 J．2003．自然的理由：生态学马克思主义研究[M]．唐正东，藏佩洪，译．南京：南京大学出版社．

白雪梅，赵茹，2018．国内外可持续发展研究综述[J]．合作经济与科技（4）：27-29．

陈斐，2014．中国传统文化中的生态文明思想[J]．南都学坛（人文社会科学学报），34（2）：31-34．

陈健鹏，韦永祥，薛崇林，等，2018．完善生态文明建设政府目标责任体系[N]．学习时报，2018-12-05（04）．

陈群英，李凤华，2008．广西沿海地区海洋生态环境保护状况及对策建议[J]．环境科学与管理，33（9）：146-149．

陈瑜华，王建明，2015．生态中心主义思想研究述评[J]．长春理工大学学报（社会科学版），28（2）：71-75．

陈泽环．2013．敬畏生命：阿尔贝特・施韦泽的哲学和伦理思想研究[M]．上海：上海人民出版社．

戴震，2008．孟子字义疏正[M]．何文光，整理．北京：中华书局．

杜明娥，2010．生态文化：社会主义核心价值体系的时代内涵[J]．社会科学辑刊（1）：44-46．

杜祥琬，呼和涛力，田智宇，等，2015．生态文明背景下我国能源发展与变革分析[J]．中国工程科学，17（8）：46-53．

方雷，2006．构建和谐社会：生态社会主义可资借鉴的理念与策略[J]．江汉论坛（4）：19-22．

方世南，2018．生态安全是国家生态安全体系重要基石[EB/OL]．（2018-08-09）[2020-10-11]．http://www.cssn.cn/index/index_focus/201808/t20180809_4536933.shtml．

符国基，2010．旅游大省环保之道：海南国际旅游岛旅游自然环境保护[J]．环境保护（17）：52-54．

福建省发展和改革委员会，2018．国家生态文明试验区（福建）建设进展情况[EB/OL]．（2018-09-18）[2020-10-15]．http://fgw.fujian.gov.cn/ztzl/stwmzt/bmgz/201809/t20180918_4505698.htm．

福斯特 J B，2006．生态危机与资本主义[M]．耿建新，译．上海：上海译文出版社．

付加锋，庄贵阳，高庆先，2010．低碳经济的概念辨识及评价指标体系构建[J]．中国人口・资源与环境，20（8）：38-43．

高体健，2018．维护国家生态安全要从七个方面着力[EB/OL]．（2018-03-14）[2020-10-11]．https://mp.weixin.qq.com/s?src=11×tamp=1603410931&ver=2661&signature=．

高兹，1994．资本主义，社会主义，生态学[M]．彭姝伟，译．北京：商务印书馆．

耿秋萍，熊伟，2015．加快建设生态文明制度体系大力推进环保产业发展：访全国人大代表、中国社会科学院马研学部主任程恩富教授[J]．环境保护（3）：35-37．

郭庚，2014．2013 生态文明建设十件大事发布[J]．绿色中国（1）：62-63．

郭强，2008．竭泽而渔不可行：为什么要建设生态文明[M]．北京：人民出版社．

国家统计局，国家发展和改革委员会，环境保护部，中央组织部，2017．2016 年生态文明建设年度评价结果公报[EB/OL]．（2017-12-26）[2020-10-11]．http://www.mnw.cn/.htm．

国务院发展研究中心课题组，2014．生态文明建设科学评价与政府考核体系研究[M]．北京：中国发展出版社．

海南省发展和改革委员会，2019．海南省休闲渔业发展规划（2019—2025 年）[EB/OL]．（2019-09-03）[2020-10-12]．http://plan.hainan.gov.cn/sfgw/0400/201909/59518bef3c684c33a3d98dd86a47c86d.shtml．

海南省改革和发展委员会，2016．海南省国民经济和社会发展第十三个五年规划纲要（琼发改综合〔2016〕593 号）[EB/OL]．（2016-03-16）[2020-06-28]．http://xxgk.hainan.gov.cn/hi/HI0102/201603/t20160318_1799451.htm．

海南省国土环境资源厅，2001-06-05．2000 年海南省环境状况公报[N]．海南日报（A04/05）．

海南省国土环境资源厅，2002-06-05．2001 年海南省环境状况公报[N]．海南日报（A04/05）．

海南省国土环境资源厅，2005-06-05．2004 年海南省环境状况公报[N]．海南日报（A04/05）．

海南省国土环境资源厅，2007-06-05．2006 年海南省环境状况公报[N]．海南日报（A04/05）．

海南省国土环境资源厅，2009-06-09．2008 年海南省环境状况公报[N]．海南日报（A04/05）．

海南省国土环境资源厅，2010-06-10．2009 年海南省环境状况公报[N]．海南日报（A04/05）．

海南省国土环境资源厅，2011-06-11．2010 年海南省环境状况公报[N]．海南日报（A04/05）．

海南省国土环境资源厅，2012-06-11．2011 年海南省环境状况公报[N]．海南日报（A04/05）．

海南省国土环境资源厅，2013-06-10．2012 年海南省环境状况公报[N]．海南日报（A05/06）．
海南省国土环境资源厅，2014-06-10．2013 年海南省环境状况公报[N]．海南日报（A04/05）．
海南省人民代表大会常务委员会，1999．海南生态省建设规划纲要[EB/OL]．(1999-07-30) [2020-11-15]．http://www.hainanpc.net/hainanpc/hyzl/srdcwhzt65/srdcwhztejbchy/635354/index.html．
海南省人民代表大会常务委员会，2005．海南省人民代表大会常务委员会关于批准《海南生态省建设规划纲要（2005 年修编）》的决定[EB/OL]．(2005-05-27) [2020-11-07]．https://wenku.baidu.com/view/a727d3bab5daa58da0116c175f0e7cd1842518c8.html．
海南省人民政府办公厅，2017．海南省旅游业发展"十三五"规划[EB/OL]．(2017-01-02) [2020-09-11]．http://www.hainan.gov.cn/hn/zwgk/xwfb/bm/201701/t20170102_2201758.html．
海南省人民政府办公厅，2017．海南省人民政府办公厅关于印发海南省生态环境保护"十三五"规划的通知（琼府办〔2017〕42 号）[EB/OL]．(2017-03-09) [2020-11-15]．http://www.hainan.gov.cn/hn/zwgk/zfwj/bgtwj/201703/t20170324_2267221.html．
海南省人民政府办公厅，2017．海南省水务发展"十三五"规划[EB/OL]．(2017-05-09) [2020-07-14]．http://xxgk.hainan.gov.cn/hi/HI0101/201705/t20170517_2322140.htm．
海南省生态环境保护厅，2015-06-05．2014 年海南省环境状况公报[N]．海南日报（A06）．
海南省生态环境保护厅，2016-06-10．2015 年海南省环境状况公报[N]．海南日报（A06/07）．
海南省生态环境保护厅，2017-06-01．2016 年海南省环境状况公报[N]．海南日报（A04/05）．
海南省生态环境保护厅，2018-06-05．2017 年海南省生态环境状况公报[N]．海南日报（A04/05）．
海南省生态环境厅，2019-06-05．2018 年海南省生态环境状况公报[N]．海南日报（A04）．
海南省统计局，1989．海南统计年鉴[M]．北京：中国统计出版社．
海南省统计局，1991．海南统计年鉴[M]．北京：中国统计出版社．
海南省统计局，1996．海南统计年鉴[M]．北京：中国统计出版社．
海南省统计局，1999．海南统计年鉴[M]．北京：中国统计出版社．
海南省统计局，2010．海南省 2000 年国民经济和社会发展统计公报[EB/OL]．(2010-01-17) [2020-06-28]．http://www.tjcn.org/tjgb/21hn/2657.html．
海南省统计局，国家统计局海南调查总队，2017．海南统计年鉴 2017[M]．北京：中国统计出版社．
海南省统计局，国家统计局海南调查总队，2019．2018 年海南省国民经济和社会发展统计公报[EB/OL]．(2019-01-30) [2020-10-12]．http://www.monseng.com/sfwz/hydc/36206.html．
海南统计局，2001．海南统计年鉴 2000[M]．北京：中国统计出版社．
韩云秋，1998．海南探索"一省两地"产业发展新路子：海南省"八五"时期社会经济发展情况综述[J]．琼州大学学报（社会科学版）(1)：25-32．
何萍，2006．生态学马克思主义：作为哲学形态何以可能[J]．哲学研究（1）：15-21．
侯小健，2009．海南探索特区绿色发展之路 建生态文明 树绿典范[N]．海南日报，2009-07-30（1）．
胡建，2016．马克思生态文明思想及其当代影响[M]．北京：人民出版社．
胡鞍钢，2012．中国：创新绿色发展[M]．北京：中国人民大学出版社．
环境保护部，2013．国家生态文明建设试点示范区指标（试行）（环发〔2013〕58 号）[EB/OL]．(2013-05-23) [2020-06-28]．http://www.doc88.com/p-3146164821207.html．
黄海雄，2017．实施城市修复、城市修补，助推城市转型发展：以三亚市为例探索"城市双修"理念实施的路径[J]．城乡规划（3）：11-17．
黄肇义，杨东援，2001．国内外生态城市理论研究综述[J]．城市规划，25（1）：59-66．
霍华德，2010．明日的田园城市[M]．金经元，译．北京：商务印书馆．
姬振海，2007．生态文明论[M]．北京：人民出版社．
贾丁斯 D，2002．环境伦理学[M]．林官明，杨爱民，译．北京：北京大学出版社．
建文，2016．三亚"双修""双城"综合试点的实践与成效[J]．城乡建设（6）：57-58．
金羽，符丽宾，2010．海南生态省建设现状与对策研究[C]//中国环境科学学会．中国环境科学学会学术年会论文集（2010）．北京：中国环境科学出版社．

卡逊，1997．寂静的春天[M]．吕瑞兰，李长生，译．长春：吉林人民出版社．
雷根，2010．动物权利研究[M]．李曦，译．北京：北京大学出版社．
冷张玲，2008．海南绿色发展希望之路：琼海大甲农业投资有限公司发展生态农业：打造绿色农产品供应基地纪实[J]．中国果菜（4）：4-5．
冷张玲，2009．海南生态循环农业、设施农业、农产品加工各显优势[J]．中国果菜（3）：56．
黎祖交，2018．生态产业化 产业生态化[J]．绿色中国（6）：42-45．
李斐，2013．以“三品一标”产业为突破口确保湖北生态农业提质增效[J]．世纪行（1）：38．
李宏伟，2013．建设生态文明，实现中华民族永续发展[J]．前线（1）：22-25．
李军，2016．大力发展生态循环农业，推动海南农业转型升级[J]．今日海南（4）：8-15．
李澍帆，2018．完善政府目标责任考核体系的思路[J]．中共山西省委党校学报，41（3）：120-122．
李颜，1997．海南旅游业发展策略试论[J]．琼州大学学报（社会科学版）（1）：72-74．
李月，2014．西方城市生态思想初探[J]．都市文化研究（5）：78-84．
李钊，2016．全球气候治理开启新格局[EB/OL]．（2016-12-12）[2020-10-15]．http://www.sohu.com/a/121323512_162758．
利奥波德，1997．沙乡年鉴[M]．侯文慧，译．长春：吉林人民出版社．
林丽婷，2018．西方绿色思潮对人与自然关系的哲学思考及其生态启示[J]．南京林业大学学报（人文社会科学版）（1）：7-15．
刘建伟，禹海霞，2009．西方环境伦理思潮的主要流派述评[J]．西安电子科技大学学报，19（3）：1-8．
刘剑锋，1991．海南开发建设必须与环境保护协调发展[J]．中国人口·资源与环境，1（1）：55-58．
刘萍，2017．国际旅游岛视角下海南生态农业旅游品牌开发对策[J]．中国农业资源与区划，38（2）：220-225．
刘爱军，2007．生态文明与环境立法[M]．济南：山东人民出版社．
陆浩，李干杰，2018．中国环境保护形势与对策[M]．北京：中国环境出版集团．
罗尔斯顿，2000a．哲学走向荒野[M]．刘耳，叶平，译．长春：吉林人民出版社．
罗尔斯顿．2000b．环境伦理学[M]．杨通进，译．北京：中国社会科学出版社．
马克思，恩格斯，1971．马克思恩格斯文集：第 1 卷[M]．北京：人民出版社．
马克思，恩格斯，1979．马克思恩格斯全集：第 42 卷[M]．北京：人民出版社．
马克思，恩格斯，1995a．马克思恩格斯全集：第 4 卷[M]．北京：人民出版社．
马克思，恩格斯，1995b．马克思恩格斯选集：第 1 卷[M]．北京：人民出版社．
马克思，恩格斯，1995c．马克思恩格斯选集：第 3 卷[M]．北京：人民出版社．
马克思，恩格斯，2002．马克思恩格斯文集：第 3 卷[M]．北京：人民出版社．
马克思，恩格斯，2009．马克思恩格斯文集：第 1 卷[M]．北京：人民出版社．
马克思，恩格斯，2012a．马克思恩格斯选集：第 1 卷[M]．北京：人民出版社．
马克思，恩格斯，2012b．马克思恩格斯选集：第 3 卷[M]．北京：人民出版社．
马荣华，黄杏元，胡孟春，等，2001．海南生态环境现状评价与变化分析[J]．南京大学学报（自然科学），37（3）：269-274．
马荣华，毛端谦，胡孟春，等，2000．综合 RS 与 GIS 方法的海南生态环境研究[J]．江西师范大学学报（自然科学版），24（4）：370-373．
牛文元，2013．生态文明的理论内涵与计量模型[J]．中国科学院院刊，28（2）：163-172．
佩珀 D，2005．生态社会主义：从深生态学到社会正义[M]．刘颖，译．济南：山东大学出版社．
彭世奖，1993．珠江三角洲池塘养鱼史研究[J]．古今农业（1）：76-85．
乔云，2017．创新合作社造林护林新机制 实现生态建设脱贫攻坚双赢[N]．吕梁日报，2017-3-11（A02）．
秦如培，2017．关于贵州省国家生态文明试验区建设和绿色贵州建设三年行动计划实施情况报告：2017 年 6 月 1 日在省十二届人大常委会第二十八次会议上[EB/OL]．（2017-06-01）[2020-06-28]．http://www.gzrd.gov.cn/cwhgb/dseg2017ndsh/32105.shtml．
邱建辉，2013．生态文明示范区建设与评价研究：以河北省霸州市为例[D]．天津：河北工业大学．
沙里宁，1986．城市：它的发展、衰败和未来[M]．顾启源，译．北京：中国建筑工业出版社．

沈满洪，2012．生态文明制度的构建和优化选择[J]．环境经济（12）：18-22．

沈满洪，谢慧明，余冬筠，等，2014．生态文明建设从概念到行动[M]．北京：中国环境出版社．

沈晓明，2018．海南省 2018 年政府工作报告：二〇一八年一月二十六日在海南省第六届人民代表大会第一次会议上[EB/OL].（2018-01-26）[2020-06-28]. http://www.hainan.gov.cn/hainan/szfgzbg/201802/140ce5d550184a55a87ac7cae959f8d9.shtml.

沈晓明，2019．2019 年海南省政府工作报告：二〇一九年一月二十七日在海南省第六届人民代表大会第二次会议上[EB/OL].（2019-01-27）[2020-06-28]. http://www.hainan.gov.cn/hainan/szfgzbg/201902/a07e41d029c2433997ba5bfb77ac2718.shtml.

沈晓明，2020．2020 年海南省政府工作报告：2020 年 1 月 16 日在海南省第六届人民代表大会第三次会议上[EB/OL].（2020-01-16）[2020-06-28]. http://www.hainan.gov.cn/hainan/szfgzbg/202004/0c6bd06233374b928854de075e5c5fa3.shtml.

《十八大以来生态文明体制改革的进展、问题与建议》课题组，2018．生态文明体制改革进展与建议[M]．北京：中国发展出版社．

施韦泽 A，2003．敬畏生命[M]．陈泽环，译．上海：上海社会科学院出版社．

世界银行“中国：空气、土地和水”项目组，2001．中国：空气、土地和水：新千年的优先领域[M]．余岚，等译．北京：中国环境科学出版社．

舒俭民，张林波，2019．国家生态文明建设指标体系研究与评估[M]．北京：科学出版社．

孙慧，2019．海南省森林旅游国庆迎客 17 万人次[EB/OL].（2019-10-12）[2020-06-28]. http://www.forestry.gov.cn.

泰勒，2010．尊重自然：一种环境伦理学理论[M]．雷毅，译．北京：首都师范大学出版社．

田世锭，2013．生态危机还是社会危机？：戴维 • 哈维与约翰 • 贝拉米 • 福斯特的生态理论比较[J]．社会主义研究（2）：130-135．

唐少霞，2000．海南旅游资源的优势依赖于生态环境的保护[J]．海南师范学院学报，13（1）：107-110．

王春益，2019．坚持“两山”理念推进产业生态化和生态产业化[J]．中国生态文明（3）：76-77．

王怀兵，2014．国外生态文明思想研究综述[J]．华章（24）：376．

王健朴，2002．海南新视点：做强生态产业，进入生态文明时代[J]．特区经济（11）：16-18．

王磊，肖安宝，2016．中国特色社会主义生态文明建设思想研究综述[J]．理论述评（5）：84-89．

王明初，2017．加快生态文明体制改革 谱写美丽中国海南篇章[N]．海南日报，2017-12-06（B04）．

王明初，2018．海南生态文明建设的发展、成就与经验[N]．海南日报，2018-05-23（A07）．

王雨辰，2016．论西方绿色思潮的生态文明观[J]．北京大学学报（哲学社会科学版），53（4）：17-26．

吴承坤，2018．国家生态文明试验区建设“贵州经验”探析[EB/OL].（2018-07-09）[2020-10-12]. http://www.chinadevelopment.com.cn/fgw/2018/07/1300879.shtml.

吴季松，2003．循环经济[M]．北京：北京出版社．

吴林华，2014．浅谈《齐民要术》中的生态农业思想[J]．中国集体经济（22）：3-4．

吴庆书，杨小波，韩淑梅，2000．海南旅游业发展与生态环境的关系研究[J]．海南大学学报（自然科学版），18（2）：159-163．

吴思珺，2013．论环境群体性事件特点[J]．武汉交通职业学院学报，15（1）：42-44．

夏爱萍，马朝洪，2011．对四川乡村生态旅游转型升级的探讨[J]．四川林业科技，32（3）：94-96．

夏鲁平，2001．海南农业勃兴的三大要素与未来前景的展望[J]．华南热带农业大学学报，7（1）：1-5．

解耿凤，2010．浅谈东西方生态伦理思想与生态文明建设[D]．泰安：山东农业大学．

辛格，2006．动物解放[M]．祖述宪，译．青岛：青岛出版社．

徐绍史，2015．生态文明建设是一场全方位的绿色革命[J]．中国经贸导刊（8）：4-6．

徐震，2008-07-25．理顺关系定好位，努力建设生态文明[N]．中国环境报（04）．

许新桥，2014．生态经济理论阐述及其内涵、体系创新研究[J]．林业经济（8）：48-51．

严耕，林震，杨志华，等，2010．中国省域生态文明建设评价报告（ECI2010）[M]．北京：社会科学文献出版社．

严耕，吴明红，樊阳程，等，2017．中国省域生态文明建设评价报告（ECI2016）[M]．北京：社会科学文献出版社．

严耕，吴明红，林震，等，2014．中国省域生态文明建设评价报告（ECI2014）[M]．北京：社会科学文献出版社．

杨春虹，2015-01-06．作为海洋大省和生态大省的海南，旅游产品发展空间进一步拓展“下海上山”：海南旅游“蓝绿”互补[N]．海南日报（T11）．

杨春妍，刘雅琴，2005．生态经济学与生态经济体系建设研究[C]//中国环境科学学会．中国环境保护优秀论文集（2005）（上集）．北京：中国环境科学出版社．

杨春子，2014-2-10．海南：海洋旅游踏上新征程[N]．中国水运报（006）．

杨红生，章守宇，张秀梅，等，2019．中国现代化海洋牧场建设的战略思考[J]．水产学报，43（4）：1255-1262．

杨中华，2004．把环境保护纳入经济社会的发展之中：海南生态省建设的实践与启示[J]．求是（10）：46-48．

叶文，张玉钧，李洪波，2018．中国生态旅游发展报告[M]．北京：科学出版社．

叶中华，2016．福建制定健全生态保护补偿机制实施意见 加快国家生态文明试验区建设[J]．福建林业（6）：5-6．

尹丽娜，尹海燕，2013．西方生态社会主义思想对我国生态文明建设的启示[J]．教育教学论坛（52）：161-162．

余谋昌，2009．从生态伦理到生态文明[J]．马克思主义与现实（2）：112-118．

张敦富，1999．区域经济学原理[M]．北京：中国轻工业出版社．

张和平，2019．关于国家生态文明试验区（江西）建设情况的报告：2019 年 1 月 29 日在江西省第十三届人民代表大会第三次会议上[EB/OL]．（2019-01-29）[2020-10-15]．http://jiangxi.jxnews.com.cn/system/2019-02-25/017388808.shtml．

张建宇，2007．生态文明，文明的整合与超越[N]．人民日报，2007-11-12（A1）．

张雷，2007．关于积极推进森林生态文化体系建设的几点思考[J]．北京林业大学学报（社会科学版），6（2）：1-4．

张秋红，2016．关于自然资源资产有偿使用制度改革的思考[J]．海洋开发与管理（9）：37-40．

张瑞萍，2019．大力推进产业生态转型[N]．甘肃日报，2019-07-24（005）．

张晓东，2017．中国生态文明战略与西方生态主义和生态学马克思主义的比较[J]．中国石油大学学报（社会科学版），33（5）：61-65．

张勇，2016．设立统一规范的国家生态文明试验区：国家发展改革委副主任张勇答记者问[J]．中国经贸导刊（9）：11-12．

赵广发，2015．西方生态理论与我国生态文明建设关系浅析[J]．辽宁经济职业技术学院辽宁经济管理干部学院学报（3）：35-37．

赵建军，2013．在全社会牢固树立生态文明理念[J]．中国党政干部论坛（1）：7-10．

赵建军，2016．深入理解习近平生态文明思想的核心价值：《新时代生态文明建设思想概论》书评[N]．中国环境报，2016-06-07（03）．

赵剑波，田远兵，王强，等，2013．全球变化与文明演进的哲学思辨[J]．科教文汇（下旬刊）（10）：199-200．

赵鹏，2014-07-28．保护海洋生态环境应从四方面着手[N]．中国海洋报（003）．

赵清，张珞平，陈宗团，等，2007．生态城市理论研究述评[J]．生态经济（5）：155-159．

赵守正，1987．管子注译[M]．南宁：广西人民出版社．

中共海南省委，2017．中共海南省委关于进一步加强生态文明建设谱写美丽中国海南篇章的决定[EB/OL]．（2017-09-22）[2020-10-14]．http://www.hainan.gov.cn/hainan/jcbs/201709/86b4ca0f546c4a978532d6dad29a01e0.shtml．

中共海南省委宣传部，2013．绿色崛起之路：海南建省办经济特区 25 年发展历程[M]．海口：海南出版社．

中共中央，国务院，2015．生态文明体制改革总体方案[EB/OL]．（2015-05-21）[2020-09-13]．http://politics.people.com.cn/n/2015/0922/c1001-27616151.html．

中共中央办公厅，国务院办公厅，2016．中共中央办公厅 国务院办公厅印发《关于设立统一规范的国家生态文明试验区的意见》及《国家生态文明试验区（福建）实施方案》[EB/OL]．（2016-08-22）[2020-06-28]．http://www.china.com.cn/guoqing/2016-11/24/content_39776886.htm．

中共中央办公厅，国务院办公厅，2019．中共中央办公厅 国务院办公厅印发《国家生态文明试验区（海南）实施方案》[N]．海南日报，2019-05-13（A01，A02）．

《〈中共中央关于完善社会主义市场经济体制若干问题的决定〉辅导读本》编写组，2003．《中共中央关于完善社会主义市场经济体制若干问题的决定》辅导读本[M]．北京：人民出版社．

中国大百科全书 · 环境科学编委会，2002．中国大百科全书 · 环境科学[M]．北京：中国大百科全书出版社．
中国工程院“生态文明建设若干战略问题研究”项目研究组，2016．中国生态文明建设若干战略问题研究[M]．北京：科学出版社．
中国生态文明研究与促进会，2016．中国省域生态文明状况评价报告[J]．中国生态文明（6）：32-36.
中国生态文明研究与促进会，2017．中国省域生态文明状况评价报告（2017）[J]．中国生态文明（6）：24-28.
中国生态文明研究与促进会，2018．中国省域生态文明状况评价报告（2018）[J]．中国生态文明（6）：34-38.
中华人民共和国环境保护部，2017．2016 中国生态环境状况公报[EB/OL].（2017-06-06）[2020-10-13]．http://www.mee.gov.cn/.
中华人民共和国生态环境部，2018a．2017 中国生态环境状况公报[EB/OL].（2018-06-01）[2020-10-14]．http://www.mee.gov.cn/.
中华人民共和国生态环境部，2018b．国家生态文明建设示范县、市指标（修订）[EB/OL].（2018-08-01）[2020-06-28]．https://max. book118.com/html/2018/0912/8016044106001123.shtm.
中华人民共和国生态环境部，2019a．海南省对外公开中央环境保护督察整改情况．海南日报（A04）[EB/OL].（2019-04-29）[2020-06-28]．http://www.hainan.gov.cn/hainan/ldhd/201904/37029a4e1f124660a7b10bc7e3dc27e1.shtml.
中华人民共和国生态环境部，2019b．2018 中国生态环境状况公报[EB/OL].（2019-05-22）[2020-10-14]．http://www.mee.gov.cn/.
周洁，2018．绿色生活方式的内涵、意义及实现路径[N]．山西经济日报，2018-11-20（007）.
周霄羽，孙云飞，2017．对生态文化体系建设的几点认识与思考[J]．国家林业局管理干部学院学报（3）：13-16.
朱源，2018．加快海南省国家生态文明试验区建设[EB/OL].（2018-05-22）[2020-10-12]．http://baijiahao.baidu.com/s?id=1601127511421772651&wfr=spider&for=pc.
DTI, 2003. Energy white paper :our energy future-create a low carbon economy[R]. London: TSO.